全国中等职业技术学校化工工艺专业教材

合成氨生产工艺

人力资源和社会保障部教材办公室组织编写

中国劳动社会保障出版社

图书在版编目(CIP)数据

合成氨生产工艺/人力资源和社会保障部教材办公室组织编写. —北京：中国劳动社会保障出版社，2010

全国中等职业技术学校化工工艺专业教材

ISBN 978-7-5045-8443-4

Ⅰ.①合… Ⅱ.①人… Ⅲ.①合成氨生产-生产工艺-专业学校-教材 Ⅳ.①TQ113.2

中国版本图书馆 CIP 数据核字(2010)第 127072 号

中国劳动社会保障出版社出版发行

（北京市惠新东街1号 邮政编码：100029）

出 版 人：张梦欣

*

北京市科星印刷有限责任公司印刷装订 新华书店经销

787毫米×1092毫米 16开本 14.75印张 347千字

2010年7月第1版 2025年8月第4次印刷

定价：25.00元

营销中心电话：400-606-6496

出版社网址：http://www.class.com.cn

http://jg.class.com.cn

前　言

随着我国化学工业的迅速发展，化工企业对从业人员的知识和技能以及相关的职业教育和职业培训提出了更高的要求。为了更好地适应全国中等职业技术学校化工工艺专业的教学需要和企业的用人要求，我们组织全国有关学校的一线教师和行业专家，开发了一套化工工艺专业教材。

本次开发的教材包括《化学基础》《化工单元操作》《化工机械基础》《化工电气与仪表》《化工分析》《化工识图》《化工安全与环保》《化工企业班组管理》《有机物生产工艺》《无机物生产工艺》和《合成氨生产工艺》，其中，《化工识图》和《合成氨生产工艺》配有习题册，供学生课后练习使用。整套教材做到了结构紧凑、内容简明、脉络清晰，在表现形式上有所创新。

这次教材开发工作的重点有以下几个方面：

第一，体现行业发展现状和趋势，彰显时代特色。教材编写过程中，努力做到以市场需求为导向，根据化工行业的发展，合理选择教材内容，尽可能多地在教材中介绍化工行业的新知识、新技术、新工艺和新设备，突出教材的先进性。同时，严格执行国家有关技术标准。

第二，突出职业教育特色，重视实践能力的培养。以职业能力为本位，根据化工工艺专业毕业生所从事职业的实际需要，适当调整专业知识的深度和难度，合理确定学生应具备的知识结构和能力结构，同时，进一步加强实践性教学的内容，以满足企业对技能型人才的要求。

第三，创新教材编写模式，激发学生学习兴趣。按照教学规律和学生的认知规律，合理安排教材内容，并注重利用图表、实物照片辅助讲解知识点和技能点，为学生营造生动、直观的学习环境。

本套教材可供全国中等职业技术学校化工工艺专业选用，也可作为职业培训教材。教材的编写工作得到了山东、四川、河南、云南、广西等省、自治区人力资源和社会保障厅及有关学校的大力支持，在此，我们表示诚挚的谢意。

人力资源和社会保障部教材办公室

2010 年 7 月

内 容 简 介

本教材教学内容组织合理，知识点、技能点把握准确，文字表述通俗易懂。教材配有习题册，供学生课后练习使用。教材主要内容分为三篇：第一篇讲述合成氨原料气的制备，包括固体燃料气化生产合成氨原料气、气态烃及轻油转化制取合成氨原料气和空气液化分离及惰性气体的制备，其中空气液化分离及惰性气体的制备为选学内容；第二篇讲述合成氨原料气的净化，包括合成氨原料气的脱硫、一氧化碳的变换、合成氨原料气中二氧化碳的脱除和合成氨原料气的精制；第三篇讲述氨的合成与生产综述，包括氨的合成和合成氨生产综述。各部分教学内容参考学时见下表。

本教材由赵丽、毕爱琴主编，王臻、李德有参加编写，刘乃全审稿。

《合成氨生产工艺》参考学时

教学内容	总学时	讲授学时	训练学时
绪论	2	2	0
一　固体燃料气化生产合成氨原料气	32	22	10
二　气态烃及轻油转化制取合成氨原料气	12	12	0
*三　空气液化分离及惰性气体的制备	10	6	4
四　合成氨原料气的脱硫	14	10	4
五　一氧化碳的变换	14	10	4
六　合成氨原料气中二氧化碳的脱除	14	10	4
七　合成氨原料气的精制	14	10	4
八　氨的合成	24	14	10
九　合成氨生产综述	4	4	0
总　计	140	100	40

目　录

第一篇　合成氨原料气的制备

第二篇　合成氨原料气的净化

第三篇　氨的合成与生产综述

注:加“ * ”者为选学内容。

绪　论

学习目标

1. 掌握合成氨生产的基本过程；
2. 熟悉氨的物理、化学性质及用途；
3. 了解合成氨工业的发展概况。

氨是一种重要的含氮化合物，分子式为 NH_3。氨在工业、农业及国防科学技术方面的用途甚广，但在自然界中存在很少。工业上在适当温度、压力并有催化剂存在条件下，用氮气和氢气直接合成的方法生产氨，其化学反应式为：

$$N_2 + 3H_2 \rightleftharpoons 2NH_3 + Q \quad (0—1)$$

讲述合成氨生产基本原理、工艺流程、设备及生产操作方法的课程称为合成氨生产工艺。工业上合成氨的生产过程分为三个主要工艺步骤、七个主要工序，如图 0—1 所示。

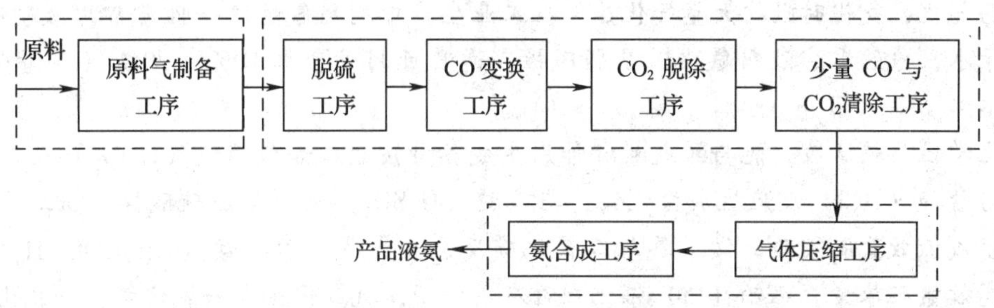

图 0—1　生产合成氨的主要过程方框图

1. 原料气的制备（又称造气工序）

生产合成氨，首先要制备氢气与氮气体积比为 3∶1 的原料气。

合成氨生产中的氮气来源于空气。可采用空气液化分离的方法直接得到 N_2；也可以在制氢气过程中加入空气，使空气中的 O_2与可燃性物质反应而除去，得到 N_2。

氢气来源于水蒸气和含碳氢化合物的各种燃料。工业上普遍采用焦炭、煤、天然气、重油、轻油等燃料在高温下与水蒸气作用制得 H_2；焦炉气或石油炼制等废气中含有大量氢；电解水可直接得到氢，但此法能耗大，故其工业生产应用受到限制。

2. 原料气的净化

工业生产中无论采用哪种原料制取氢气，制得的原料气中均含有硫化物、CO、CO_2等杂质。它们不仅腐蚀设备和管道，而且能使合成氨生产中所用的催化剂中毒。因此，造气工序制得的氢、氮原料气必须进行净化处理，除去其中的杂质气体。净化处理一般包括脱硫、一氧化碳变换、二氧化碳脱除、少量 CO 和 CO_2的清除四个工序。

3. 原料气的压缩与氨的合成

首先将原料气压缩到各工序所需要的压力下进行净化，然后将精制后的氢氮混合气压缩到氨合成所需要的压力，在适当温度、压力，并有催化剂存在的条件下合成为氨。本步骤包括气体的压缩与氨的合成两个工序。

生产合成氨的主要原料有焦炭、煤、天然气、重油、轻油等燃料以及空气和水蒸气。其中燃料按其状态可分为固体燃料、液体燃料和气体燃料三类。

各厂生产合成氨所选用的原料不同，因而其生产过程也有差异。一般以天然气或轻油为原料制备合成氨原料气时，首先对原料进行脱硫，再进行造气；而当以重油为原料制备原料气时，一般先造气、经一氧化碳变换后，再进行脱硫。以固体燃料为原料制备原料气时，一般先造气、再脱硫、后变换。

【知识链接】

一、氨的性质及氨的用途

1. 氨的性质

常温常压下，氨是无色、具特殊刺激性气味的气体，有毒。当空气中含有0.5%（体积分数）的氨时，人就将因窒息而死。氨比空气轻。氨易液化，在常压，–33.5℃条件下，或在常温下，将气氨加压到0.7~0.8 MPa时，氨就液化为无色液体，并放出大量冷凝热。人与液氨接触时，会严重冻伤皮肤。

液氨易气化，气化时吸收大量气化热。在工业生产中利用氨的这一性质常用做制冷剂。氨极易溶于水，氨的水溶液叫氨水，呈弱碱性。通常可制成含氨10%~20%（质量分数）的商品氨水。

氨的化学性质较活泼，能与酸或酸酐作用生成各种铵盐。如与硝酸（HNO_3）反应生成硝酸铵；与盐酸（HCl）反应生成氯化铵；与硫酸（H_2SO_4）反应生成硫酸铵；与二氧化碳和水反应生成低效氮肥碳酸氢铵。氨与二氧化碳反应生成氨基甲酸铵（NH_4COONH_4），脱水后得到高效氮肥尿素。在铂（Pt）催化剂存在条件下，氨氧化生成一氧化氮，一氧化氮可继续氧化生成二氧化氮，二氧化氮与水作用制得硝酸。

氨的自燃点为630℃，氨与空气或氧气混合达到一定极限后遇火能爆炸。常温常压下，氨在空气中的爆炸范围为15.5%~28%，在氧气中的爆炸范围为13.5%~82%。

2. 氨的用途

氨是重要的化工产品之一，用途甚广。我们知道氮元素是植物生长的第一要素，空气中含氮量约79%，但空气中的氮是呈游离态存在的，不能被植物直接吸收，植物只能吸收化合态的氮，故必须把空气中游离态的氮转变成化合态的氮。工业上把游离态氮转变为能被植物直接吸收的化合态氮的过程称固定氮。

在农业方面，液氨本身就是一种高效氮肥，可直接使用。目前世界上氨产量的85%~90%用于生产各种氮肥，如尿素、碳酸氢铵、氯化铵、硝酸铵等。

在工业方面，氨又是重要的化工原料。它广泛用于生产硝酸、纯碱、含氮无机盐、制药、炼油、生产染料、人造丝、丙烯腈、酚醛树脂等工业的原料。此外，氨还是常用的制冷剂。在国防和尖端技术中，用于生产多种炸药，生产导弹、火箭的推进剂和氧化剂。

二、合成氨工业的发展概况

自1754年发现氨，于1912年在德国奥堡巴登苯胺纯碱公司建成了世界上第一个年产1万吨的合成氨厂，1913年开始投产，至今已有90多年的历史。第一次世界大战后，德国因战败而被迫将合成氨技术公开，在此基础上，世界各国作了进一步技术改进，直至第二次世界大战后，合成氨工业开始迅速发展。特别是20世纪60年代后，由于开发了多种活性好的催化剂，反应热的回收利用更加合理，生产操作高度自动化，生产规模大型化，促进合成氨工业高速发展，目前世界每年合成氨产量已达到1亿吨以上。

我国合成氨工业起步于20世纪30年代，新中国成立前只有两个规模不大的小型合成氨厂，年产量不超过5万吨。由于我国人口众多，粮食用量大，因而氮肥需求量很大。新中国成立后，我国合成氨工业迅速发展，现有大、中、小型合成氨企业900多家，其中年产30万吨的大型合成氨厂有30余家，主要以煤或天然气为主要原料生产合成氨。2008年，我国合成氨年总产量约为5 000万吨，约占全球总产量的1/3，居世界第一。

第一篇 合成氨原料气的制备

合成氨原料气的制备，根据所用燃料物理状态的不同分为固体燃料制气、液体燃料制气和气体燃料制气三部分。目前我国主要以固体燃料和气态烃－天然气为原料制备合成氨原料气。本篇重点介绍固体燃料制气和气态烃制气。

第一章 固体燃料气化生产合成氨原料气

学习目标

1. 熟悉固体燃料气化、气化剂、半水煤气、固定层间歇气化法等概念。
2. 掌握固体燃料气化生产半水煤气的基本原理、工艺操作条件的选择及主要控制指标。
3. 熟悉固体燃料制半水煤气的工艺流程和主要设备的构造及作用。
4. 了解固体燃料气化各种方法的相应特点及操作要点。

目前工业上以固体燃料为原料制取合成氨原料气的方法主要有固定层间歇气化法、固定层连续气化法、气流层气化法和水煤浆加压气化法四种。本章安排了三个操作实训课题，各学校可根据本地区合成氨企业生产实际情况，选择其中一种生产方法和相对应的一个课题，重点讲授和安排操作实训。

第一节 概 述

固体燃料气化是在一定高温条件下，用气化剂对固体燃料进行热加工，制得煤气的过程，简称“造气”。固体燃料是指焦炭及各种煤。煤的种类大致分为无烟煤、烟煤、褐煤、泥煤等。气化剂是指用以与固体燃料进行气化反应的气体，如空气、水蒸气、富氧空气等。富氧空气是指在普通空气中加入一些纯氧，提高氧含量后的空气，一般含氧大于50%。煤气是指燃料气化后得到的可燃性气体。用于燃料气化的设备称煤气发生炉。

一、煤气的种类及组成

1. 煤气的种类

合成氨生产所需要的原料气是半水煤气。固体燃料气化后制得的气体统称为煤气，其组成随所用燃料的性质、气化剂的种类及进行气化时所采用条件的不同而有区别。采用不同气化剂制得的煤气种类分为以下四种：

(1) 空气煤气：以空气为气化剂制取的煤气。又称“吹风气”。

(2) 水煤气：以水蒸气（或水蒸气与氧气的混合气）为气化剂制得的煤气。

(3) 混合煤气：以空气与适量水蒸气（或富氧空气与蒸汽）为气化剂制得的煤气。

(4) 半水煤气：是混合煤气中组成符合 H_2 和 CO 合计含量与 N_2 之比等于 3.1 ~ 3.2 的一个特例，是合成氨的原料气。

2. 各种煤气的组成（见表 1—1）

表 1—1　各种煤气的组成（体积分数）　%

组分 煤气名称	H_2	CO	CO_2	N_2	CH_4	O_2	H_2S
空气煤气	0.5 ~ 0.9	32 ~ 33	0.5 ~ 1.5	64 ~ 66	—	—	—
混合煤气	11 ~ 15	26 ~ 30	5 ~ 8	52 ~ 56	1.5 ~ 3	0.1 ~ 0.3	—
半水煤气	37 ~ 39	28 ~ 30	6 ~ 12	21 ~ 23	0.3 ~ 0.5	0.2	0.2
水煤气	47 ~ 51	35 ~ 40	5 ~ 7	3 ~ 6	0.3 ~ 0.5	0.1 ~ 0.2	0.2

注：煤气中甲烷的含量随燃料及操作条件而变，硫化氢的含量随燃料的含硫量而变。

半水煤气可用蒸汽与适量空气的混合气为气化剂制取；或用蒸汽与富氧空气的混合气为气化剂制取；也可用水煤气与空气煤气混合配制而成。

在半水煤气中，氢气和氮气是合成氨的直接原料气，而一氧化碳和氢气是合成氨原料气的有效成分。原因是在合成氨原料气制备过程中氮气易制得，关键是制备氢气。由于 1 体积一氧化碳在催化剂作用下通过变换反应可制得 1 体积的氢气，即：

$$CO + H_2O_{(g)} \rightleftharpoons CO_2 + H_2 + 41.2\ kJ \qquad (1—1)$$

按照氨合成反应原理，合成氨原料气中 $H_2:N_2$ 应等于 3，但 CO 在变换过程中不能百分之百地变为 H_2，因此要求半水煤气的组成为 $(H_2 + CO)/N_2 = (3.1 \sim 3.2)$。

二、以固体燃料为原料制取半水煤气的方法

目前工业上以固体燃料为原料制取合成氨原料气的方法主要有四种。

1. 固定层间歇气化法

固定层间歇气化法是用空气和水蒸气为气化剂，交替地通过固定的燃料层，使燃料气化制得半水煤气的过程。送入空气的过程称“吹风阶段”，送入蒸汽的过程称“制气阶段”。

固体燃料由炉顶部间歇加入。从炉底送入空气。空气中的氧气使燃料燃烧，放出的热储存在燃料层中。生成的吹风气由炉顶部排出，经燃烧室、废热锅炉回收显热及潜热后，经烟囱放空。然后向炉内送入蒸汽和适量加氮空气，高温碳分解水蒸气得到半水煤气。随着制气过程的进行，燃料层温度逐渐下降，因而制气阶段进行一定时间后，需要停止送蒸汽，再次送入空气升温。故其称间歇气化法。

通入空气的目的是使燃料燃烧，提高炉温，为碳与水蒸气的吸热反应储存热量，并为合成氨提供氮气。通入蒸汽的目的是与灼热的碳反应得到一氧化碳和氢气。

2. 固定层连续气化法

固定层连续气化法是以富氧空气（或纯氧）与水蒸气的混合气为气化剂，连续地通过固定的燃料层，使燃料气化制得煤气的过程。

连续气化法又分常压气化法和加压气化法两种流程。加压连续气化法所用的压力一般为2.5～3.2 MPa，

3. 气流层气化法

气流层气化法是在高温下，以氧气和水蒸气的混合气为气化剂，对粒度小于0.1 mm的煤粉进行并流气化，制得水煤气的过程。灰渣呈熔融态由炉底部排出。

气流层气化的研究始于20世纪50年代初期，直到20世纪90年代世界上才建成了第一套工业化示范装置，原因在于长期以来未能有效解决粉煤输送技术难题。1978年，蒂森克虏伯－考伯斯公司（Krupp－Koppers）联合开发出一种粉煤间断升压，在加压下连续进料的半连续加煤工艺，从此解决了粉煤输送的技术难关，使气流层气化成为目前较好的低能耗工业化生产方法。

4. 水煤浆加压气化法

水煤浆加压气化法又称“德士古水煤浆气化法”。是将煤与水按一定比例混合磨成水煤浆，经加压后与氧气一起喷入气化炉内进行气化，制得水煤气的过程。是新开发的煤气化法中最成功的一种。我国目前已有几套大、中型装置投入使用。

几种气化方法的特点比较见表1—2。

表1—2　　几种气化方法的特点比较

	固定层间歇气化法	固定层连续气化法	气流层气化法	水煤浆加压气化法
优点	热能综合利用充分合理，生产成本低	此法反应温度低，对燃料要求低，可使用烟煤、褐煤等稳定性较差的燃料。可连续制气，操作方便，生产强度大，便于实现自动化、大型化，煤气炉生产能力大	可气化各种燃料，生产强度大，能源利用率高，制得的煤气中甲烷低，有效成分（H_2+CO）高达90%。废副产物少	原料煤种适应性强，生产强度大，碳转化率高，能耗低，污染少，排渣方便，有效成分（H_2+CO）高达75%
缺点	气化效率低，流程复杂，对原料煤要求高	需要制氧装置，生产的煤气中甲烷含量高，必须设置甲烷分离装置	需要制氧装置，且需要将煤磨得很细，煤加工过程复杂，电耗高	需要制氧装置
适用	中小型厂	大型厂	大型厂	新型方法，发展迅速

【知识链接】

固定层间歇气化法对固体燃料的要求

气化操作中，燃料的性质直接影响到气化操作条件的选择。为了获得量大质优的煤气，必须使燃料层保持较高的温度，气化剂保持较高的流速，并使燃料层同一截面上的温度和气流速度分布均匀。为了获得这些条件，固定层间歇气化时对燃料有以下要求：

1. 机械强度

燃料的机械强度是指燃料抗破碎的能力。机械强度差的燃料在运输、装卸及入炉过程中

易破碎，从而影响气化过程的正常进行，使煤气的质量降低。因此，应选用焦炭或无烟煤等机械强度高的固体燃料。

2. 热稳定性

热稳定性是指燃料在高温下是否易于破碎。热稳定性差的燃料，受热后易碎裂成粉尘，使得燃料层的阻力增加，煤气带出炉外的粉尘增多，燃料损失增加，影响正常操作进行。因此，燃料的热稳定性应高。

3. 灰熔点

灰熔点是指燃料燃烧后其灰分变软或熔融时的温度。若燃料的灰熔点低，则限制了气化温度的提高，降低了煤气炉的生产能力，同时，易发生结疤现象，从而增大了燃料层的阻力，影响正常操作。因此，燃料的灰熔点越高越好。

灰渣是混合物，没有一定的灰熔点，在某一组分开始软化到所有组分全部熔融之间存在着一个温度范围。因此，通常灰分的灰熔点用三种温度表示。即：t_1—开始变形温度；t_2—软化温度；t_3—熔融温度。固定层间歇气化时一般要求灰分的软化温度 t_2 大于 1 250℃。

4. 燃料的化学活性

燃料的化学活性是指燃料与气化剂的反应能力。化学活性高的燃料，与气化剂的反应速度快。对于同一种燃料，气化反应温度越高，化学活性越强。

5. 固定碳

固体燃料中刨除灰分、挥发分、水分和硫分，剩下的可燃性物质称为固定碳。固定碳含量高的燃料，气化时的利用价值就高。因此，燃料的固定碳含量越高越好。

6. 水分

固体燃料中的水分以游离水、吸附水和化合水三种形式存在。工业上只分析游离水和吸附水，两者之和称总水。

燃料中水分含量高时，相对地降低了有效成分，并且水汽化时吸收热量，影响炉温，降低生产能力，使操作条件恶化。因此，燃料中水分含量越低越好。

7. 灰分

灰分是固体燃料完全燃烧后剩余的残留物。灰分含量过高，燃料的含碳量降低。因此，燃料中灰分含量越低越好，一般要求小于25%。

8. 挥发分

挥发分是煤在隔绝空气条件下加热挥发出来的碳氢化合物，在气化过程中能分解生成氢气、甲烷及煤焦油等。燃料中的挥发分高，则制得的煤气中甲烷及煤焦油含量高，对氨合成不利。因此，要求燃料中挥发分低于9%。

9. 粒度

燃料粒度小，易被气流大量带出炉外，使燃料消耗损失增加；燃料粒度过大，则气化不完全，灰渣含碳量增加，故燃料粒度大小要适当。

若燃料粒度不均匀，小颗粒易填充在大颗粒间隙，使气流分布不均匀，故燃料粒度大小要均匀。一般为 15 ~ 75 mm，且大（50 ~ 75 mm）、中（25 ~ 50 mm）、小（15 ~ 25 mm）块应分档使用。

总之，为获得良好的气化条件，要求燃料的化学活性、灰熔点、机械强度、热稳定性及固定碳含量要高，水分、灰分、挥发分要低，粒度大小要适当，且均匀。此外，还要求燃料无黏结性、含硫量要低、来源方便、价格要便宜等。

第二节　固定层间歇气化法生产半水煤气的基本原理

一、固定层煤气炉内燃料的分区

煤气的制造是在煤气发生炉内进行的。固定层间歇气化法生产半水煤气时，块状燃料由炉顶部间歇加入，气化剂通过燃料层进行气化反应得到煤气。气化后的灰渣由炉底排出炉外。

在固定层煤气发生炉内，燃料自上而下移动时，发生一系列的物理和化学变化，燃料的分区情况大致如图1—1所示。

1. 干燥层

在煤气炉上部，新入炉的燃料与炉下部上升的热煤气接触，热气体使燃料中水分蒸发。燃料继续向下移动，温度进一步提高。

2. 干馏层

在干馏层，热气体使燃料受热分解放出挥发分，而燃料本身逐渐焦炭化（若燃料为焦炭则无此层）。

3. 气化层

燃料自干馏层向下移动，到达煤气炉内温度最高区域，在此使固体燃料气化生成煤气，故称气化层，又称火层。气化层又分为还原层和氧化层。

4. 灰渣层

在炉壁上面的固体残渣。

上述各层的高度随燃料及气化条件的不同而异，且各层之间没有明显的分界，往往是互相交错的。

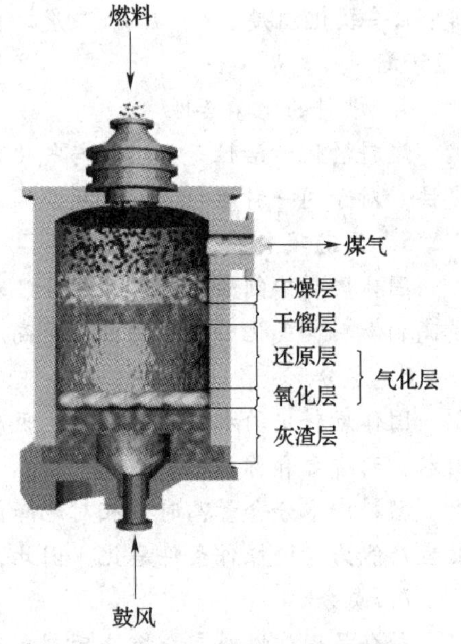

图1—1　固定层间歇法煤气发生炉内燃料的分区情况图

在煤气发生炉上部没有燃料的空间称自由空间，起聚集煤气的作用。各燃料层的特点见表1—3。

表1—3　固定层煤气发生炉内各燃料层的特点

区域	区域名称	作用	主要化学反应
1	干燥层	热气体使燃料中水分蒸发	无
2	干馏层	热气体使燃料受热分解放出挥发分，而燃料本身则逐渐焦炭化	$H_2+S = H_2S+Q$ $C+2H_2 = CH_4+Q$ $C+O_2 = CO_2+Q$ $2C+O_2 = 2CO+Q$

续表

区域	区域名称		作用	主要化学反应
3	气化层	还原层	二氧化碳被还原生成 CO	$C + CO_2 \rightleftharpoons 2CO - Q$
4		氧化层	碳被气化剂氧化生成 CO 和 CO_2	$C + H_2O_{(g)} \rightleftharpoons CO + H_2 - Q$ $C + 2H_2O_{(g)} \rightleftharpoons CO_2 + 2H_2 - Q$ $C + O_2 = CO_2 + Q$ $2C + O_2 = 2CO + Q$
5	灰渣层		分布气化剂、预热气化剂、保护炉箅不会因过热而变形	无

二、固体燃料气化原理

1. 碳与氧气的反应——吹风阶段

吹风阶段，当空气通过高温燃料层时，碳与氧气发生一系列反应，主要为放热反应，使燃料层温度升高，为碳与水蒸气的吸热反应贮存热量。

在氧化层里所发生的主反应为：

$$C + O_2 = CO_2 + 393.7\ \text{kJ} \quad (1—2)$$

$$2C + O_2 = 2CO + 220.9\ \text{kJ} \quad (1—3)$$

$$2CO + O_2 = 2CO_2 + 566.1\ \text{kJ} \quad (1—4)$$

反应过程中，三个反应均在高温下发生，反应速度很快，使气化剂中的氧气迅速消耗，氧气浓度急速下降，而生成物中二氧化碳浓度急速上升，故氧化层较薄，一般为 110 mm 左右。

还原层里的反应为：

$$CO_2 + C \rightleftharpoons 2CO - 172.3\ \text{kJ} \quad (1—5)$$

在还原层里，二氧化碳被碳还原生成一氧化碳，使还原层内二氧化碳浓度逐渐下降，而一氧化碳浓度逐渐增加。由于二氧化碳的还原速度比碳的氧化速度慢得多，故还原层较厚。

在间歇气化过程中，吹风的目的是在尽可能短的时间内迅速提高炉温，为碳与蒸汽的吸热反应贮存热量，并尽量降低燃料消耗，生成的吹风气放空。因而，生产中希望吹风气中生成的二氧化碳越多越好，并尽量减少一氧化碳的生成。

从温度、压力等方面考虑，反应的化学平衡如下：

（1）温度。由上述反应可知，反应（1—5）为可逆的吸热反应，吹风阶段，提高温度，有利于二氧化碳还原，生成物中一氧化碳的平衡含量则增加，二氧化碳的平衡含量则降低。

（2）压力。反应（1—5）为气体体积增大的反应，故增加压力不利于反应向右进行，即增加压力一氧化碳的平衡含量则减小，二氧化碳的平衡含量则增加。

故吹风阶段应采取的措施是：加大空气流速，减少二氧化碳与碳层的接触时间，使碳与氧反应生成的二氧化碳来不及还原就离开了燃料层，这样既迅速提高了燃料层温度，又缩短了吹风时间，从而减少一氧化碳的生成。同时要适当提高吹风气的压力，因生成一氧化碳的反应是气体体积增大的反应。此外，燃料层的高度和温度均不可过高。

2. 碳与蒸汽的反应——制气阶段

此阶段反应之目的是使高温碳分解水蒸气，得到一氧化碳和氢气。在此阶段，希望形成有利于水蒸气分解和二氧化碳还原为一氧化碳的条件，生成尽可能多的有效成分氢气和一氧化碳，从而制得量大、质优的半水煤气。

蒸汽通过高温燃料层时，发生的主要反应如下：

$$C + H_2O_{(g)} \rightleftharpoons CO + H_2 - 131.4\ kJ \tag{1—6}$$

$$C + 2H_2O_{(g)} \rightleftharpoons CO_2 + 2H_2 - 90.20\ kJ \tag{1—7}$$

$$CO_2 + C \rightleftharpoons 2CO - 172.3\ kJ \tag{1—5}$$

上述反应均为气体体积增大的吸热反应。当炉温较低时，还会发生生成甲烷的副反应。

$$C + 2H_2 \rightleftharpoons CH_4 + 74.9\ kJ \tag{1—8}$$

此副反应为气体体积减小的放热反应。

（1）反应化学平衡。因主反应是气体体积增大的、吸热反应，故提高炉温、适当降低入炉蒸汽压力，维持一定的燃料层厚度，有利于氢和一氧化碳的生成，减少甲烷和二氧化碳的生成，炉温越高，越有利于水蒸气的分解，煤气的质量则越好。制气阶段的炉温，取决于吹风阶段的炉温，不可能提得过高。

碳与水蒸气的反应程度，通常用蒸汽分解率来表示，即在煤气炉内，分解为氢和一氧化碳的蒸汽量与入炉蒸汽量之比。

$$蒸汽分解率 = \frac{水蒸气分解量}{入炉水蒸气量} \times 100\%$$

炉温受燃料灰熔点的限制，不可能提得很高。故实际生产中蒸汽的分解率一般只有40% ~60%。当燃料层内气化层厚度增加时，则碳与蒸汽的接触时间增加，蒸汽的分解率则提高。

（2）反应速度。碳与蒸汽的反应速度，主要取决于炉温和燃料的化学活性，即：燃料的化学活性越好，炉温则越高，反应速度则越快。燃料的化学活性一般按木炭、褐煤、焦炭、无烟煤的顺序递减。当燃料品种确定后，炉温则是主要影响因素。

3. 碳与蒸汽、氧同时反应

制气阶段，给入炉蒸汽中配入适量空气，在氧化层内，由于炉温高，碳与氧反应的同时，也伴随着碳与蒸汽的分解反应。气体上升进入还原层。在还原层内，气体中除氢和一氧化碳外，还有相当多的氮气和二氧化碳。氮气的存在，降低了蒸汽和二氧化碳的分压，更有利于水蒸气的分解和二氧化碳的还原。

水蒸气与空气同时通入燃料层的气化过程，也是热效应相互抵消的过程，有利于维持燃料层温度的恒定。

此法特点：可维持炉温平稳，延长制气时间，可直接制得半水煤气，反应过程较复杂，目前中、小型合成氨厂普遍采用此法。

三、固定层间歇法制半水煤气的工作循环

间歇法制半水煤气时，需要吹风和制气两个阶段交替进行。自上一次送入空气开始到下一次送入空气为止称为一个工作循环。对制气阶段设置加氮空气的生产流程，每工作循环分五个阶段见表1—4。

表1—4　　固定层间歇法制半水煤气的五个工作阶段

工作阶段	主要目的	气化剂	气体流程
吹风阶段	使燃料燃烧，提高炉温，为碳与蒸汽的吸热反应贮存热量	空气	空气自炉底部送入，生成的吹风气由炉上部排出，经燃烧室、废热锅炉回收潜热和显热后经烟囱放空
一次上吹制气阶段	制取半水煤气	蒸汽与加氮空气	气化剂由炉底部送入，生成的煤气由炉上部排出，经燃烧室、废热锅炉回收显热，再经洗气箱、洗气塔洗涤除尘、冷却后入气柜
下吹制气阶段	稳定火层，制取半水煤气	蒸汽与加氮空气	气化剂由炉上部送入，生成的煤气由炉下部排出，经洗气箱、洗气塔洗涤除尘、降温后入气柜
二次上吹制气阶段	回收炉底部空间残留的煤气，防止爆炸，制取半水煤气	蒸汽与加氮空气	同一次上吹制气阶段流程
空气吹净阶段	回收炉顶部空间残留的煤气，提高炉温，补充氮气	空气	同吹风阶段流程，不同的是吹风气不放空，送入气柜

1. 吹风阶段

为了回收吹风气中一氧化碳等可燃性气体及煤粉的潜热，自炉上部排出的吹风气送入燃烧室，再配入二次空气，空气中的氧与一氧化碳燃烧，放出的热蓄于蓄热砖内，然后吹风气经废热锅炉回收显热后由烟囱放空。为了回收吹风气中一氧化碳等可燃性物质的潜热，给燃烧室中加入的空气称为二次空气。

2. 一次上吹制气阶段

吹风阶段后燃料层温度较高，此时由炉底部送入蒸汽和适量空气，与高温碳反应生成的煤气由炉上部排出。制气阶段给蒸汽中配入的空气称为加氮空气。加氮空气的作用是为半水煤气提供氮气，还可为碳与蒸汽的吸热反应提供热量。

3. 下吹制气阶段

一次上吹制气后，由于碳与蒸汽反应大量吸热，使气化层底部燃料层温度降低，甚至熄火，而燃料层上部温度升高，炉顶排出的煤气带走的显热增加。为了避免上述现象的发生，防止火层上移，上吹制气一定时间后，改为下吹制气。

4. 二次上吹制气阶段

下吹制气后炉温大幅度下降，需要再次送入空气提高炉温。但此时炉底部空间存有大量煤气，若立即吹风，空气与煤气在炉底部相遇将会发生爆炸。因而需要进行二次上吹制气，从而将炉底部煤气排净。

5. 空气吹净阶段

二次上吹制气后，炉顶部空间及管道充满煤气，若此时转入吹风，不仅损失煤气，且煤气排出烟囱口时与空气相遇可引起爆炸，故需进行空气吹净。生成的吹风气送入气柜。各阶段气体流向如图1—2所示。

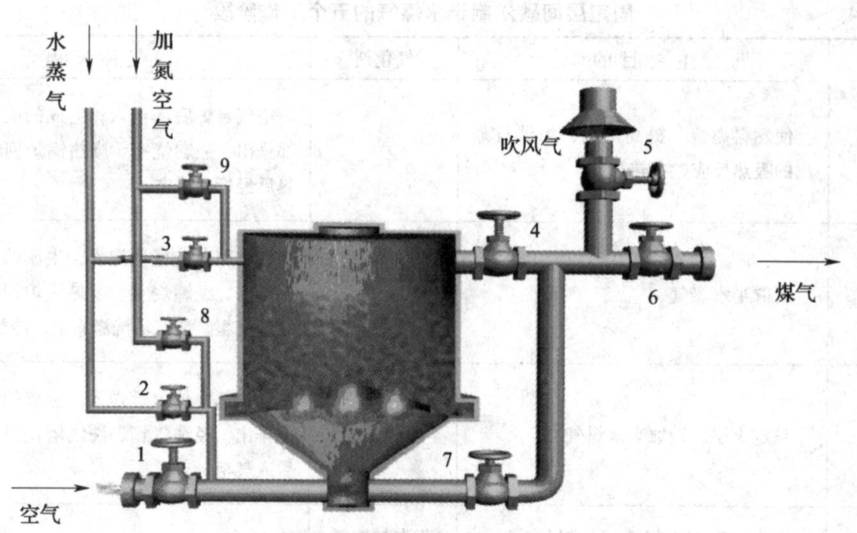

图1—2　固定层间歇法制半水煤气各阶段气体流向示意图

【知识链接】

半水煤气的制造

当以空气和水蒸气为气化剂制半水煤气时，过程连续进行的条件是维持系统的自热平衡，即：

$$Q_{放} = Q_{吸}$$

当按热量平衡配比空气与蒸汽时，由于空气中氮含量高，得不到合格的半水煤气。所得煤气的组成为：$(H_2 + CO)/N_2 = 1.43 < 3.1 \sim 3.2$，远远不能满足合成氨对原料气成分的要求。必须降低空气送入量，从而降低氮的含量，这样却不能维持系统的自热平衡，炉温则下降，甚至熄火。

由于热量平衡与气体成分之间存在这种矛盾，必须采用间歇法。将多余的吹风气（氮气）放空。其过程为：先向炉内送入空气，空气中的氧与碳燃烧，提高燃料层温度，生成的吹风气全部放空。然后再通入水蒸气和适量空气，得到半水煤气。

当以富氧空气与蒸汽同时入炉制气时，可连续生产半水煤气。

第三节　固定层间歇气化法制半水煤气工艺操作条件选择

生产中合理确定工艺操作条件对稳定生产负荷，保证产品质量、安全生产非常关键。固定层间歇气化法造气时，确定工艺操作条件的目的是：在保证煤气质量的前提下，尽可能提高煤气的产量，减少燃料消耗，提高燃料利用率。

一、炉温（指氧化层温度）

炉温高，蒸汽分解率高，煤气产量高，质量好，制气效率高。

炉温是由吹风阶段的终温决定的，吹风阶段炉温高，吹风气中二氧化碳还原生成的一氧化碳增加，反应放热少，吹风气带出炉外的潜热多，热损失大，吹风效率低。当温度达到

1 700℃时吹风气中二氧化碳含量为零，则吹风效率为零，反应放出的热全部被吹风气带出，不能再为制气阶段贮存热量。此外，当炉温高于燃料灰熔点时易造成燃料结疤现象，故正常生产中炉温应比燃料的灰熔点 t_2 低 50℃左右。兼顾吹风效率和制气效率均高，使气化总效率最高，生产中炉温一般宜控制在 1 000 ~1 200℃。

生产中无法安装仪表直接测量自上而下不断移动的燃料层温度，而是根据炉上部气体温度，炉下部气体温度，炉面火色及气体中二氧化碳含量等判断燃料层温度。

二、吹风速度

吹风阶段应在尽可能短的时间内，将炉温升高到气化反应所需要的温度，并尽量降低热损失，降低燃料消耗。即：风速大，可缩短吹风时间，提高吹风效率，但不能过大。原则上，吹风速度以不将小颗粒燃料吹出炉外，不使燃料层出现风洞为限。直径 2 740 mm 煤气炉的吹风量，一般以 18 000 ~20 000 m^3/h 为宜。这里的气体体积指标准状况［273. 15 K（0℃）和 101. 325 kPa］下的体积。

三、蒸汽用量

调节蒸汽用量是提高煤气产量，改善煤气成分的重要手段。应根据炉温合理选择蒸汽用量。当炉温高时，适当加大蒸汽用量，从而提高煤气的质量和产量。炉温低时，则应适当减少蒸汽用量。当炉内产生结疤现象时，可加大蒸汽用量，降低炉温，并将结疤吹松。一般直径 2 740 mm 煤气炉，蒸汽用量以 5 ~7 t/h 为宜。

四、燃料层高度

燃料层的高度对吹风和制气两个阶段有着不同的影响。吹风阶段燃料层低些好。吹风阶段燃料层高，二氧化碳易被还原生成一氧化碳，热损失大，同时燃料层阻力大，动力消耗大；但过薄易出现风洞。制气阶段燃料层高些好。制气阶段燃料层高，蒸汽分解率高，有利于二氧化碳的还原，煤气质量好。

要兼顾吹风和制气两个阶段，燃料层高度既不宜过高，也不宜过低。应根据燃料粒度的大小合理选择燃料层高度，一般直径 2 740 mm 煤气炉，燃料层高度为 1. 6 ~1. 8 m。

五、循环时间及分配

一个工作循环所需要的时间称为循环时间。循环时间长，炉温和煤气的质量波动大；循环时间过短，阀门开闭频繁，缩短了有效制气时间。一般循环时间以 2. 5 ~3 min 为宜。

各工作阶段的时间分配视燃料的性质及工艺操作的具体要求而定。一般吹风时间以使燃料层具有较高温度为原则；上、下吹制气时间以维持火层稳定和保证煤气质量为原则。二次上吹和空气吹净时间以能够排净炉下部空间和上部空间残留煤气为原则。不同燃料气化时各阶段时间的分配范围见表 1—5。

表 1—5　不同燃料气化时各阶段时间分配百分比　%

燃料品种	每个工作循环的时间分配				
	吹风	一次上吹	下吹	二次上吹	空气吹净
无烟煤，粒度 25 ~75 mm	24. 5 ~25. 5	25 ~26	36. 5 ~37. 5	7 ~9	3 ~4
无烟煤，粒度 15 ~25 mm	25. 5 ~26. 5	26 ~27	35. 5 ~36. 7	7 ~9	3 ~4
焦炭，15 ~50 mm	22. 5 ~23. 5	24 ~26	40. 5 ~42. 5	7 ~9	3 ~4
石灰碳化煤球	27. 5 ~29. 5	25 ~26	36. 5 ~37. 5	7 ~9	3 ~4

六、气体成分

气体成分主要控制半水煤气中（H_2+CO）/N_2 =（3.1～3.2）或 H_2+CO 大于或等于68%。其次，尽量降低半水煤气中 CO_2、O_2、CH_4 的含量，特别是 O_2 含量必须小于0.5%。氧含量过高，不仅有爆炸危险，且会使变换工序催化剂氧化而活性下降。

七、二次空气的用量

合理使用二次空气是降低燃料消耗的有效措施之一。二次空气用量过小，不能充分回收吹风气中 CO 等可燃性气体的潜热，用量过大，过剩空气从燃烧室带走热量多，热损失大，要求出燃烧室的吹风气中一氧化碳和氧气含量均小于1%。

第四节　固定层间歇气化法生产半水煤气工艺流程

固定层间歇气化法生产半水煤气的工艺流程主要由煤气发生、余热回收、煤气除尘降温及煤气储存工序组成。

一、中型氨厂煤造气工艺流程

中型氨厂煤造气工艺流程，如图1—3所示。

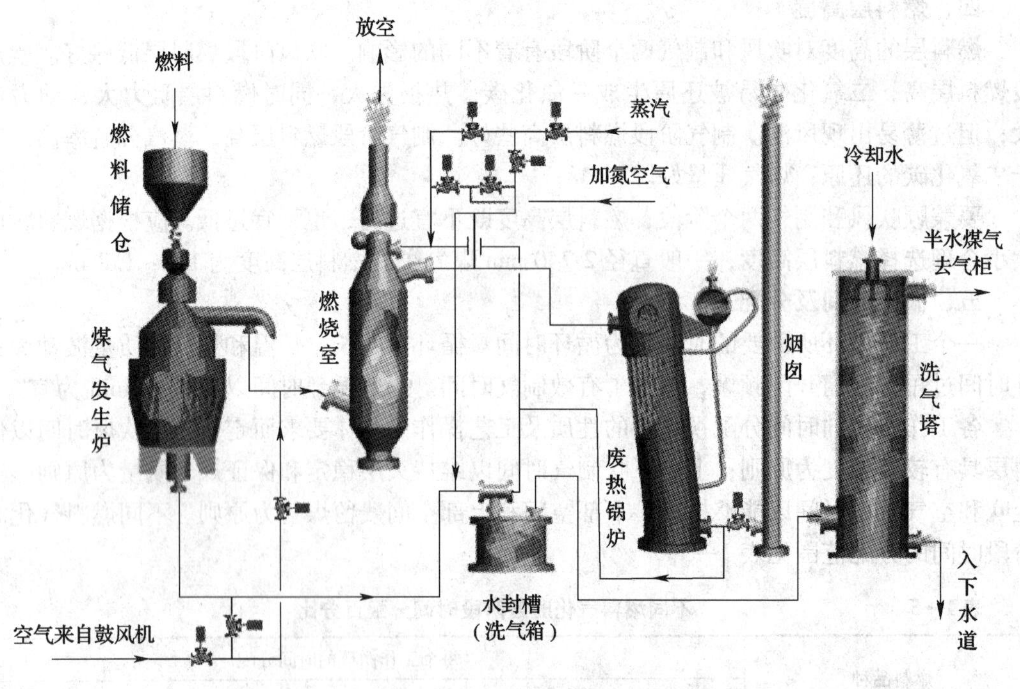

图1—3　中型氨厂煤造气工艺流程示意图

固体燃料由加料机自炉顶部间歇送入炉内，气化后残余的灰渣经旋转炉箅经刮刀刮入灰斗，定期排出炉外。

吹风阶段，由鼓风机来的空气自炉底入炉，由下而上通过燃料层。空气中的氧与氧化层中的碳反应，放出大量热。生成的吹风气由炉上部排出，带出的燃料细粒，大部分坠落在集尘器中。吹风气与二次空气在管道混合一同入燃烧室，空气中的氧使吹风气中的一氧化碳及可燃性气体在此燃烧，放出的热贮存在燃烧室的蓄热砖内。同时，吹风气中的细尘坠落在燃烧室的锥形底部。吹风气再经废热锅炉，回收显热后经烟囱放空。

一次上吹制气阶段，蒸汽与加氮空气混合后，由炉底部进入燃料层。在氧化层内高温碳分解水蒸气生成的煤气，自炉上部排出，经燃烧室、废热锅炉回收显热后，再经洗气箱、洗气塔冷却除尘降温后入气柜。

下吹制气阶段，蒸汽与加氮空气经燃烧室预热后，自炉上部入炉，由上而下通过燃料层。气化后生成的煤气由炉底部排出（此时煤气温度较低），直接经洗气箱、洗气塔冷却除尘降温后入气柜。

二次上吹制气阶段流程与一次上吹制气阶段相同。

空气吹净阶段流程与吹风阶段相似。不同的是吹风气不放空，由炉上部排出经燃烧室、废热锅炉、洗气箱、洗气塔除尘冷却降温后入气柜。

【注意】

在制气阶段，每当变换上下吹时，加氮空气阀应比蒸汽阀适当迟开早关一些，以避免加氮空气与煤气相遇而发生爆炸。

此流程的特点：①利用燃烧室回收吹风气中一氧化碳及其他可燃性气体的潜热，预热下吹气化剂；②利用废热锅炉回收吹风气及上吹煤气的显热，副产蒸汽；③制气阶段给蒸汽中配入了加氮空气，可直接得到半水煤气。而吹风气全部放空，有利于煤气中氢氮比的调节和燃料层温度的稳定。但是，上吹煤气及吹风气经废热锅炉回收热量后温度仍较高，使得热损失较大。

二、油压系统流程

在间歇法制取水煤气的生产过程中，目前阀门的开关一般是由微机控制的油压系统完成的。

油压系统流程如图 1—4 所示。油箱 1 中的油经滤油器 2 除机械杂质后，用齿轮泵加压至 4.5～5 MPa。在泵出口高压油管上接有溢流阀 4，当泵出口油压超压时，溢流阀 4 则自动打开卸压，溢流出的高压油又返回到低压油箱，使系统压力保持恒定。在高压油管线上还接有蓄能器 5，下部与高压油管相通，上部充有氮气，起蓄能作用。当系统高压油压力下降时蓄能器能向系统提供高压油。泵出口的高压油，经管路分别进入电磁阀 6 和各个油压缸，推动活塞上、下移动，使阀门开启或关闭。

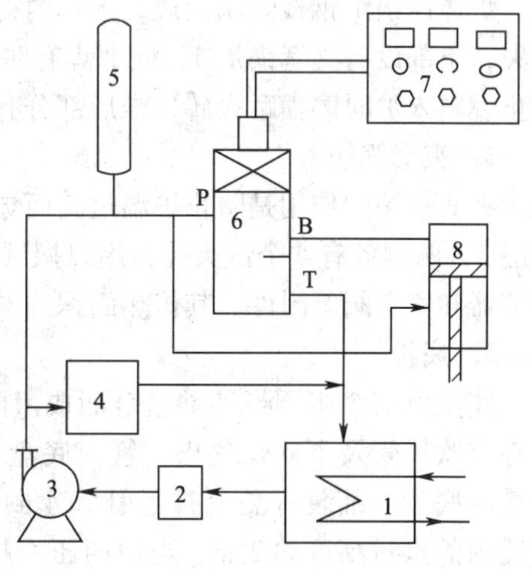

图 1—4 油压系统流程示意图

1—油箱 2—过滤器 3—齿轮油泵 4—溢流阀 5—蓄能器 6—电磁阀 7—微机 8—油压缸

每个电磁阀上有三个接口，P 接口与高压油管线相连，T 接口与低压油管线相接，B 接口与阀门油压缸上部相通。电磁阀接受微机送来的直流电信号，使电磁阀的阀芯移动，对送往阀门油压缸的油路进行高低压换向，使油压缸中的活塞上、下移动，从而使阀门开启或关闭。

1. 油箱内的加热与冷却

当油温高时，可向盘管中通入冷却水，当油温低时，向盘管中通入蒸汽。

造气工序的油压系统共有12个电磁阀，组成一个电磁站，分别控制着造气系统所有的自动阀门。微机程序控制系统按生产工艺需要，向各电磁阀通入或中断电信号时，各自动阀门可根据生产需要及时打开或关闭。

在微机屏幕上，设有工艺流程模拟显示图。模拟显示图能随机显示阀门的动态变化及开关状况，自动控制与手动控制的转换也极为方便，还具有内外联锁和故障报警功能。

2. 油压系统的优点

阀门开关速度快，相应增加了制气时间。运行平稳可靠，无故障周期长，降低了维修费用。功能齐全，操作方便，能耗低。

第五节　固定层间歇气化法生产半水煤气的主要设备

固定层间歇气化制半水煤气生产流程中，主要设备有煤气发生炉、燃烧室、废热锅炉、洗气箱、洗气塔、气柜、自动机和电除尘器等。

一、煤气发生炉

煤气发生炉是燃料与气化剂反应制得煤气的设备。目前国内普遍采用连续机械排灰的固定层煤气发生炉，其结构如图1—5所示。直径2 740 mm的固定层煤气发生炉，炉膛高度约5 m，半水煤气生产能力为6 500 ~ 7 000 m^3/h，由炉体、夹套锅炉、底盘、机械除灰装置和传动装置五部分构成。

1. 炉体

炉体由锅炉钢板焊制而成，上部内衬耐火砖9和保温砖8，外部包有石棉绒，以防止热损失，下部设有夹套锅炉4，底部焊有防炉渣磨损的保护钢板，炉口有铸钢制成的护圈，以防止燃料入炉时磨损耐火砖，锥形部分有出气口。

2. 夹套锅炉

夹套锅炉的作用是防止炉温过高而导致挂炉现象，并副产低压蒸汽。外壁包有石棉绒保温层3，两侧各有4个试火孔，用以探试火层的分布情况，炉上安装有液位计10、水位自动调节器和安全阀等附件。其传热面积约16 m^2，容水量约15 t。

3. 底盘

底盘由两个半圆形铸件组合而成。两侧有灰斗，底盘与炉体之间用大法兰连接。底盘中心有吹风管及下吹煤气出气管，底盘上部还装有轴承轨道，用以承托灰盘和燃料层的质量。底盘下部装有溢流排污管和水封桶，用来排泄冷凝水及油污，防止气体外逸。水封桶内的水封高度约2 m。当炉内压力超过2 m水柱时，煤气将冲破水封泄压，起安全保护作用。

4. 机械除灰装置

机械除灰装置包括转动的灰盘6和炉箅5、固定不动的灰犁、蜗轮11、蜗杆12五部分。

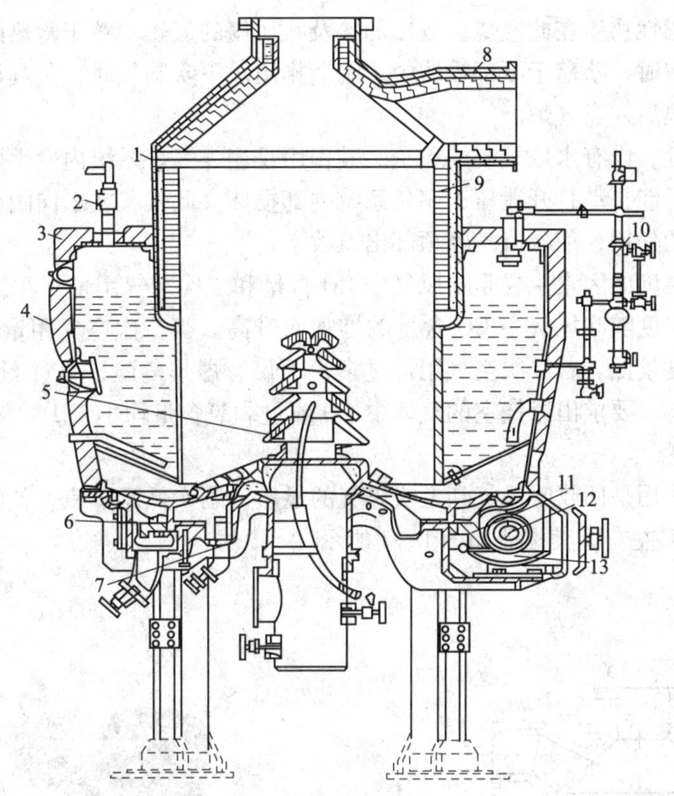

图 1—5　直径 2 740 mm 煤气发生炉

1—炉体　2—安全阀　3—保温材料　4—夹套锅炉　5—炉箅　6—灰盘接触面　7—底盘
8—保温砖　9—耐火砖　10—液位计　11—蜗轮　12—蜗杆　13—油箱

灰盘承受灰渣及燃料的质量，由内外两个外缘倾斜的环形铸铁圈构成，内圈称内灰盘，外圈称外灰盘，一般由四块耐热铸铁件组合而成。在灰盘的倾斜面上，固定有四根月牙形的推灰器，其作用是将灰渣推出灰盘。

宝塔形炉箅固定在内灰盘上，随灰盘一起旋转。炉箅共分 5 层，最上层是半球形炉箅帽，帽上有气孔，气化剂自层间空隙和小孔入炉。外灰盘底部铸有 100 个齿的大蜗轮，被传动装置带动而使灰盘旋转。

固定在出灰口上的灰犁，在灰盘旋转过程中将灰渣刮入灰斗，再定期排出。炉箅除宝塔形外，还有鳞片状偏心圆锥型和螺旋锥型等。

5. 传动装置

传动装置由电机提供动力，通过变速机、蜗杆、蜗轮带动 100 齿大蜗轮转动实现传动。其连接部件都是密封的，以防气体外逸。传动装置同时带动注油器，向各加油点输送润滑油。

二、燃烧室

燃烧室作为吹风气中一氧化碳与二次空气的燃烧空间，回收吹风气中一氧化碳等可燃性物质的潜热，并回收吹风气及上吹煤气的显热，预热下吹气化剂，除去煤气中部分粉尘。其结构如图 1—6 所示。

外壳用钢板焊制而成，内衬耐火砖，上、下部为锥体，中上部有格子式排列的蓄热砖。吹风气及二次空气自下部气体入口以切线方向进入，以减少气流对耐火砖的磨损。吹风气中的一氧化碳等可燃性物质在此燃烧，放出的热及吹风气的显热均蓄于蓄热砖内。气体中夹带的粉尘撞到蓄热砖时，坠落于下部锥体中，定期排出。下吹制气时，蒸汽与加氮空气自上部入燃烧室，被预热后入煤气炉。

顶部排气口处，设有水压控制的盖子。其作用是当煤气炉系统内发生爆炸，或压力超过弹簧压力时，盖子能自动打开泄压，避免系统内部损坏。此外，在烟囱阀出现故障不能开启时，可代替烟囱的作用，使吹风气经顶部出口放空。

决定燃烧室温度的因素主要是吹风气中 CO 含量和二次空气用量。在二次空气用量适宜条件下，燃烧室温度随吹风气中 CO 含量的增加而升高。当二次空气用量不足，CO 则燃烧不完全，因而温度较低。若二次空气用量过多，不仅有爆炸危险，且过剩空气将带走热量，使燃烧室温度降低。要求出燃烧室的气体中 CO 或过剩氧含量均小于 1% 为宜。

三、废热锅炉

废热锅炉的作用是回收吹风气和上吹煤气的显热，副产低压蒸汽，使煤气温度由 450 ~ 750℃冷却至 210℃左右。其构造如图 1—7 所示。

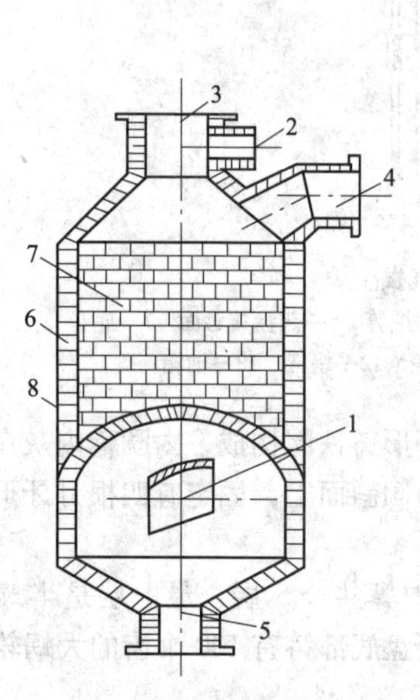

图 1—6　燃烧室剖视图

1—气体入口　2—上部进气口　3—安全阀门排气口　4—气体出口　5—底部排灰口　6—耐火砖衬里　7—蓄热砖　8—外壳

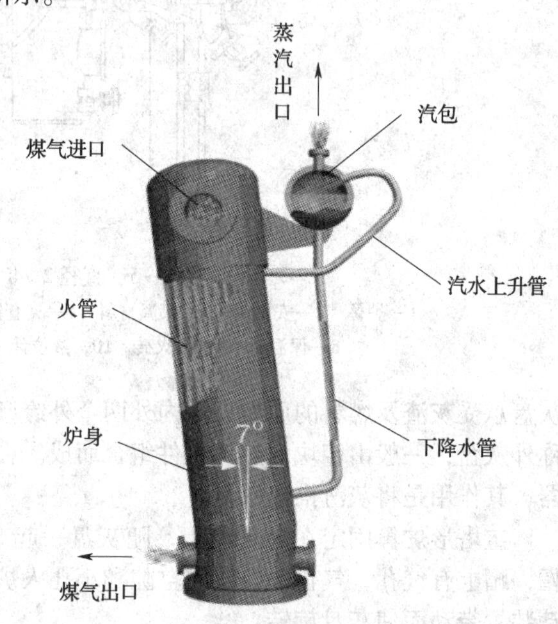

图 1—7　废热锅炉示意图

废热锅炉由炉身、火管、汽包、汽水上升管、下降管五部分构成。炉身是用钢板焊制而成的立式圆筒，上、下两端分别装有管板，管板间有若干根火管。

废热锅炉工作时，高温气体自上而下通过火管，把热量传给壳程的水，使水气化产生蒸汽，蒸汽经汽水上升管入汽包进行汽水分离，蒸汽自汽包顶部排出，水经下降管返回废热锅炉的管程。

废热锅炉的炉身倾斜 7°的目的是促进炉内汽水的对流，提高热交换效率，并使炉身与汽包的重心达到平衡，避免因基础受力不均而下陷。

四、气柜

气柜分为单罩式湿式气柜和多罩式湿式气柜两种（一般钟罩为 2 ~ 3 节）。其作用是贮存煤气，并使各阶段生产的煤气混合均匀，并保证后工序连续生产，对均衡系统负荷起缓冲作用。

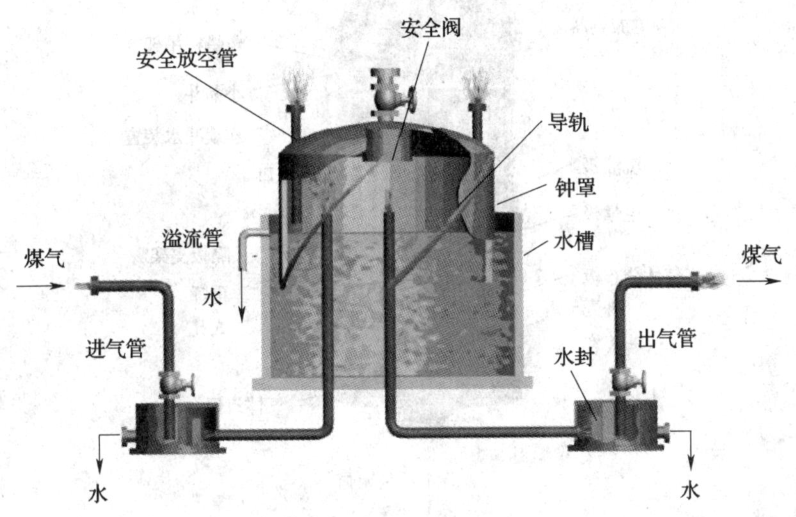

图 1—8　单罩式湿式气柜示意图

单罩式湿式气柜的结构，如图 1—8 所示。气柜下部为钢筋混凝土制成的水槽，槽内有两根管子伸出水面，分别为进气管和出气管。上部为钢板焊制的钟罩，钟罩的外壁设有轨道，与固定在水槽上的导轮衔接。当柜内气量增加时，钟罩沿轨道上升；反之，钟罩下降。钟罩顶部设有安全阀，当钟罩降至最小容积时，安全罩即罩在出气管口上，而安全罩下部浸入水面形成水封，可防止钟罩抽瘪。

钟罩上部装有安全放空管，当钟罩处在正常高度范围时，安全放空管下部浸入水内，使气柜内的气体不会外泄；当钟罩上升过高时，安全放空管下部离开水面，气体能自动从放空管放空，从而防止钟罩上升过高而被顶翻。气柜的进和出气管均设有水封，以便停车时与前后系统隔离。

五、电除尘器

电除尘器为半水煤气的最终除尘设备。它是借助高压电场作用除尘的，分湿式（合成氨厂用）和干式两种。湿式电除尘器的构造，如图 1—9 所示。

外壳用钢板焊制而成的圆筒体，锥形顶盖和底盖，内件由负极（电晕极）为 $\phi 2 \sim 4$ mm 的金属导线，正极（沉淀极）为 $\phi 300$ mm 的无缝钢管几十根组成。两极间通 50 ~ 70 kV 的高压直流电。在电晕极上电场强度特别大，使导线产生电晕而放电，煤气流过电极管时，粉尘与电子黏附使尘粒带电，带电尘粒在电场作用下移沉淀极，在正极放电，使尘粒成为中性，并沿电极下落。

几十根钢管安装在下部隔板支架上，上部与连续冲水装置相接，每根管子上端装有一个带扩大口的铸铁套帽。水由连续冲水装置入套帽，再溢流至各管壁，洗去沉积的粉尘。在每根沉淀极管子中心，悬挂一根直径 3 mm 的电晕极，上端挂在吊架上，下部设有框架，将导线固定于管子中心，各导线下端悬挂一重锤，用以拉直电晕极。

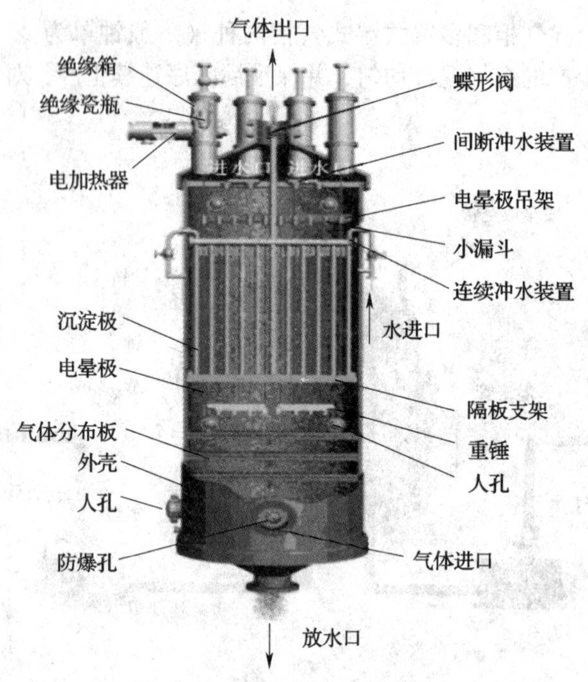

图 1—9　湿式电除尘器示意图

各导线上有一小漏斗，定期加水，使水沿导线下流，清洗导线上的灰尘。整个器内被直立的隔板隔成两个室，当一个室冲洗时，另一室进行生产。为使煤气均匀分布到各电极管中，下部装有三块气体分布板。在电除尘器顶部设有绝缘箱，箱内装有瓷瓶，用来吊挂电晕极吊架。为保证瓷瓶不受潮，在绝缘箱上设有蒸汽或电加热器。

电除尘器优点：除尘效率高达98%以上，可使煤气中含尘量降至5 mg/m^3以下，适应性强，流体阻力小，但对煤气中氧含量要求严格，过高易发生爆炸。

六、洗气箱

洗气箱又称水封槽，其作用是防止停止制气时，水封槽后的煤气倒回煤气炉系统而发生爆炸，并进一步冷却和洗涤煤气。水封槽结构，如图 1—10 所示。

具锥形下底的圆筒形容器中，煤气进口管的下端浸在水里，煤气自水中鼓泡而出，自顶部出口管排出。冷却水自加水管不断加入，并由溢流管排出，使箱内维持一定的液位。在停止制气时，由于水封的作用，后系统的煤气不会从煤气进口管倒回造气系统。

七、洗气塔

洗气塔的作用是用清水洗涤煤气中的粉尘和部分可溶性气体（如硫化氢、二氧化碳等），进一步冷却煤气至接近常温，如图 1—11 所示。

常用的洗气塔一般为填料塔。塔体是钢板焊制而成的立式圆筒，内装三段木格填料，塔下部有煤气入口和冷却水出口，塔上部有煤气出口与冷却水入口。

洗气塔工作时，冷却水由塔顶喷淋而下，与入塔气体逆流接触，达到冷却、除尘、洗涤的目的。塔内除用木格填料外，也可采用瓷环填料。目前生产中常用的洗涤塔，除上述填料塔外，还有波纹板塔、旋流板塔等。

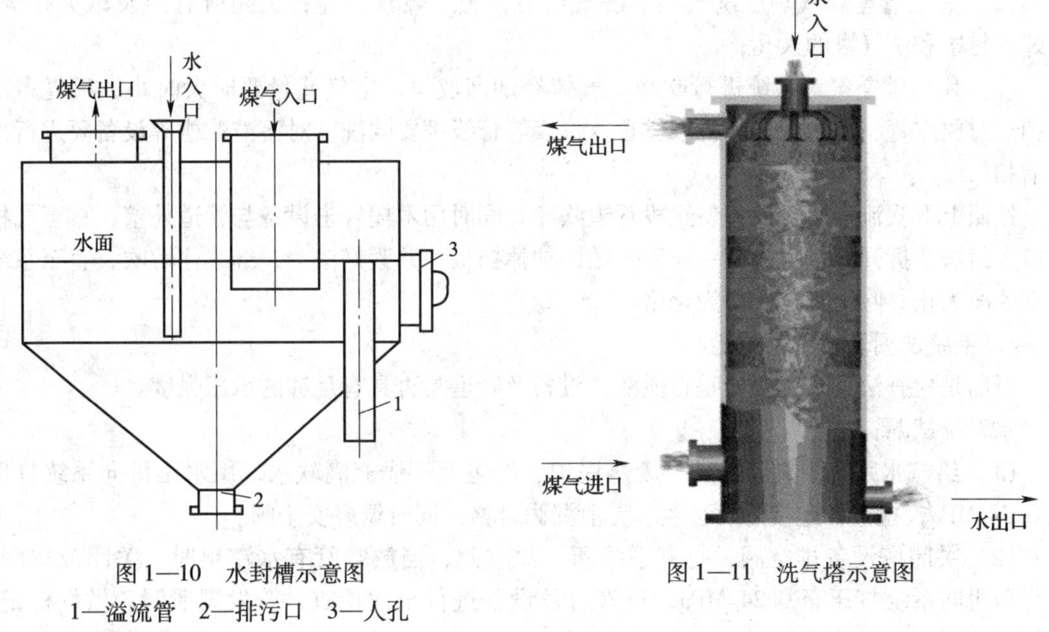

图 1—10　水封槽示意图
1—溢流管　2—排污口　3—人孔

图 1—11　洗气塔示意图

实训一　固定层间歇气化法生产半水煤气生产操作实训

一、冷态开车操作

新建或大修及长期停车后煤气发生炉的开车称为冷态开车。冷态开车操作规程：

1. 开车前准备

(1) 对照图纸检查系统内所有设备、管道、阀门、仪表、分析取样点及电器等是否正常完好；

(2) 检查各通信照明设备、各消防器材是否齐全正常；

(3) 检查分析仪器、药品是否符合分析条件要求；

(4) 仪表工检查并开启所有仪表，检查所有调节阀、启动执行器，使其处于正常备用状态；

(5) 检查各阀门的开关位置是否符合要求。

2. 运转设备单体试车

单体试车是指无载荷条件下进行的试车，目的是确认运转设备是否合格。

(1) 对空气鼓风机、空气压缩机及锅炉给水泵进行单体试运转，检查是否正常；

(2) 炉条机空负荷试车合格后，炉内装入一定量的灰渣，带负荷连续正常运行 8 h 为合格。

3. 系统吹净

新建或大修后，系统内会存在灰尘或杂质，必须将其清除干净。一般气体系统采用空气吹净。

(1) 按照气体流程，依次打开各设备主要阀门和有关法兰，并插入挡板；打开各设备放空阀、排污阀及导淋阀；拆除分析取样阀及压力表阀；

（2）人工清理煤气炉、洗气箱、洗气塔后，盖上煤气炉盖；关闭所有门及试火孔等；装好水封槽和洗气塔的人孔；

（3）用压缩空气对系统进行吹净，气体经烟囱放空，空气流量要时大时小，反复多次吹扫。对放空管、排污管、分析取样管及仪表等管线都要吹洗。对溶液贮槽等设备要进行人工清扫。

按照上下吹流程逐台设备、逐段管道吹净，同时用木槌轻击设备与管道外壁，直至气柜进口水封法兰拆开处，每吹完一段后，随即抽掉挡板，并紧好法兰，继续往后吹，直至系统全部吹净为止，吹出气体干净为合格。

4. 系统试漏及气密性试验

目的是检查法兰及焊接处是否泄漏，设备及管道是否具有足够的承压强度。

水系统试漏：

（1）给汽水系统的夹套锅炉、废热锅炉、汽包及管线充满软水，用水压机向系统打压至0.24 MPa，检查各连接处及法兰，无泄漏为合格，同时调好安全阀。

（2）关闭塔设备排空阀，打开系统所有放空阀，当放空管有水溢出时，关闭放空阀，用水压机向系统打压至0.24 MPa，对管道及设备进行全面检查，若发现泄漏，做好标记，泄压后处理，直至无泄漏。

（3）系统气密性试验

1）关闭各放空阀、排污阀、导淋阀及分析取样阀，在洗气箱、洗气塔、水封及气柜进口水封处装好盲板。

2）用鼓风机送入空气，升压至19.6 kPa时，在设备、管道、阀门、法兰、分析取样点、仪表等连接处及所有焊缝处，涂肥皂水进行查漏。若发现泄漏，做好标记，卸压处理，直至无泄漏，保压30 min，压力不下降为合格。

3）打开洗气塔放空阀卸压后，拆除各水封盲板，装好法兰。

【注意】

在系统试漏和气密性试验中，升压要慢，以便及时发现泄漏或其他缺陷。恒压操作不能反复进行，以免影响设备及管道强度。

（4）气柜气密试验。给气柜送入空气至接近最高容积时，在焊缝及法兰连接处，涂肥皂水查漏，直至无泄漏。保压2 h，气柜容积不下降为合格。

5. 烘炉

新建或大修及长期停车后的煤气炉和燃烧室，其耐火砖及灰缝内含有一定水分，开工前必须将其烘烤排除，以免开工时迅速升温，水分急速蒸发，使耐火砖及灰缝产生裂缝。

（1）煤气炉烘炉

1）给煤气炉内装入炉渣至炉条帽上200 ~300 mm处。

2）加无烟煤1 ~1.5 t，煤上加木柴约100 kg，木柴上铺一层油棉纱。

3）向夹套锅炉、废热锅炉加软水至正常液位。

4）洗气箱加水至溢流。

5）关闭洗气塔进口阀，打开烟囱及炉底通风门。

6）点燃炉内油棉纱使木柴燃烧，继续加木柴使无烟煤燃烧旺后，加煤接近正常炭层高，维持小火，烘干炉壁。

7）烘炉期间，调节升温速度的方法是控制炉底风门开度和煤加入量。升温速度按以下要求控制：

①常温至110℃间，温升速度小于10℃/h，110℃恒温24 h；

②110～240℃间，温升速度小于20℃/h，240℃时恒温24 h；

③240～450℃间，温升速度小于30℃/h，450℃时恒温8 h，烘炉结束。

（2）燃烧室烘炉。正常情况下，燃烧室烘炉与煤气炉烘炉同步进行。但只对燃烧室烘炉时，其规程如下：

1）常温至110℃间，温升速度小于10℃/h，110℃恒温24 h；

2）110～240℃间，温升速度小于15℃/h，240℃恒温24 h；

3）以温升速度20℃/h，升至450℃，烘炉结束。

6. 惰性气体置换

新建或大修后的造气系统开车前，必须用惰性气体（氮气或经燃烧室处理过的吹风气）置换系统的空气，防止爆炸。此外，系统停车检修前，需先用惰性气体置换系统煤气，再用空气吹净，防止动火时发生爆炸或检修人员中毒事故。

打开各设备放空阀，按流程分段对设备及管道进行置换，逐段关闭其放空阀，直至气柜放空管处取样分析合格。

7. 系统半水煤气置换

系统用惰性气体置换后，按正常开车步骤制取半水煤气，并按惰性气体置换方法，用半水煤气置换造气系统，在气柜放空管处取样分析，气柜充气后，即可转入正常生产。

二、正常操作管理

1. 加料

固定层煤气炉，需要维持在一定燃料层高度下进行制气。生产过程中，因燃料层逐渐下降，需要及时添加燃料。由自动加料机加料，每工作循环加料一次。加料操作的注意事项如下：

（1）加料要缓慢，要求煤堆积疏松均匀，以防止燃料层阻力不均，导致气化剂偏流；

（2）加料周期与加料量要相对稳定，以维持燃料层高度的稳定。当炉条机转速快、燃料层低、炉上部温度高、吹风量大或燃料粒度较大时，应适当增大加料量。

2. 炉温控制

（1）炉上部煤气出口温度控制在450～750℃。

（2）炉条温度控制在100～200℃。

（3）控制炉面火色。

1）当以焦炭为燃料时，要炉心灰暗，四周鲜红。当以无烟煤为燃料时，要炉心灰暗，四周暗红。当以炭化煤球为燃料时，要炉心灰白，四周暗红。

2）若炉面火色白热化，表明气化条件恶化，火层上移，且形成结疤。若炉面灰暗，表明燃料层温度过低。

（4）气化层最高温度应控制在比灰渣的软化温度低50℃。

3. 试火

目的是测试炉内气化层、灰渣层的厚度及分布情况。

其方法为：将试火棍由试火孔插入燃料层，2 ~ 3 min 后拔出，从试火棍上烧红的颜色及高度，可判断气化层的温度及分布情况。

(1) 正常情况下，试火棍尖端一小段为黑色，即灰渣层。黑色以上烧红的一段为气化层，最好有一段略带黄白色的高温段，即氧化层。

(2) 当试火棍呈一段红，一段黑的竹节形花色时，说明炉内气化层分布混乱，或有结块现象。

(3) 若试火棍呈暗红色，则表明炉内温度较低。

(4) 若插入试火棍时费力，表明炉内有大块结疤。

4. 气化剂的用量控制

气化层温度是否稳定，主要取决于空气和蒸汽用量是否稳定。

(1) 空气用量的大小，取决于吹风速度与吹风时间。

1) 为维持吹风速度的稳定，要避免两炉同时吹风。

2) 注意燃料加料量的稳定，从而维持炭层的稳定。

3) 要保持吹风时间的稳定。

(2) 蒸汽用量的大小，取决于蒸汽入炉流速与制气时间。影响蒸汽流速的主要因素有入炉蒸汽压力和炭层高度。

1) 若蒸汽压力升高，入炉蒸汽量则增大，气化层温度则下降，蒸汽分解率则降低。若蒸汽压力下降，气化层温度和蒸汽分解率则均增高，但易产生结疤现象。故操作中，力争稳定入炉蒸汽压力和流量。

2) 上、下吹制气时间百分比要保持稳定。

(3) 对加减负荷的要求。加减负荷要缓慢，以免气化层温度、气体成分产生大幅度波动。

1) 加负荷（即增加吹风速度或吹风时间）前，应适当提高炭层，防止炭层被吹翻。

2) 加负荷过程中，炉温开始上升时，要相应加大蒸汽用量，以维持气化层温度稳定，从而达到提高产量，稳定气体质量的目的。

3) 在减负荷过程中，炉温开始下降时，要相应减小蒸汽用量，逐渐降低炭层，以维持气化层温度的稳定，从而保证产气质量。

(4) 加氮空气量应力求稳定，以利于维持炉温稳定

5. 气化层的控制

气化层的位置及状况，主要取决于炉条机的转速、上、下吹时间及气化剂的用量。操作中稳定气化层的措施有：

(1) 当返焦率高、炭层下降快、气化层下移或炉下温度上升时，应减慢炉条机转速。当炉内有结疤，灰渣层增厚时，应加快炉条机转速。

(2) 当燃料含灰量高或灰熔点较低时，炉条机应保持较高的转速。燃料粒度变小或系统阻力增大时，要适当调慢炉条机转速，但转速不宜过慢。

(3) 加减负荷时，炉温维持稳定后，要相应增减炉条机转速。

(4) 当气化层出现局部上移或下移时，应对上移部位采取人工扒块，同时在上移部位增加炭量，使该局部燃料层阻力增大，从而消除气化层偏移现象。在此情况下，不宜改变炉条机转速。

（5）当试火时发现试火棍难插，火层上移、炉面发亮或下灰量剧减时，说明炉内结疤严重。采取减少吹风时间及吹风量、增大蒸汽用量、加快炉条机转速、人工打疤等措施，可逐渐消除结疤现象，使气化层恢复正常。

6. 下灰

燃料燃烧后生成的灰渣，由炉条机排入灰斗。灰渣达到一定数量后，在煤气炉停车加料时将其排出。根据灰渣，可判断炉内的气化情况。

（1）灰渣呈拳头大小，且多孔质轻，返焦量少，表明气化正常。

（2）灰渣中细粒多，表明炉内气化较差，其原因可能是炉温低或上吹蒸汽用量过大。

（3）灰渣块大，且坚硬少孔，重量较大，表明炉温过高或蒸汽用量过少。返焦过多，表明炉条机转速过快。

7. 半水煤气成分的调节

半水煤气成分调节对象，包括氢氮比、甲烷、氧、二氧化碳等含量。其中主要调节对象是氢氮比。

（1）氢氮比调节。主要是增大或减小加氮空气用量。当此法在短时间内达不到调节要求时，也可采用延长或缩短空气吹净时间的办法调节。

【注意】

改变空气吹净时间或停用加氮空气，具有收效快的优点，但易使炉温和气体成分发生波动。故调节氢氮比时不宜过急过猛，应根据处理后气体质量见效时间，及后工序原料气中氢氮比的变化情况，掌握氢氮比的变化规律，增强生产操作上的预见性，力求氢氮比基本稳定。

（2）半水煤气中甲烷、氧及二氧化碳含量的调节。一般通过控制炉温进行调节。当炉温高时，甲烷、氧及二氧化碳含量低。当炉内炭层有风洞或吹风阀和下行煤气阀关闭不严时，氧含量会突然增高。

8. 系统压力

炉内压力随工作循环中的不同阶段而变。一般炉底压力大小顺序为：空气吹净阶段 > 吹风阶段 > 上吹制气阶段 > 下吹制气阶段。生产中主要关注炉顶、炉底压力及压差，从而判断炉内气化层及阀门开关是否正常。

在空气吹净、吹风和上吹制气阶段：

1）炉底压力升高，表明燃料层内有结块现象或气流过大。

2）炉底压力降低、炉顶压力升高、炉底与炉顶压差减小，其原因可能是三通阀严重漏气、燃料层过薄或有风洞出现。

3）下吹制气阶段，若炉顶压力增高，说明燃料层阻力增大或蒸汽用量增大。

4）当三通阀或蒸汽阀工作不正常时，会导致系统压力异常。即：

①三通阀漏气，会使炉底与炉顶的压差降低；

②蒸汽总阀不关，会使吹风阶段炉底压力急剧增大；

③上吹蒸汽阀不关，则在下吹制气阶段，使炉顶压力下降而炉底压力增大；

④下吹蒸汽阀不关，则在上吹制气阶段使炉顶压力增大而炉底压力降低。

5）引起炉顶压力急剧上升，甚至燃烧室顶盖被顶开或伴随出现炉底压力增大而冲破安全水封的原因包括：

①燃烧室或废热锅炉内耐火砖倒塌。

②锅炉大量漏水。

③洗气箱或洗气塔的加水量过大或出水管堵塞。

④气柜进口被水封封死等。

9. 正常工艺操作指标

用不同固体燃料制取半水煤气，其正常工艺操作指标见表1—6。

表1—6　　不同固体燃料制取半水煤气的正常工艺操作指标

序号	项目	燃料		
		焦炭	无烟煤	碳化煤球
1	循环时间/min	3	3	3
2	加碳周期/min	36	36~42	36
3	炉上部气体温度/℃	650~800	550~750	600~850
4	炉下部气体温度/℃	<130	<140	<140
5	炉条温度/℃	≤350	≤350	≤350
6	入炉蒸汽压力/kPa	40~70	40~70	40~70
7	夹套锅炉蒸汽压力/kPa	≤70	≤70	≤70
8	冷却水压力/kPa	0.3~0.5	0.3~0.5	0.3~0.5
9	半水煤气中（H_2+CO）/%	≥68	≥68	≥68
10	半水煤气中氧含量/%	≤0.5	≤0.5	≤0.5
11	半水煤气中二氧化碳含量/%	≤10	≤10	≤13
12	吹风气中氧含量/%	≤1	≤1	≤1
13	炉渣中碳含量/%	≤15	≤20	≤25
14	燃烧室温度/℃	700~900	600~850	600~850

10. 强化气化强度的措施

正常生产中，在维持炉温、炭层、气化层及气体成分稳定的基础上，采用高炭层、高风速、高炉温和短循环的操作方法，是提高气化效率和气化强度的有效措施。

11. 不正常现象及处理见表1—7

表1—7　　不正常现象及处理

序号	现象	原因	处理方法
1	炉内结疤	（1）煤的性质与操作条件不相适应 （2）气流分布不均匀 （3）入炉蒸汽量小，炉温过高	（1）根据煤的性质，调节操作条件 （2）停炉捅实炭层 （3）适当加大蒸汽量，以降低炉温
2	半水煤气中氧含量增大	（1）炭层过薄，炉温过低 （2）吹风阀或下吹煤气阀内漏 （3）炉内结疤，有风洞	（1）停炉适当加高炭层，提高炉温 （2）停炉检修吹风阀或下吹煤气阀 （3）停炉打疤，填实风洞，扒平炉面

续表

序号	现象	原　因	处理方法
3	夹套锅炉或废热锅炉汽包液位下降过快	（1）加水流量小或加水阀失灵 （2）锅炉排污阀漏 （3）夹套锅炉或废热锅炉漏	（1）增大加水量或检修加水阀 （2）检修排污阀 （3）停车检修
4	夹套锅炉或废热锅断水	原因同3	严禁加水，立即停炉，降温后处理
5	炉底爆炸	（1）二次上吹时间短或蒸汽量小 （2）停炉时灰斗蒸汽吹净时间短 （3）安全挡板或吹风阀内漏 （4）灰层有大块渣，二次上吹时渣块内残余气体吹不净	（1）适当增大二次上吹时间或蒸汽量 （2）延长吹净时间 （3）停车检修安全挡板或吹风阀 （4）酌情处理，情况严重时应停炉，清除大块渣
6	停炉时炉口爆炸	停炉时炉面温度低，未点着火	停炉前适当延长吹风或二次上吹时间，提高炉面温度
7	停炉时炉口大量喷火	（1）未开蒸汽吸引阀 （2）洗气箱缺水，半水煤气倒流 （3）吹风阀内漏 （4）上吹蒸汽阀内漏	（1）开启蒸汽吸引阀 （2）加大洗气箱进水，避免半水煤气倒流 （3）停车检修吹风阀 （4）停车检修上吹蒸汽阀
8	炉条机负荷加重，电动机电流波动大，齿轮打滑	（1）炉内有大块渣卡住 （2）破渣圈或夹套保护板脱落卡住 （3）灰盘产生位移 （4）蜗轮、蜗杆损坏 （5）棘轮或三角抓磨损 （6）炉箅弹簧松	停炉处理
9	气柜钟罩猛升	（1）吹风时烟囱阀失灵未开，吹风气进入气柜 （2）脱硫工序负荷大减量或罗茨鼓风机跳闸	（1）停车检修烟囱阀，必要时气柜内气体放空 （2）联系脱硫工序，必要时本工序减负荷生产
10	气柜钟罩猛降	（1）洗气箱或洗气塔水封断水，煤气外泄 （2）洗气塔液位过高或煤气管道有堵塞 （3）气柜进口水封阻力大	（1）加大水量，严重时关闭洗气箱或洗气塔气体出口阀 （2）适当降低洗气塔液位或停车疏通煤气管道 （3）适当降低水封内水位

三、停车操作

1. 正常停车步骤

（1）停止加料，加快炉条机转速，适当加大蒸汽用量，减小风量，降低炉温。

（2）当燃料层高度降至夹套锅炉时，停空气，只作上吹，当煤气中有效成分低于60%时，煤气放空。

（3）炉上部温度降至350℃时，点火打开炉盖，检查炉面无火时，迅速排渣，以防复燃。

（4）关闭空气及蒸汽阀；关闭洗气箱煤气出口阀，并加挡板；打开烟囱阀和燃烧室盖子。

（5）关闭废热锅炉、夹套锅炉进水阀及蒸汽出口阀；打开放空阀；向锅炉内加冷水降温。

（6）打开煤气炉所有圆门和方门，使其自然冷却。

2. 紧急停车步骤

当停电、断水或设备发生重大事故等情况时，必须紧急停车。其步骤如下：

（1）迅速关闭吹风阀，开加碳放空阀或烟囱阀，关闭加氮空气阀、二次空气阀。

（2）开下行煤气阀及灰斗蒸汽吹净阀进行吹净，若紧急停车时处于下吹阶段，其吹净时间应延长几分钟。

（3）待炉底部吹净后，关蒸汽吹净阀；点火开炉盖，待炉口冒火后，开加碳蒸汽吸引阀。

（4）开夹套锅炉汽包及废热锅炉汽包放空阀，关闭蒸汽出口阀，并保持一定液位。

（5）若停车时间较长，应关闭上、下吹蒸汽阀及蒸汽总阀，停炉条机、空气鼓风机。

第六节　固定层加压连续气化法生产合成氨原料气

固定层间歇气化法制气存在一定缺点。如吹风阶段送入大量空气，吹风末期燃料层温度又很高，因而对燃料要求较高；由于吹风、制气两阶段炉温波动大，造成热损失大，制气效率低；气化过程中约有1/3的时间用于吹风和倒换阀门，使得有效制气时间减少；加之阀门启闭频繁，易损坏，因此操作与管理较复杂。以氧与水蒸气或以富氧空气和水蒸气为气化剂进行连续气化，则能克服上述缺点。

一、固定层加压连续气化基本原理

固定层加压连续气化是将粒度为5～50 mm的煤块，在2.4～3.0 MPa、900～1 200℃条件下与气化剂逆流接触，使燃料气化制得煤气的过程。煤由炉顶部间歇加入，炉内燃料自上而下移动经过五个区域，即干燥层、干馏层、气化层、燃烧层和灰渣层，灰渣以固态形式自炉底部排出炉外。气化剂是氧与蒸汽的混合物，自炉底部连续入炉，经炉箅由下而上通过燃料层进行逆流气化，生成的煤气自炉上部连续排出，在燃料层内发生的反应及变化有：

1. 干燥层

煤被上升的高温煤气加热至300℃左右，使煤中水分挥发。

2. 干馏层

煤被上升的高温煤气加热至700～800℃，煤分解放出挥发分。

3. 气化层

自燃烧层上升的高温气体，主要成分是蒸汽和二氧化碳。在此区域发生如下反应：

主反应包括反应（1—5），（1—6），（1—7）。副反应包括（1—8），以及：

$$CO + 3H_2 \rightleftharpoons CH_4 + H_2O_{(g)} + 394.6\ kJ \tag{1—9}$$

生产过程中，（1—6）为控制反应。因碳燃烧时生成大量二氧化碳，故不利于反应（1—7）的进行，而有利于反应（1—5）的进行。气化制得的煤气中，一氧化碳和氢气含量之和为60%～66%，净化后再配入氮气，而得到半水煤气。

上述主反应为气体体积增大的吸热反应，而副反应为气体体积缩小的放热反应，加压气化，可加快反应速度，提高煤气炉的气化强度，但更有利于副反应（1—8）、（1—9）向右进行，使得粗煤气中甲烷含量高达8%～10%。故生产中通常再采用蒸汽转化法将甲烷进一步转化为一氧化碳和氢气。

4. 燃烧层

在燃烧层中，气化剂中的氧与碳燃烧，为气化反应提供热量。

主反应为反应（1—2）。反应放出的热可使气化剂温度升至1 200～1 500℃，该层是燃料层温度最高的区域，为防止燃料层发生烧结现象，必须使用过量的蒸汽，故生产中蒸汽分解率较低，一般为35%～40%。

5. 灰渣层

氧与蒸汽的混合气入炉后，经炉箅均匀分布到灰渣层中，被高温灰渣预热到1 000℃以上，而灰渣被冷却至400℃左右排入灰锁。

二、工艺操作条件的选择

1. 炉温

炉温高，反应速度快，蒸汽的分解率高，煤气的有效成分氢和一氧化碳含量高，即煤气的产量高，质量好，从而可提高设备的生产能力。提高炉温是强化生产的重要手段，但炉温过高，易产生结疤。为保证炉顺利排渣，炉温应低于所用燃料的灰熔点。

控制炉温的主要手段是调节蒸汽/氧比。提高蒸汽/氧比，炉温下降，反之炉温则上升。由于燃料在炉内移动，炉内无法设置温度测量装置，通常根据经验观察炉灰的颜色及形状。若灰渣是不规则玻璃状小球或熔结的小块，说明炉温是最佳操作温度；若排出的灰渣为黑色颗粒或无烧结现象的细灰，则炉温偏低，若排出的灰渣为熔结的大块渣，说明炉温过高，蒸汽/氧比过小。一般炉出口粗煤气温度为650～700℃，排入灰锁的炉渣温度为400～500℃。

2. 压力

提高压力，可加快气化反应速度，提高煤气炉的气化强度，同时可减少煤气的含尘量。由于气化反应是气体体积增大反应，压缩一体积的氧，可得到5～8体积同样压力的粗煤气，因而可节省动力消耗。但压力越高，粗煤气中甲烷的含量则越高。同时随着压力的提高，对设备材质及制造技术要求也更高。因此气化压力必须根据工艺和经济两方面综合选择，目前气化压力一般为2.4～3.0 MPa。

3. 蒸汽氧比

蒸汽氧比是指入炉气化剂中蒸汽与氧气的比例。生产中增大蒸汽氧比，则蒸汽分解量大，煤气中的氢和一氧化碳则增加，但炉温会下降，使煤气中甲烷含量增加，故生产中蒸汽氧比一般为5～8 kg/m³。当采用灰熔点低，活性高的煤时，应采用指标上限，反之，则采用指标下限。

三、工艺流程

1. 固定层加压连续气化工艺流程方框图（见图1—12）

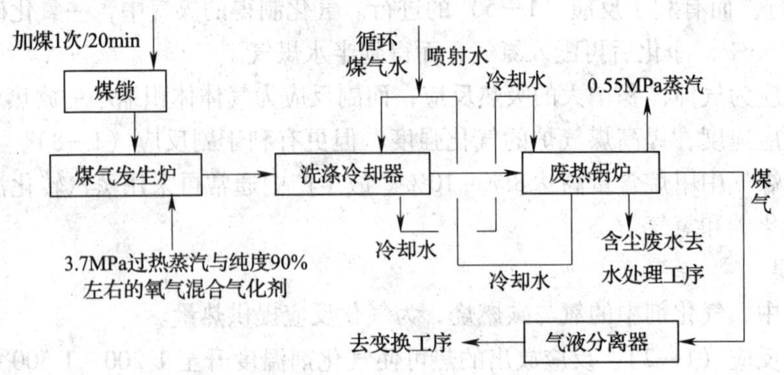

图1—12　固定层加压连续气化工艺流程方框图

2. 固定层加压连续气化工艺流程图（见图1—13）

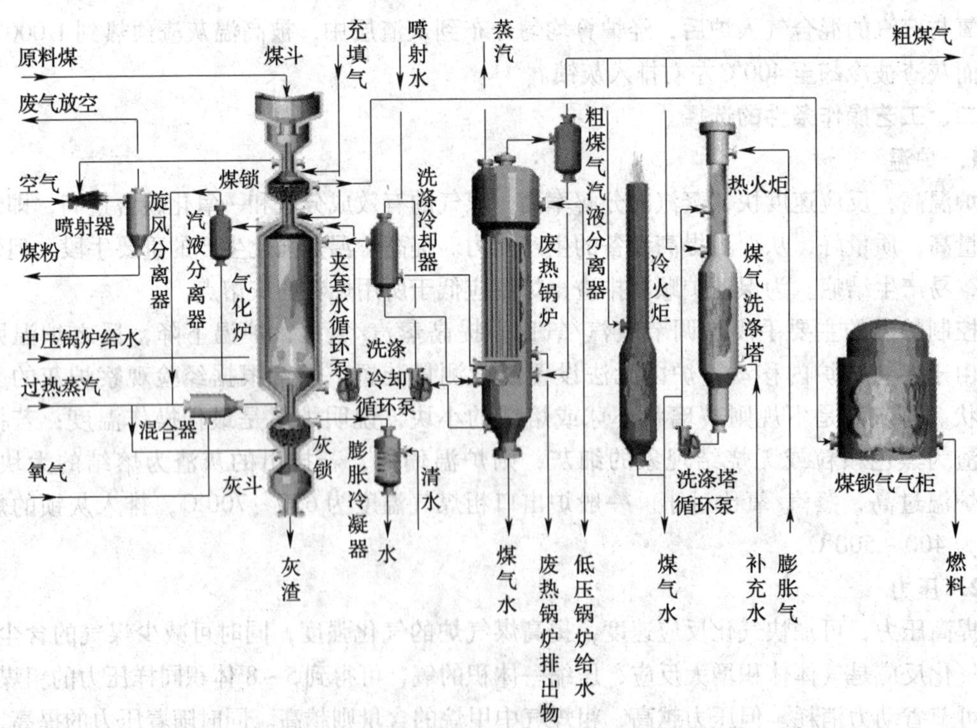

图1—13　固定层加压连续气化工艺流程示意图

粒度4～50 mm的煤加入煤斗，经自动操作煤锁，间歇加入气化炉内。压力3.7 MPa左右的过热蒸汽与纯度88%～92%的氧气混合后，自炉下部进入燃料层，在2.5 MPa左右压力下进行气化反应，生成温度为650～700℃的粗水煤气。粗水煤气自炉上部排出，入洗涤冷却器，用循环煤气水直接冷却到204℃，并除去灰尘、焦油等杂质后，再经废热锅炉，间接加热锅炉内的水，以产生0.55 MPa左右的低压蒸汽。煤气温度降至180℃左右。过剩蒸汽同时冷凝，冷凝水收集在废热锅炉下部的集水槽内，用循环泵送往洗涤冷却器循环使用。自煤气水分离工序来的高压喷射水，不断补充到循环煤气水中。含灰尘的煤气水由废热锅炉下部集水槽送往煤气水处理工序。

由废热锅炉顶部出来的粗水煤气，经气液分离器除去液滴后，送往粗煤气变换工序。制得的水煤气组成大致为：CO_2 26.5%，CO 23.5%，H_2 40.1%，CH_4 7.5%，H_2S 0.05%，惰性气体（N_2+Ar）1.9%，C_nH_m 0.45%。

煤气炉外壁设有夹套锅炉，通入中压锅炉给水，并设有夹套水循环泵进行强制循环。夹套锅炉内的水吸热后，产生中压蒸汽，经汽液分离器除去液滴后与氧气混合作为气化剂送入炉内，同时降低了气化炉的壁温。

煤气化后的灰渣含碳量小于5%，由转动的炉箅排入灰锁，再定期排入灰斗。

年产30万吨合成氨厂造气系统，需要四台内径3.8 m的鲁奇炉。常温常压下，三台运转，一台备用。每台炉的产气能力为3 600 m^3/h。

四台气化炉共用一台煤气洗涤塔和开工热火炬。煤气洗涤塔用于开工期间，当不合格煤气不能导入生产系统时，用循环煤气水洗涤、冷却后，导入开工热火炬。开工热火炬设有煤气点燃喷嘴和阻火器，用于处理气化炉开工期间可燃性气体，并燃烧煤气水分离工序来的膨胀气。

每套气化炉有一套单独的自控系统，保证整个装置正常运转，当发生事故时则切断每台气化炉的氧和蒸汽供应，并停止炉箅转动。

【知识链接】

一、鲁奇炉

固定层加压连续气化所用煤气炉是鲁奇炉，如图1—14所示。炉体是用锅炉钢板卷焊而成的立式圆筒。炉体外径4.1 m，高12.5 m，内径3.8 m，容积98 m^3，外壁设有夹套锅炉，容积13 m^3。炉内煤层高4 m左右，操作压力3 MPa，最高温度达1 500℃，炉上部设有煤分布器及搅拌器，下部设有转动炉箅及相应的传动机构，由炉外液压装置驱动，液压介质为水与二乙醇混合液。

1. 夹套锅炉

夹套内通入软水，以防止内壳温度过高，并产生中压蒸汽。夹套内焊有纵向隔板，以减少水横向流动，提高传热效果，也起增加内壳强度的作用。夹套锅炉不设汽包，而在夹套上部设置足够的空间和分离挡板，内壳下部设有膨胀节。内壳底部衬有耐磨板，避免灰渣磨损内壳。

2. 煤分布器与搅拌器

煤分布器与搅拌器装在同一轴上，转速一般为15 r/h。分布器和搅拌器及转轴内均通入锅炉水强制冷却。

(1) 煤分布器。煤分布器为圆盘形，直径约3 m，开有两个长条形布料孔，当分布器转动时，将煤均匀分布在炉内。分布器与冷圈构成贮煤空间，可贮存一定数量的煤，当加料系统出现故障、暂时停止加料时，仍能维持气化炉在短时间内继续运转。冷圈是一夹套圆柱体，夹套内通入锅炉水冷却。

(2) 搅拌器。搅拌器又称破粘装置，由一个粗大的锥体与两个桨叶构成。桨叶为变截面钝三角形，插入煤层内搅拌。一个桨叶在煤层表面250～300 mm处，另一桨叶在500～700 mm处。搅拌器可将黏结在一起的煤破碎，使煤层保持正常孔隙率，保证气化炉正常操作。设置搅拌器后，可气化自由膨胀指数小于7的煤，扩大了鲁奇炉用煤的范围。

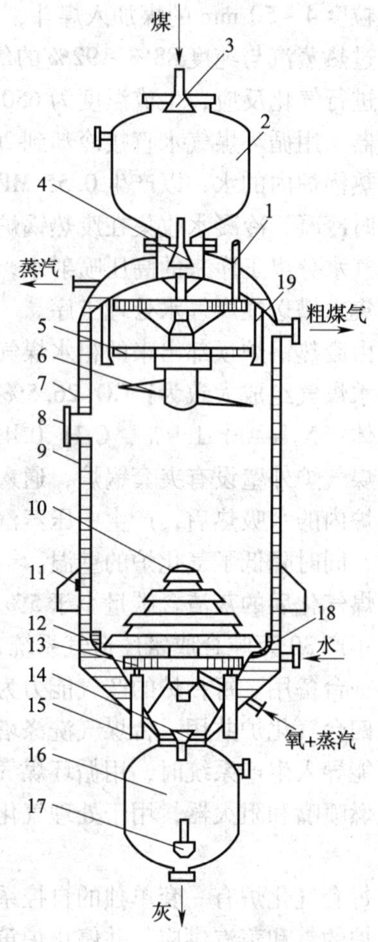

图1—14　鲁奇炉剖视图

1—搅拌器传动机构　2—煤锁　3—煤锁上阀　4—煤锁下阀　5—煤分布器　6—搅拌器　7—炉体　8—人孔　9—夹套锅炉　10—炉箅　11—支耳　12—耐磨板　13—传动齿轮　14—灰锁上阀　15—炉箅传动机构　16—灰锁　17—灰锁下阀　18—刮刀　19—冷圈

3. 炉箅及传动装置

炉箅的作用是分布气化剂，维持燃料层自上而下移动，排灰，破碎灰渣，避免灰锁阀门堵塞。

炉箅为塔形，共四层，顶部有风帽。炉箅底部直径约3 300 mm，高1 200 mm。气化剂由炉底经空心轴，炉箅板缝入炉，炉箅板与灰渣接触表面堆焊一层硬质合金，并焊有直径约10 mm的耐磨棒，以提高炉箅使用寿命。在炉箅上有2～4个固定的刮刀，将灰渣破碎并刮入灰锁。炉箅的排灰能力取决于刮刀数及炉箅的转数。炉箅转速一般为3～4 r/h。

炉箅的传动齿轮位于炉箅之下，由一个大齿轮及两个对称的小齿轮构成。炉外液压装置驱动两个小齿轮旋转，小齿轮带动大齿轮转动，大齿轮则带动炉箅转动。齿轮位于排灰区，高温多灰，不宜采用油润滑，故齿轮表面经硬化处理，以提高耐磨性。为提高齿轮使用寿命，传动装置可按正反两个方向转动。转轴与静止部分采用填料函密封，填料为涂有四氟乙烯的石棉。

4. 煤锁及灰锁

气化炉顶部设有煤锁，容积12 m^3，定期将煤加入炉内。炉底部设有灰锁，容积6 m^3，定期将灰渣排入灰斗。二者进出口阀均采用液压传动，由自动可控电子程序装置控制，自动、半自动、手动操作均可。

鲁奇炉的特点是加压连续制气，生产能力大，对原料煤的适应范围广，自动化程度高。但结构较复杂，易损件多，壳体为整体加工并经过热处理。

二、固定层加压气化法对原料煤的要求

1. 煤粒度

煤粒度的大小对气化操作影响很大，一般为4～50 mm。

2. 机械强度与热稳定性

机械强度与热稳定性要好，化学活性要高。

3. 黏结性

黏结性大的煤，在气化炉内受热后会黏结在一起，使燃料层失去透气性，气化剂分布不均匀。

煤的黏结性通常用自由膨胀指数来表示。自由膨胀指数是指煤受热分解产生胶质体而膨胀，此时煤的体积与原来体积之比。煤的黏结性越强，其自由膨胀指数值则越大。

固定层加压连续气化的鲁奇炉，可使用自由膨胀指数小于7的煤。但使用自由膨胀指数大于1的煤时，炉内必须设置搅拌破粘装置。依靠搅拌桨叶将结块打碎，以保障正常透气性。当使用自由膨胀指数小于1的煤时，可不设搅拌破粘装置。我国采用鲁奇法制气的大型厂，所用原料煤的自由膨胀指数一般在3左右。

4. 灰熔点及灰分

燃料的灰熔点是限制炉温的主要因素，故燃料灰熔点越高越好，一般要求高于1 200℃，而燃料含灰量则越低越好。

实训二　鲁奇炉生产操作实训

一、开车前准备

固定层加压连续气化工序的开停车操作规程：煤气炉系统的检查；运转设备的单体试车；系统的吹净；系统试漏和气密性试验；烘炉等步骤同实训一。本单元主要熟悉气化炉的开车、点火、加煤、排灰及负荷的调节生产操作。

二、鲁奇炉开车点火操作

气化炉的开车点火是在常压下进行的，其规程如下：

1. 加料。系统经检查；运转设备的单体试车；系统的吹净；系统试漏和气密性试验；烘炉等合格后，炉内装入容积80%的煤，夹套锅炉液位调至正常。

2. 将过热蒸汽送入炉内，使煤层温度加热至燃点后，关闭蒸汽，送入少量空气，点燃煤层。

3. 煤层点燃后，送入少量蒸汽，调节气化炉出口气中的二氧化碳及氧含量，待稳定后，逐渐增加空气和蒸汽量。

4. 当炉内表压力升至0.1 MPa时，通入氧气，使气化炉与夹套锅炉的压差小于0.15 MPa，并将放空气体切换到开工火炬。

5. 在保持蒸汽氧比的前提下，逐渐增加负荷，按每次0.1 MPa的升压速度，将气化炉压力升至工艺要求值。

在进行上述操作时，煤锁与灰锁操作应密切配合。

三、加煤

煤经煤锁周期性地加入气化炉内。加煤频率应根据气化炉生产负荷进行调节。煤锁上、下阀是否关严，对加煤能否顺利完成至关重要。检查阀门是否关严，可凭经验听阀门的关闭声音或进行严密性试验。加煤时，煤锁内的煤是否加完，可通过煤锁内的温度指示加以判断。装满煤时为常温，温度升至50～60℃时说明煤锁已空，应进行二次加煤。

煤锁内设有液压控制的上、下锥形阀，其加煤自动控制循环步骤如下：

1. 煤锁内压力降至常压时，通过液压装置自动打开煤锁上阀（下阀关闭），煤由煤斗经溜槽入煤锁。

2. 煤锁内装满煤后，上阀关闭。

3. 充气阀打开，向煤锁内充入由煤气冷却工序来的充填气（即变换气），使煤锁内压力升至2.5 MPa左右，再由气化炉顶部引入气化炉内的煤气，使煤锁压力与炉内压力相等。

4. 打开煤锁下阀，将煤加入炉内。

5. 当煤全部加入炉后，下阀关闭。

6. 打开泄压阀，将煤锁内的煤气排入煤锁气气柜，以进一步用做燃料。泄压后仍有少量煤气残留在煤锁内，用煤锁喷射器喷出，并经旋风分离器除去煤粉后放空，重复开始下一循环。常况下，20 min加煤一次。

四、排灰

气化炉的排灰是经气化炉下部的灰锁，按炉箅的转数周期性进行的。排灰频率仅取决于炉箅的转数。灰锁上、下阀门的严密性，对排灰至关重要。

1. 可根据经验，听灰锁上、下阀门关闭的声音是否清脆加以判断。

2. 用过热蒸汽对灰锁上、下阀门进行严密性试验。

灰锁上、下阀门的工作环境比煤锁更恶劣，因此，上阀关闭过程中，要用过热蒸汽吹扫阀门的密封面；下阀关闭过程中，需要用水冲洗密封面。

3. 灰锁排灰循环步骤

(1) 灰锁上阀开启，下阀关闭，灰锁压力与气化炉内压力相等，连续转动的炉箅将灰自炉内排入灰锁；

(2) 当灰锁充满灰后，炉箅停止转动，灰锁上阀关紧后，炉箅重新转动；

(3) 打开膨胀冷凝器的膨胀阀，降低灰锁压力，膨胀冷凝器内充满冷却水，灰锁中的蒸汽入膨胀冷凝器内冷凝；

(4) 当灰锁压力降至常压时，膨胀冷凝器内的水经底阀排放；

(5) 灰锁下阀门打开，灰落入灰斗，灰被熄灭后由螺旋输送机送至灰处理系统。在熄火期间产生的蒸汽由鼓风机排出；

(6) 将冷却水充满膨胀冷凝器，此时冷凝器排放阀及膨胀阀关闭；

(7) 关闭灰锁下阀，用过热蒸汽充压；

(8) 打开灰锁上阀，循环重复开始。灰锁一般每小时排灰1次。当煤消耗量增大或煤含灰量高时，则每小时排灰2~3次。

五、负荷调节

气化炉的负荷调节，通过调节入炉蒸汽量来实现。因氧气（或富氧空气）随蒸汽量按比例而变化，故蒸汽量与气化炉的负荷采用串级调节。氧气量与蒸汽量采用比值调节。

煤气负荷的变化，要选用煤气总管压力为负荷调节器的主参数。通过负荷调节器发出的信号，来增加或减少入炉的蒸汽量和氧气量，相应增加或减少气化炉的煤气产量，使煤气总管压力保持在原来的设定值上。当煤气总管、蒸汽总管、氧气总管的压力均下降时，三个压力下降的信号，通过多输入信号选择器，选用一个最低信号作为给定值，输给负荷调节器。调节气化炉负荷时，煤锁的加煤频率要与之密切配合。灰锁的排灰频率根据炉箅的转数而定。

第七节　水煤浆加压气化法生产合成氨原料气

水煤浆加压气化法，是近年来国际上新开发的最成功的一种煤气化法，不仅可使用储量丰富的烟煤，且生产效率高，因此发展迅速。

水煤浆加压气化生产过程，是将原料煤制成可流动的水煤浆，用泵加压后喷入气化炉，在高温下与氧反应，生成 H_2 和 CO 合计含量达 75% 以上的水煤气。高温煤气与熔融态煤渣，自炉下部排出。降温后，煤气与灰渣分离。煤气经进一步除尘后，送后工序。

一、水煤浆加压气化原理

浓度为 60% ~70% 的水煤浆与纯氧，经喷嘴并流向下喷入气化炉，水煤浆被氧气雾化，同时水煤浆中的水遇热急速气化成蒸汽。煤粉与氧气及蒸汽充分混合，在 1 300 ~1 500℃高温下，煤粉进行部分氧化反应，生成以氢气和一氧化碳为主的水煤气。主要反应包括反应（1—2）、反应（1—3）、反应（1—5）、反应（1—6）以及反应（1—7）。

由于反应温度高于灰熔点，因此煤灰以熔融态小颗粒分散于煤气中。煤气与熔渣的混合物自炉底部排出。

在气化过程中，煤粒夹带在气流中，煤粒之间被气体隔开，难以相互碰撞，各煤粒独立进行着燃烧与气化反应。这些反应在高温火焰中数秒内完成。气化炉内大致可分为三个区域。

1. 裂解及挥发分燃烧区

煤浆与氧气喷入气化炉后，迅速被加热至高温，煤浆中水分急速气化为蒸汽，而煤粉发生干馏及热裂解，释放出挥发分，煤粉变为焦炭。由于此区域氧气浓度高，在高温下挥发分又迅速完全燃烧，放出大量热。制得的煤气中含甲烷一般小于 0.1%。

2. 燃烧区

在此区域，煤焦一方面与残余氧发生燃烧反应生成二氧化碳和一氧化碳，放出热；另一方面煤焦在高温下又与蒸汽及二氧化碳发生气化反应生成氢和一氧化碳。同时，氢及一氧化碳又与残余氧发生燃烧反应，放出更多热，使燃烧区内的反应维持在 1 300 ~1 500℃高温下进行。

3. 气化区

在此区域，主要是煤焦、甲烷等与蒸汽、二氧化碳进行气化反应，生成氢和一氧化碳。

由此可知，水煤浆气化过程非常复杂。生成的煤气中，除含 H_2、CO、CO_2 及残余的水蒸气四种组分外，还含有少量甲烷和硫化氢。

二、水煤浆加压气化工艺操作条件的选择

在生产中应选择有利于气化反应进行的操作条件，以提高水煤气的产量，降低原料煤及氧消耗。影响水煤浆加压气化的主要因素有煤质量、煤粉粒度、水煤浆浓度、氧气用量、温度及压力等。

1. 煤粉粒度

水煤浆气化属于高温气流式反应。煤粉粒度对气化效率影响很大。煤粒小，与气化剂接触面积大，反应速度快，碳的转化率高，故煤粒越小，对气化反应越有利。但煤粒过小，会

使水煤浆的黏度增加，其流动性变差，不利于制备较高浓度的水煤浆。当煤粉中有80% ~ 90%通过200目筛时，制成的水煤浆黏度大，无法输送。

实际生产中，煤的粒度既要满足气化反应需要，又要满足水煤浆制备需要。实践证明，当煤粉中有50%通过200目筛时，可同时满足上述要求。

2. 水煤浆浓度

水煤浆浓度对气化效率、煤气质量、原料消耗、水煤浆的输送及雾化等均有较大影响。若浓度过低，则随煤浆入炉的水分量过多，水分被加热蒸发吸热量增加，使炉温下降，导致气化效率和煤气中有效成分降低。

而煤浆浓度过高时，黏度急剧增加，流动性变差，不利于输送和雾化。同时，若煤浆浓度过高，易发生分层现象，故煤浆浓度不易过高。选择原则应在保证不沉淀、流动性好、黏度小的条件下，尽可能提高水煤浆浓度，生产中一般控制在60% ~70%为宜。

3. 氧煤比

氧煤比是指气化1 kg干煤所需氧气的体积。单位为m^3/kg。

即增加氧用量，氧与煤燃烧反应多，气化炉温度随之升高，有利于气化反应进行，煤气中有效成分则增加，碳的转化率显著升高。但氧煤比过高，使煤气中二氧化碳含量增加，反而使煤气化效率降低。

若氧煤比过低，气化炉温度则低，不利于气化反应进行，碳的转化率及煤气效率降低。此外，若炉温低于煤的灰熔点，将无法进行液态排渣，故氧煤比也不能过低。实践证明，当氧煤比为0.7 m^3/kg时，煤气中二氧化碳含量则最低，而煤的气效率却最高。这是最适宜的氧煤比。生产中，氧煤比一般控制在0.68 ~0.71 m^3/kg为宜。

4. 气化温度

煤的气化为吸热反应，温度高有利于气化反应的进行。为提高炉温，必须提高氧煤比，这样又使氧耗直线上升，同时由于氧用量增大，将会有较多的碳生成二氧化碳，使煤气质量直线下降，故气化反应温度不能过高。若气化温度过低，则影响液态排渣。故气化温度选择原则是在保证液态排渣的前提下，尽可能维持较低操作温度。具体的确定方法：使液态灰渣的黏度略低于250 mPa·s时的温度为最适宜操作温度。不同的煤的灰熔点与灰渣的粘温特性不同，工业生产中气化温度一般控制在1 300 ~1 500℃为宜。

5. 操作压力

水煤浆加压气化是气体体积增大反应，提高压力，对气化反应的化学平衡不利。但生产中普遍采用加压气化，其优点如下：

(1) 加压操作可提高反应速度，提高气化效率。

(2) 加压操作有利于水煤浆的雾化。

(3) 在产气量不变情况下，加压气化可减小设备容积。

(4) 加压气化可节省30% ~50%压缩功耗。但压力过高，对设备要求更严格，故压力不可过高，生产中一般为3 ~9 MPa。

三、工艺流程

水煤浆加压气化工艺流程分为水煤浆制备、水煤浆气化和灰处理三部分。

1. 水煤浆制备工艺流程

水煤浆制备工序的任务是为气化过程提供符合质量要求的水煤浆。

(1) 水煤浆制备工艺流程方框图，如图 1—15 所示。

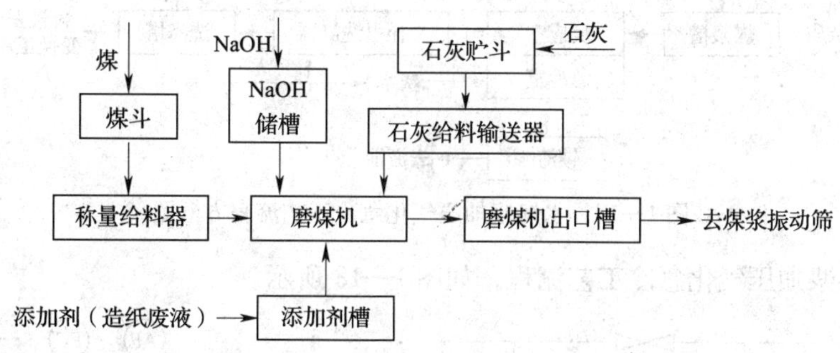

图 1—15 水煤浆制备工艺流程方框图

(2) 水煤浆制备工艺流程，如图 1—16 所示。

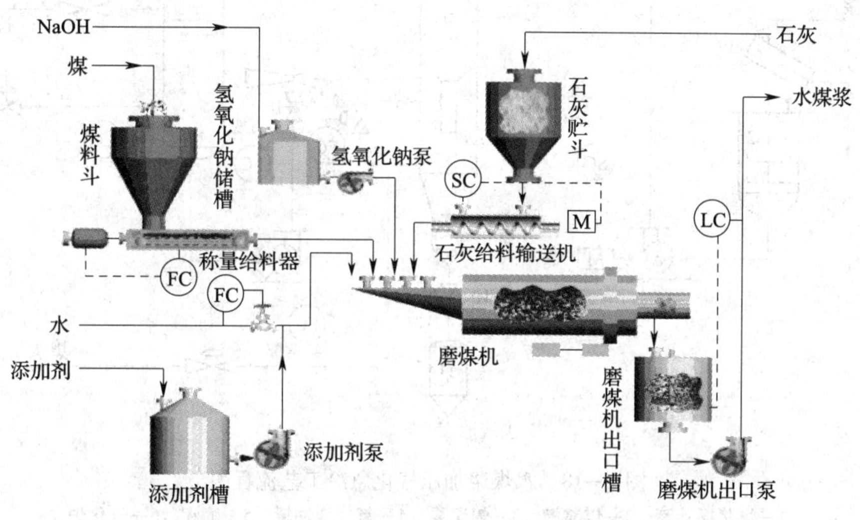

图 1—16 水煤浆制备工艺流程示意图

1) 煤斗中的煤经称量给料器入磨煤机。

2) 同时向磨煤机中加入软水，煤被湿磨成高浓度水煤浆。

3) 为降低水煤浆的黏度，提高其稳定性，用添加剂泵加入添加剂。

4) 氢氧化钠溶液由储槽经泵送入磨煤机，将水煤浆 pH 值调至 7 ~ 8。

5) 助熔剂石灰由储斗给料输送机加入磨煤机，以降低煤的灰熔点。制备合格的水煤浆，其浓度为 65% 左右，经过滤除去大颗粒煤后，入带有搅拌功能的磨煤机出口槽，再经泵送至煤浆振动筛。

2. 水煤浆加压气化工艺流程

水煤浆加压气化工艺流程按废热回收方式的不同可分为急冷式、废热锅炉式和混合式三种。其中合成氨厂用的是急冷式。

(1) 水煤浆加压气化急冷工艺流程方框图，如图 1—17 所示。

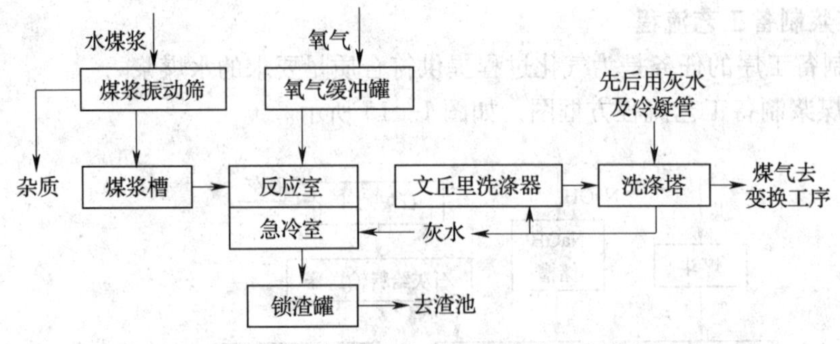

图 1—17　水煤浆加压气化急冷工艺流程方框图

（2）水煤浆加压气化急冷工艺流程，如图 1—18 所示。

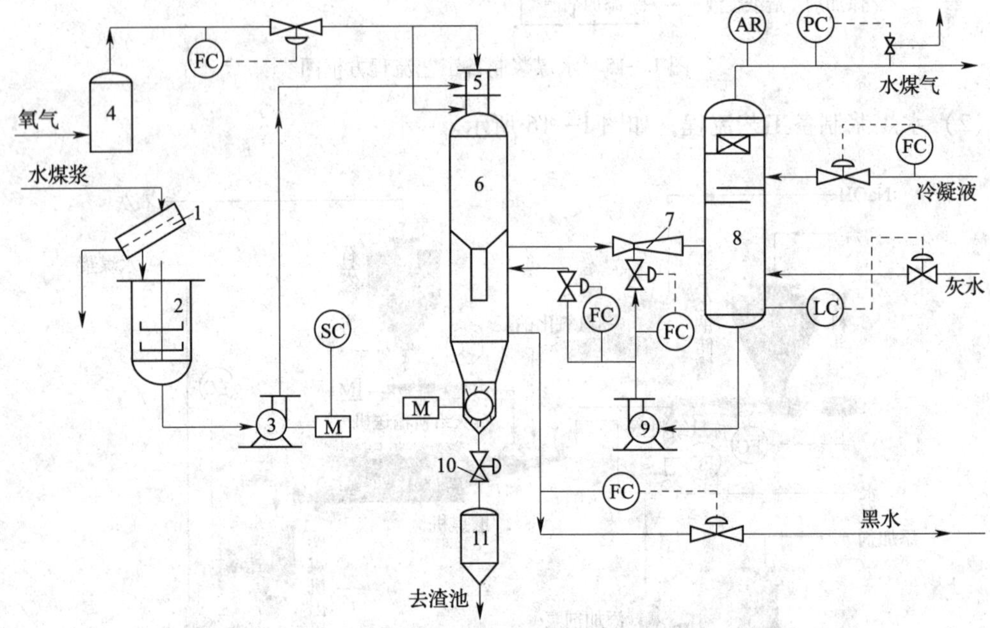

图 1—18　水煤浆加压气化急冷工艺流程图

1—煤浆振动筛　2—煤浆槽　3—煤浆泵　4—氧气缓冲罐　5—喷嘴　6—气化炉
7—文丘里洗涤器　8—洗涤塔　9—激冷水泵　10—锁渣阀　11—锁渣罐

浓度 65% 左右的水煤浆，经振动筛 1 除去机械杂质后入煤浆槽 2，用煤浆泵加压后送入德士古喷嘴。由空分来的高压氧气，经氧气缓冲罐 4，入喷嘴对水煤浆进行雾化后入气化炉 6。氧煤比通过自动控制系统控制。气化反应在 1 300 ~ 1 500℃，6.5 MPa 左右下迅速完成，生成以氢和一氧化碳为主的水煤气。

离开反应室下部的高温水煤气入急冷室，用洗涤塔来的水直接进行急冷，温度降至 210 ~ 260℃，同时急冷水大量蒸发，煤气被蒸汽饱和，可满足一氧化碳变换反应之需。气化过程产生的大部分煤灰及少量未反应碳，以灰渣的形式从煤气中除去。根据粒度大小的不同，灰渣以两种方式排出，粗渣在急冷室中沉积，经水封锁渣罐，定期与水一同排出。细渣以黑水的形式从急冷室连续排出。

离开急冷室的水煤气，依次通过文丘里洗涤器 7 及洗涤塔 8，用灰处理工段送来的灰水及变换工序来的冷凝液进行洗涤，彻底除去煤气中夹带的细灰及未反应的炭粒。净化后的水煤气离开洗涤塔，送往变换工序。为了保证气化炉安全操作，设有压力为7.6 MPa的高压氮气系统。

3. 灰处理工艺流程

灰处理工序的任务：将气化工序送来的灰渣与黑水进行分离，分离出的水循环使用，灰渣及细灰送渣场。

（1）灰处理工艺流程方框图，如图1—19所示。

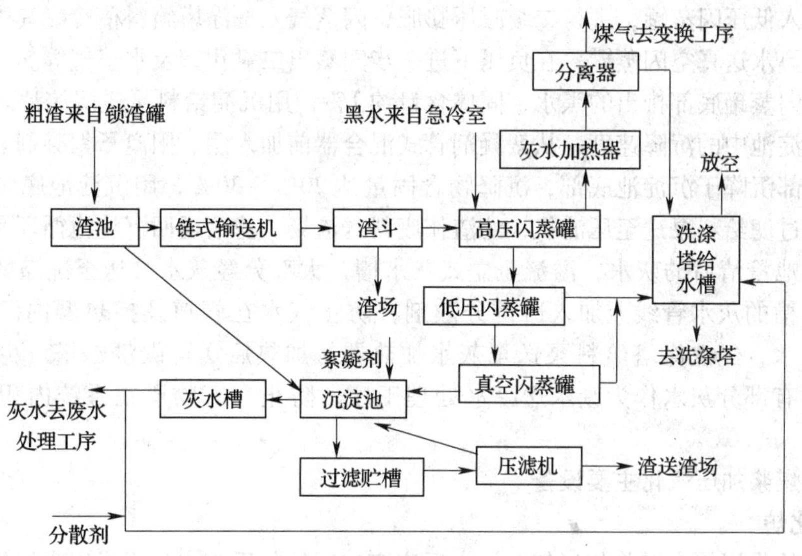

图1—19 灰处理工艺流程方框图

（2）灰处理工艺流程，如图1—20所示。

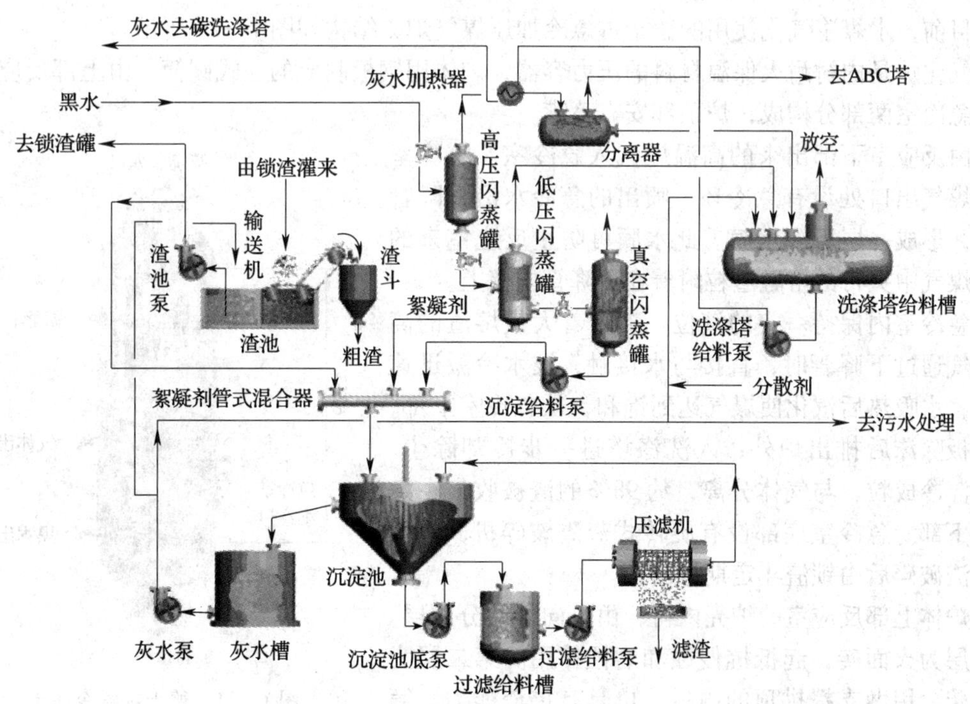

图1—20 灰处理工艺流程示意图

由锁渣罐与水一起来的粗渣入渣池，经链式输送机与皮带输送机加入渣斗，送渣场。渣池内分离出的含细灰的水，用渣池泵输送至沉淀池，进一步进行沉淀分离。

由急冷室来的含细灰黑水，经减压阀入高压闪蒸罐，高温黑水在罐内降压膨胀，闪蒸出水蒸气、二氧化碳及硫化氢等气体，闪蒸气经灰水加热器降温后，蒸汽被冷凝，经分离器分离出的水，送洗涤塔给料槽待用。分离出的二氧化碳、硫化氢等气送变换工序。

黑水再入低压闪蒸罐，进行二级减压膨胀，闪蒸气入洗涤塔给料槽冷凝其中的蒸汽，不凝气放空。黑水送真空闪蒸罐，在负压下进一步闪蒸出二氧化碳及水蒸气等。

自真空闪蒸罐底部排出的黑水，固体含量约1%，用沉淀给料泵送沉淀池。为了加快固体粒子在沉淀池中的沉降速度，从絮凝剂管式混合器前加入阴、阳离子絮凝剂。黑水中的固体物几乎全部沉降于沉淀池底部，沉降物含固量达20%～30%，用沉淀池底泵送至过滤给料槽，再经过滤给料泵送至压滤机，滤渣作废料送渣场，滤液返回沉淀池循环利用。

在沉淀池澄清后的灰水，溢流至立式灰水槽，大部分经灰水泵送至洗涤塔给料槽。在洗涤塔给料槽的灰水管线上加入适量分散剂，防止灰水在管道及换热器内沉积。洗涤塔给料槽的灰水，经洗涤塔给料泵送至灰水加热器，加热后送至碳洗涤塔。少部分循环加入渣池，另有部分灰水作为废水送废水处理工序，防止有害物质在系统内积累过量而影响生产。

四、水煤浆加压气化主要设备

1. 气化炉

气化炉的作用使水煤浆与氧气在炉内反应室进行气化反应，生成高温水煤气；高温水煤气与熔融态灰渣在炉的急冷室内被水急冷，水受热蒸发，使水煤气为蒸汽所饱和，从而获得CO变换所需要的蒸汽，并除去煤气中大部分灰渣。

目前，水煤浆气化使用的德士古急冷加压煤气炉，结构如图1—21所示。

气化炉是内衬耐火保温材料的压力容器，炉体用钢板制成的立式圆筒，由上部反应室和下部急冷室两部分构成，炉顶部安有喷嘴。

由反应室下部出来的高温煤气入急冷室。急冷室上部煤气出口处设有急冷环，喷出的急冷水沿下降管流下，形成一层下降水膜。此水膜可防止反应室来的高温煤气中夹带的熔融渣粒附着在下降管内壁上。

急冷室内保持一定的液位，夹带着大量熔渣的高温煤气通过下降管时，直接与水接触，被水冷激迅速冷却，水吸热后汽化使煤气达到饱和，从急冷室上部，经挡板除沫后排出炉外，入洗涤塔进一步冷却除尘。熔渣淬冷成粒，与气体分离，约98%的渣被收集在急冷室下部。急冷室底部设有旋转式灰渣破碎机，将大块灰渣破碎后由锁渣斗定期排出。

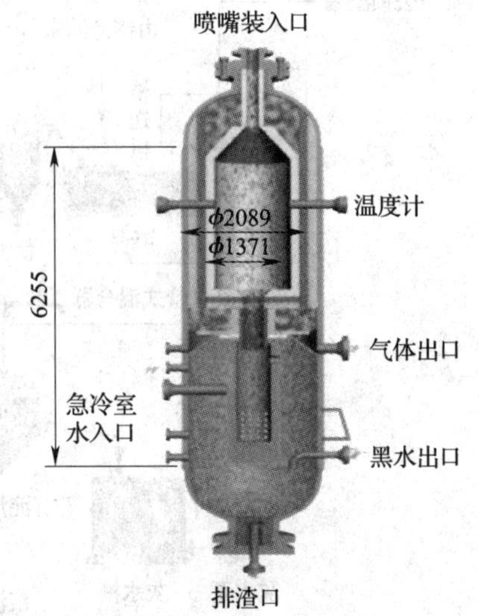

图1—21　德士古急冷加压气化炉示意图

炉体上部反应室的炉壳内衬，由里向外共分四层。第一层为火面砖，起抵抗侵蚀和磨蚀作用。第二层为支撑砖，用做支撑拱顶的内衬，也具有抗渣能力。第三层为隔热砖。第四层为可压缩的塑性耐火材料，作用是吸收原始烘炉时的热膨胀量及砌筑误差。

为防止耐火砖破裂后，炉体受到高温损坏，在炉体外壁设置一定数量的表面温度计。炉壁外表面焊有数以千记的螺钉来固定测温导线。通过每一小块面积上的温度测量，可迅速得到炉壁外表面上任一热点温度，从而可判断出炉内衬的侵蚀情况。同时，一旦超温，便自动报警，可及时处理。

2. 喷嘴

喷嘴又称烧嘴，作用是将水煤浆充分雾化，使水煤浆与氧气混合均匀。生产中要求喷嘴使用寿命长，雾化效果好，特别是要设计好雾化角，防止火焰直接喷射到炉壁上，或火焰过长，燃烧中心伸至出渣口，使煤燃烧不完全。

目前工业上常用三套管喷嘴，如图 1—22 所示。

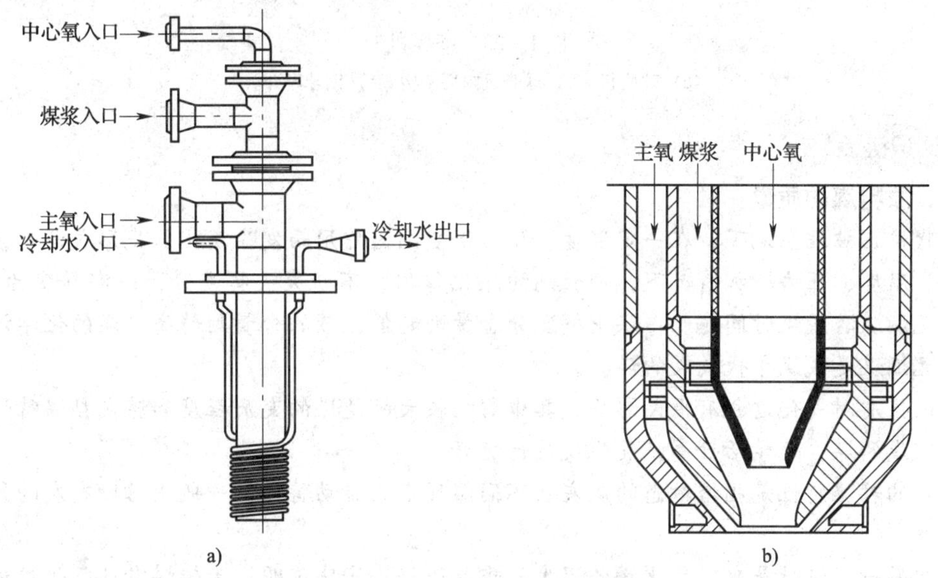

图 1—22　三套管喷嘴

a）三套管喷嘴示意图　b）三套管喷嘴剖面结构示意图

这种喷嘴由三套管构成，氧气为两路进入，少部分走中心管，大部分走外套管，水煤浆走中间环管，并与中心管氧在喷嘴口前混合。外套管的主氧与水煤浆在喷嘴口处混合。外套管外面设有水冷盘管，通入冷却水，用以保护喷嘴。当喷嘴冷却水供给量不足时，气化炉会自动停车。

3. 磨煤机

采用水煤浆加压气化或气流层气化的合成氨厂，通常使用球磨机磨煤。煤靠硬质研磨体冲击与研磨作用而被粉碎。其结构如图 1—23 所示。

磨煤机主要由钢制筒体、端盖、轴承、传动齿轮等构成。筒体内装有直径 25 ~ 150 mm 的钢球磨介，其装入量为筒体容积的 25% ~ 45%。筒体两端有端盖，端盖中部有中空的圆筒形颈部，支承在轴承上。筒体上固定有大齿轮，电动机通过联轴器及小齿轮而带动大齿轮及筒体缓慢转动。当筒体转动时，磨介随筒体上升到一定高度后，呈抛落或泻落下滑。物料自左侧中空轴颈入筒体，在由左向右运动过程中，受钢球的冲击研磨而逐渐被粉碎后，从右侧排出。

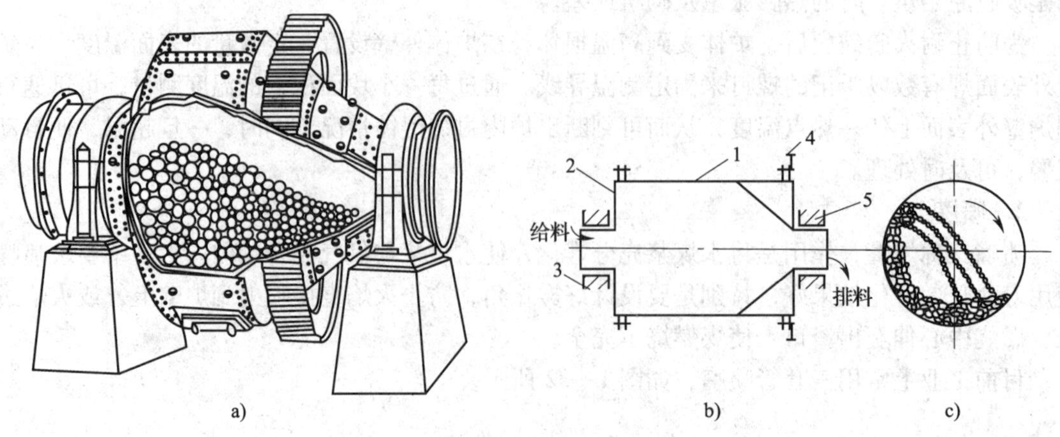

图 1—23　磨煤机

a）球磨机　b）球磨机内部结构　c）钢球磨介

【知识链接】

一、原料煤的质量

古代植物被埋在地下，在一定温度、压力下受细菌作用而发生变化，先形成泥炭，在水分减少、温度、压力增加情况下，经长期的煤化作用，不断失去挥发分，逐渐转变为褐煤、烟煤，无烟煤。成煤时间越长，煤中挥发分含量则越低，碳的含量则越高，煤的化学活性也越低。无烟煤是成煤年代最久的煤。

煤的性质对气化过程有很大影响，其中影响较大的是煤的变质程度和煤灰粘温特性。变质程度较浅的煤，化学活性高，气化反应性能好。

煤灰的粘温特性是指熔融态的煤灰在不同温度下的流动特性，一般用熔融态灰的黏度来表示。

煤灰的粘温特性是确定气化操作温度的重要依据。实践证明，为使煤灰从气化炉中以液态形式顺利排出，熔融态煤灰的黏度以不超过 25 Pa · s 为宜。

当以黏度较高的煤为原料时，为使气化炉顺利排渣，操作温度必须控制得高些。但炉温过高，不仅煤耗与氧耗高，且易烧坏气化炉的耐火衬里、喷嘴及测温元件的套管。为改善灰渣的粘温特性，降低熔融态灰渣的黏度，在水煤浆中加入石灰（或 CaO）作助熔剂，可收到良好的效果。

当水煤浆中加入石灰后，能改善灰渣的粘温特性的原因：是氧化钙在灰渣中作为氧化剂，破坏了硅聚合物的形成，从而使液态灰渣的黏度降低。但当石灰的添加量超过 30% 时，熔渣黏度将随添加量的增加而增大。原因是添加大量石灰后，灰渣中高熔点的正硅酸钙（熔点为 2 130℃）生成量增多，反而使灰渣熔点升高。故石灰石的添加量不宜过多，一般小于 20% 为宜。

二、影响水煤浆浓度的主要因素

1. 煤的内在水分含量

煤的内在含水量是影响水煤浆浓度的关键因素。煤的内在含水量越低，制得的水煤浆黏度则越小，流动性能也越好，故可制成浓度较高的水煤浆。原因是煤内在含水量低，说明煤的内表面小，且吸附水的能力差，故在成浆时煤粒上吸附的水量小，形成的水化膜较薄，占用的水量少。在水煤浆浓度相同条件下，固定于煤粒上的水量少了，煤浆具有流动性的自由水分量相对增多，使得水煤浆具有较好流动性。因此煤的内在水分含量越低越好。内在水分含量高的煤，不能用做制备水煤浆的原料。一般要求小于10%。

2．添加剂

水煤浆制备过程中，添加剂有木质素磺酸钠、腐殖酸钠、硅酸钠或造纸废液等，可明显降低水煤浆的黏度，改善流动性和稳定性，从而提高水煤浆的浓度。煤粉越细，添加剂的作用越显著，黏度及流动性改善也越明显。

添加剂在水煤浆中起分散剂的作用，可降低煤粒表面的亲水性和电荷量，从而降低煤粒表面的水化膜和粒子间作用力，使固定在煤粒表面上的水逸出。同时，因煤粒间作用力减弱，使煤粒团聚体破坏，将部分包裹在煤粒表面上的水转变为自由水，导致水煤浆变稀。煤粒越细，颗粒表面积越大，添加剂的作用越显著。

适宜的添加剂的种类和加入量与煤种、水煤浆浓度、粒度等因素有关，通常要通过试验决定。添加剂加入量一般为干煤量的1%左右。可单独加一种添加剂，也可两种或两种以上混合使用。

三、水煤浆加压气化的三种流程

1．急冷流程

从气化炉出来的高温水煤气与大量冷却水直接接触，水煤气被急速冷却，并除去大部分灰渣。同时水迅速蒸发进入气相，煤气中的蒸汽含量达饱和状态。需要将煤气中一氧化碳全部变换为氢气的合成氨厂，适宜采用急冷流程。

2．废热锅炉流程

出气化炉的高温水煤气入废热锅炉，煤气被冷却，同时副产蒸汽。此流程适用于不必调整或只要略加调整煤气中氢与一氧化碳比值的生产，如煤气用于发电或某些化工产品的生产。

3．混合流程

出气化炉的高温水煤气，先经废热锅炉冷却，除去灰渣并副产蒸汽，再经急冷室用水冷激，使煤气中增加一定量蒸汽，利于下一步变换反应。此流程适用于甲醇的生产。

实训三　水煤浆加压气化生产操作实训

一、冷态开车

1．开车前的准备工作

（1）系统内所有设备验收合格，设备及管道清理干净。

（2）微机及自控仪表的各项功能，验证正常完好。自动阀门，传送器，及温度、压力、流量、液位等测量装置正确无误，达到安全要求。

（3）各辅助设施已开车，高低压蒸汽、仪表空气、中压氮气、预热用煤气、点火用燃料气、水、电及化学药品等供应已齐全，并送入本工序管网截止阀前。

（4）水煤浆制备系统已开车，水煤浆已合格，贮于煤浆槽中待用。

（5）空分装置已开车，并提供合格的氧气和氮气。循环冷却水系统及废水处理系统已开车，并达到要求。

(6) 转动设备单体试车合格，处于备用状态。

(7) 给系统送入氮气，使压力升至正常操作压力下，进行试压试漏，并用肥皂水检查泄漏处，压力降在 1 h 内不超过 0.1 MPa。

2. 烘炉

(1) 急冷室热水循环回路的建立

1) 给渣池和洗涤塔加清水至正常液位。

2) 启动预热水循环泵，向急冷室加热水，使其沿黑水管道流入渣池。

(2) 开工抽引器启动

1) 给开工抽引器分离器加水至正常液位。

2) 给抽引器加入 13 MPa 蒸汽，启动抽引器，调节蒸汽流量，使炉内保压在 18 kPa 真空度。

(3) 烘炉

1) 用耐压软管将预热喷嘴和燃料气管连接起来，稍开预热喷嘴风门，打开燃料气阀。

2) 在炉外点燃喷嘴，用电动吊车将喷嘴吊入炉内，并安装在气化炉上，进行烘炉。

3) 适当调节炉内负压。

4) 调节燃料气流量及风门开度，按照耐火材料厂提供的升温曲线，给耐火衬里预热升温。当气化炉预热至最终温度后，将炉温维持在 1 200℃以上，等待投料开车。

5) 在升温过程中，要及时增加激冷水量，防止因高温而损坏急冷室。渣池水温不能超过 70℃，防止离心泵发生高温汽蚀。

3. 灰水循环回路的建立

(1) 启动激冷水泵向急冷室供水，并调节液位至正常。

(2) 将系统热水加入沉淀池及灰水槽。

(3) 启动灰水泵，向洗涤塔给料槽供水。

(4) 启动洗涤塔给料泵向洗涤塔供水，建立起灰水循环回路。

4. 真空泵的启动

(1) 启动真空泵，使真空闪蒸系统呈负压状态。

(2) 出急冷室的水加入闪蒸罐，停预热水循环泵，使锁渣罐自动控制系统和喷嘴冷却水系统投入运行。

5. 投料点火

(1) 将高压灰水供水系统调至正常运行流程，做好开车准备工作。

(2) 火炬系统点燃常明小火炬。

(3) 当气化炉预热至 1 200℃后，拆除预热喷嘴，装好工艺喷嘴，关闭开工抽引器的蒸汽阀。

(4) 用氮气置换气化炉至洗涤塔间的设备及管道，洗涤塔后置换气中氧含量小于 2% 为置换合格。

(5) 启动煤浆泵，使煤浆经循环回路返回煤浆槽，达到开工所需煤浆流量。

(6) 将空分工序送来的合格氧气，调至生产规定的正常压力后放空，并达到开工所需氧气流量。

（7）投料点火

1）打开喷嘴中心管氧气阀，使氧气流量为总量的20%左右。

2）打开煤浆阀，控制煤浆流量为正常生产流量的50%左右，使煤浆经喷嘴喷入炉内，煤浆与氧入炉后则立即点火燃烧，此时若气化炉温度上升，火炬管有大量气体排出，则投料点火成功。

（若点火不成功，应立即按停车步骤，关闭氧气阀和煤浆阀，用氮气置换系统。当炉温在1 000℃以上时，重新按上述步骤投料点火。）

3）投料点火成功后，调节入炉煤浆及氧气流量，将炉温控制在1 420℃左右，调节急冷室及洗涤塔液位至正常，检查喷嘴冷却水系统是否正常，并使各项工艺指标保持稳定。

6. 升压

（1）逐渐提高背压控制器给定值，使系统逐渐升压，按0.1 MPa/min的速率升至规定压力。升压过程要注意炉温及炉压等工况变化，出现问题及时处理。

（2）当炉压升至1 MPa时，检查系统的密封情况。

（3）当炉压升至1.2 MPa时，黑水排入高压闪蒸罐，高、中压闪蒸罐系统投入运行，将闪蒸罐液位调节正常。

7. 启动压滤系统

打开沉淀池的底泵，给压滤机供料，压滤机系统投入运行。

8. 开车结束，转入正常生产

开车结束后，生产负荷由50%逐渐增加至满负荷。同时，将系统各项指标调至正常。待洗涤塔出口气体成分达到要求后，送后系统，即转入正常生产。

【注意】

增加负荷时，应先增煤浆量，再增氧气量，且每次增加量不宜过大，确保炉温平稳。

短期停车后的开车称为热态开车。热态开车时，则省略检查、置换、烘炉等过程。若开车时炉温在1 000℃以上，可直接投料点火。若炉温低于1 000℃时，需要先加热至1 000℃以上，再按投料点火步骤进行开车。

二、正常操作管理及事故处理

1. 正常操作管理

（1）精心调节氧气流量，保持适宜的氧煤比，使炉温控制在规定范围内，确保气化过程的正常运行。

（2）调节磨煤机的生产能力，确保气化炉煤浆需用量。定期进行煤浆分析，颗粒分布及煤浆浓度必须符合要求。

（3）经常检查炉渣的排放，确保气化炉顺利排渣。

（4）分析煤气中的含尘量，若超指标，应加大文氏洗涤器及洗涤塔水量。

（5）检测沉降池灰水中颗粒的沉降速度，根据检测结果调整絮凝剂用量。

（6）检查和调节喷嘴、急冷室、文氏洗涤器、洗涤塔的冷却水量及水温，并进行水质分析，使各项工艺指标达标。

2. 事故的查找及处理方法（见表1—8）

表1—8　　事故的查找及处理方法

序号	现象	原　因	处理方法
1	煤浆浓度过大	（1）磨煤岗位加煤量增大或水量减少 （2）煤浆温度过低	（1）减小煤量或增加水量 （2）向煤浆槽内加水稀释至要求浓度 （3）向煤浆槽蒸汽夹套通蒸汽加热
2	煤浆黏度增大，输送及雾化造成困难	（1）煤浆添加剂减少 （2）煤粉粒度过细 （3）煤浆浓度过高	（1）增加添加剂量 （2）调整煤粉粒度 （3）降低煤浆浓度
3	煤浆管道堵塞	（1）管道内物料静止时间过长 （2）管道内进入杂物	（1）用水冲洗 （2）拆开管件疏通
4	气化炉出渣口堵塞	（1）炉温低于煤的灰熔点 （2）液态渣的粘温特性不好，流动性差。	调整氧煤比，提高炉温，保证液态排渣
5	炉渣中夹带大量未燃烧的碳，气体成分有波动，碳转化率低	（1）喷嘴磨损，发生偏喷现象，雾化效果差 （2）中心管氧量调整不当，氧煤比不合适，炉温过低	调整氧煤比和中心管氧量，提高炉温，必要时更换喷嘴
6	气化炉壁温过高	（1）局部耐火衬里脱落，高温气沿砖缝串气 （2）炉温过高	（1）必要时停车检查耐火衬里 （2）降低炉温，检查表面热电偶的准确性
7	破渣机超载停车	（1）炉内有大块落砖 （2）破渣机出现机械故障	停车查找原因，及时排除
8	氧气管线着火燃烧	氧气管线有油脂或其他杂质	（1）迅速关闭阀门，切断氧气 （2）用高压氮气吹除着火氧气管线，进行灭火 （3）火熄灭后，对氧气管线进行脱脂处理，并清除管内杂质
9	煤浆流量不稳定或无流量	（1）泵吸入口压力过低 （2）泵入口阀未开 （3）煤浆温度过高 （4）泵内有空气 （5）泵出口管道堵塞	（1）提高煤浆槽液位 （2）打开泵入口阀 （3）降低煤浆温度 （4）向泵内补加液体排气 （5）用水冲洗管道

续表

序号	现象	原　因	处理方法
10	气化炉内过氧爆炸	（1）投料时氧气先入炉 （2）氮气吹除及置换不完全，使炉内可燃性气体与氧气混合而爆炸	（1）在投料时要先加煤浆，后加氧气 （2）开、停车前用氮气充分吹除和置换系统 （3）发生爆炸后，用高压氮气吹除，查找原因及损坏程度，及时处理
11	出洗涤塔气体带水，温度不稳定	（1）洗涤塔液位过高 （2）洗涤液分布不均 （3）有拦液现象 （4）除沫器堵塞	降低洗涤塔液位，适当减少洗涤水量，必要时停车处理
12	锁渣罐某个阀不到位，自动控制系统停止运行	锁渣罐某个阀不到位	（1）迅速查找原因，及时处理，使锁渣罐继续运行 （2）若短期无法恢复，应停车处理

三、停车

1. 长期停车

（1）通知调度室、空分及净化工序，准备停车，通知气化系统各岗位做停车前准备。

（2）逐渐减负荷至50%左右，先减氧气、后减煤浆，分阶段平稳进行。

（3）适当增加氧煤比，使炉温升至比正常操作温度高100～150℃，维持30 min左右，以除掉炉壁挂渣。

（4）逐渐打开煤气入火炬系统阀门，将煤气全部送入火炬系统。

（5）停车步骤如下：

1）关闭氧气阀。

2）关闭煤浆阀，停煤浆泵。

3）开冷灰水吸入阀，冷灰水送急冷室，防止洗涤塔内黑水因压力降低造成闪蒸而使泵抽空。

4）打开喷嘴冷却水阀，以保护喷嘴。

5）用高压氮气吹除喷嘴处的氧气管道及煤浆管道。

6）逐渐打开系统去火炬的背压放空阀，以0.1 MPa/min的速度卸压（严防卸压速度过快，造成设备及火炬损坏）。

7）当炉压降至小于1.2 MPa时，急冷室和洗涤塔排出的黑水排入真空闪蒸罐。

8）当急冷室水温达到190℃时，关入真空闪蒸罐阀门，将黑水排入地沟。

9）启动预热水循环泵，向急冷室供水，打开渣池新鲜水补充阀，给急冷室供新鲜水。

10）停激冷水泵、洗涤塔给料泵、渣池泵、灰水泵、破渣机、锁渣罐循环泵及锁渣罐自动控制系统，用水冲洗煤浆管道。

11）当炉压降至常压后，用氮气置换气化炉系统。置换气经放空阀排入火炬。置换气的 CO 和 H_2合计含量小于 0.5% 为合格。

12）开启开工抽引器，使炉真空度保持在 4 kPa 左右。拆下工艺喷嘴，停喷嘴冷却水泵。

13）通过自然通风，将炉温度降至 50℃以下，停开工抽引器。打开人孔，检修人员可入炉检修。

2. 紧急停车

气化炉系统设有安全联锁装置。当有下列任一情况出现时，气化系统会自动停车：

（1）煤浆流量过低。

（2）煤浆泵转速过低。

（3）氧气流量过小。

（4）急冷室出口气体温度过高。

（5）急冷室液位过低。

（6）仪表用空气中断。

（7）停电。

（8）喷嘴及冷却水泵系统故障。

当需要紧急停车的情况发生后，自动停车装置将会动作，造气系统将按照规定停车步骤停车。停车后操作人员要立即查找原因，及时排除故障，然后按开车步骤重新开车。

短期停车时，需要对气化炉保温。其保温方法：换上预热喷嘴，维持气化炉温度。开车时，应再换上生产喷嘴。

第八节　气流层气化法生产合成氨原料气

一、气流层气化基本原理

气流层气化法是用氧和蒸汽的混合气为气化剂，夹带粒度小于 0.1 mm 的煤粉，吹入气化炉，在高温火焰中进行并流气化，生成 H_2和 CO 合计含量大于 80% ~85% 水煤气的过程。在炉内几乎同时进行着煤粉及释放出的气态烃的燃烧反应、高温焦炭粉分解蒸汽及二氧化碳还原的吸热反应。所涉及的主要反应有反应（1—2）、反应（1—5）、反应（1—6）、反应（1—7）。

二、气流层气化工艺流程

1. 科柏斯—托切克气化工艺流程

科柏斯—托切克气化法（简称 K－T 气化法）属于常压气化，是目前气流层气化法中最成熟的一种方法。

（1）煤的细磨与干燥流程方框图，如图 1—24 所示。

（2）K－T 气化法工艺流程方框图，如图 1—25 所示。

（3）K－T 气化法工艺流程，如图 1—26 所示。

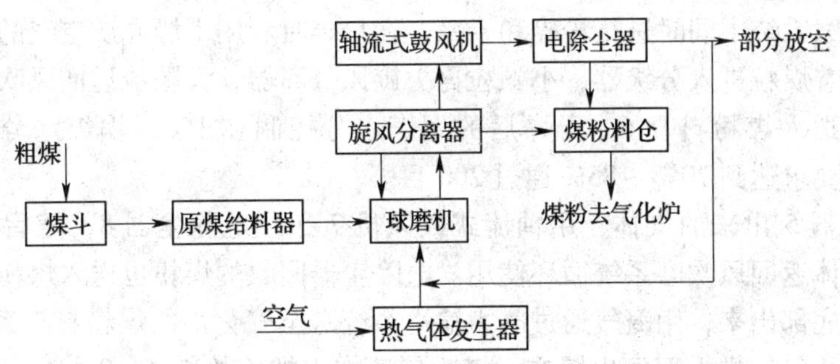

图 1—24　煤的细磨与干燥流程方框图

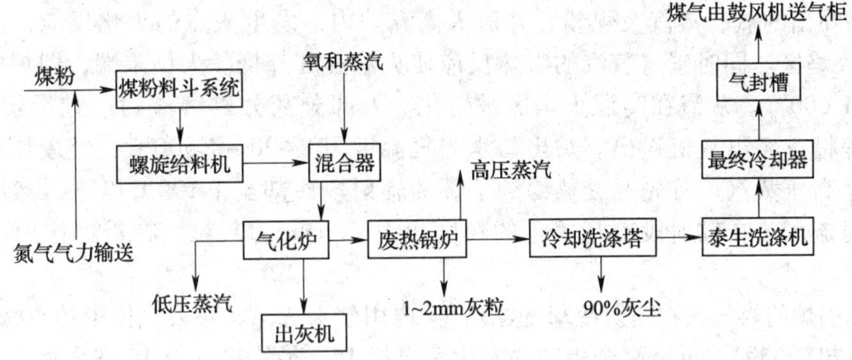

图 1—25　K－T 气化法工艺流程方框图

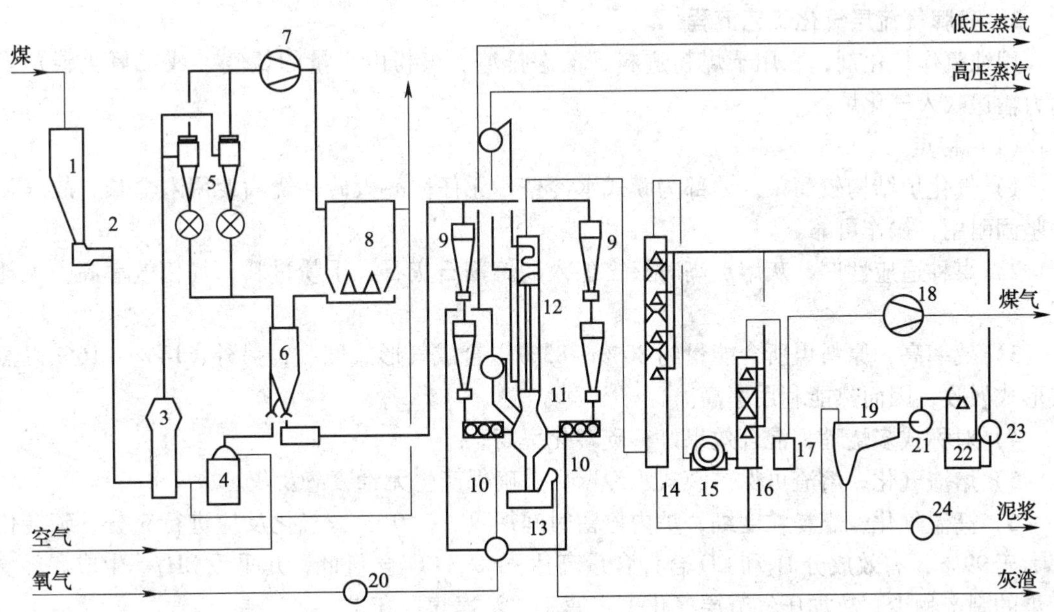

图 1—26　K－T 气化法工艺流程

1—粗煤料仓　2—粗煤给料器　3—球磨机　4—热气体发生器　5—旋风分离器　6—煤粉料仓　7—鼓风机
8—电除尘器　9—煤粉料斗系统　10—螺旋给料机　11—气化炉　12—废热锅炉　13—出灰机
14—冷却洗涤塔　15—泰生洗涤机　16—冷却器　17—气封槽　18—煤气鼓风机
19—洗涤水沉降槽　20—氧气鼓风机　21、23—洗涤水泵
22—洗涤水冷却塔　24—泥浆泵

粗煤在风吹磨系统中同时进行粉碎和干燥。在粉碎时利用干燥介质空气的显热使煤快速干燥。随后夹带着煤粒进入分级器，小颗粒再去旋风分离器，大颗粒返回风吹磨。合格的煤粉经叶轮给粉机送入煤粉料仓 6。干燥后的烟煤水分控制在 1%，褐煤水分控制在 8% ~ 10%。煤粉粒度要求达到 70% ~85% 通过 200 目。

从旋风分离器 5 出来的气体，用轴流式鼓风机 7 送往电除尘器 8，随后一部分排入大气，另一部分气体返回风吹磨系统循环使用。电除尘器回收的煤粉也送入煤粉料仓 6 中。成品煤粉从煤粉仓底部出来，用氮气通过气力输送系统送至气化炉的煤粉料斗系统 9。系统用氮气充压，以防止氧气进入而发生爆炸。煤粉匀速加入螺旋给料机 10。螺旋给料机将煤粉送至混合器。在混合器内氧和蒸汽流携带煤粉由短管经烧嘴入炉。

从烧嘴喷出的氧、蒸汽及煤粉，并流入高温炉内，发生激烈的氧化反应，产生高达 2 000℃的火焰区。同时碳与蒸汽的吸热反应使火焰温度降低。火焰末端，即炉中部温度达 1 500 ~1 600℃。灰渣在高温火焰区被熔化。大部分灰分以熔渣的形式沿炉壁下流，入熔渣水淬槽，经出灰机送出。炉出口水煤气温度为 1 400 ~1 500℃，经废热锅炉利用其显热产生高压蒸汽。首先经废热锅炉下部的辐射段冷却至 1 100℃以下，然后入废热锅炉上部对流段。在辐射段冷却固化的粒度为 1 ~2 mm 的灰粒，在重力作用下落入下灰管。

出废热锅炉的煤气，在喷射冷却洗涤塔 14 内用软水洗涤，除去气体中约 90% 的灰尘，同时气体冷却至 35℃，再经两个串联的泰生洗涤机 15，最终冷却器 16 洗涤后，含尘量约 10 mg/m^3，H_2和 CO 合计含量大于 80% ~85% 的水煤气送入气柜。

2. 壳牌气流层气化工艺流程

用纯氧作气化剂，采用干煤粉进料，液态排渣。煤粉由少量的氮气（或二氧化碳）作动力输送吹入气化炉。

（1）特点

1）气化炉结构较简单，内部为膜式水冷壁，无任何耐火砖，烧嘴使用寿命长，故气化炉坚固耐用，操作可靠。

2）煤种适应性广，灰熔点高时只需加入助熔剂石灰石，干粉进料，气化效率高，氧耗低。

3）效率高，原料煤所含能量约 80% ~83% 以合成气形式回收，另外，14% ~16% 以蒸汽形式回收，因而热能利用率高。

4）对称式多烧嘴，混合效果好，碳转化率高。

5）熔渣气化，熔渣可保护膜式水冷壁，并确保产生无毒废渣及灰。

6）高温气化，煤粉粒度细，炉内停留时间短（3 ~10 s），气化反应进行充分，碳转化率大于99%，有效成分 H_2和 CO 合计含量高达90%，CO_2含量低，几乎无 CH_4等生成。环境污染的副产物少，故加压气流层气化工艺属于“洁净煤”工艺。

壳牌气流层气化工艺流程共分七个系统。即磨煤及干燥系统、煤粉加压及输送系统、气化与急冷及煤气冷却系统、脱渣系统、干灰脱除系统（干洗）、湿灰脱除系统（湿洗）、初步水处理系统。

（2）壳牌气流层气化工艺流程方框图，如图 1—27 所示。

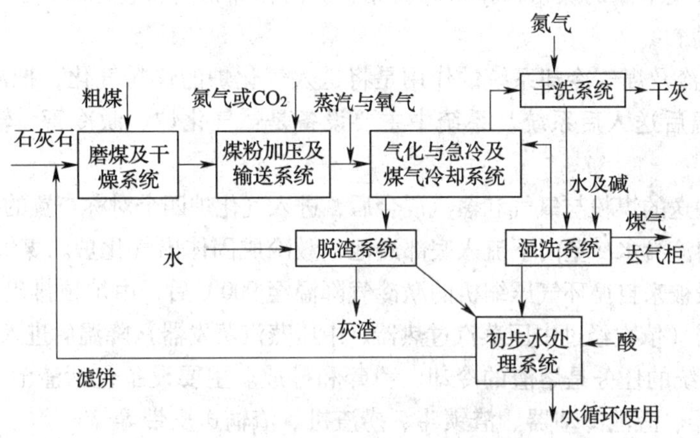

图 1—27　壳牌气流层气化工艺流程方框图

（3）壳牌气流层气化工艺流程，如图 1—28 所示。

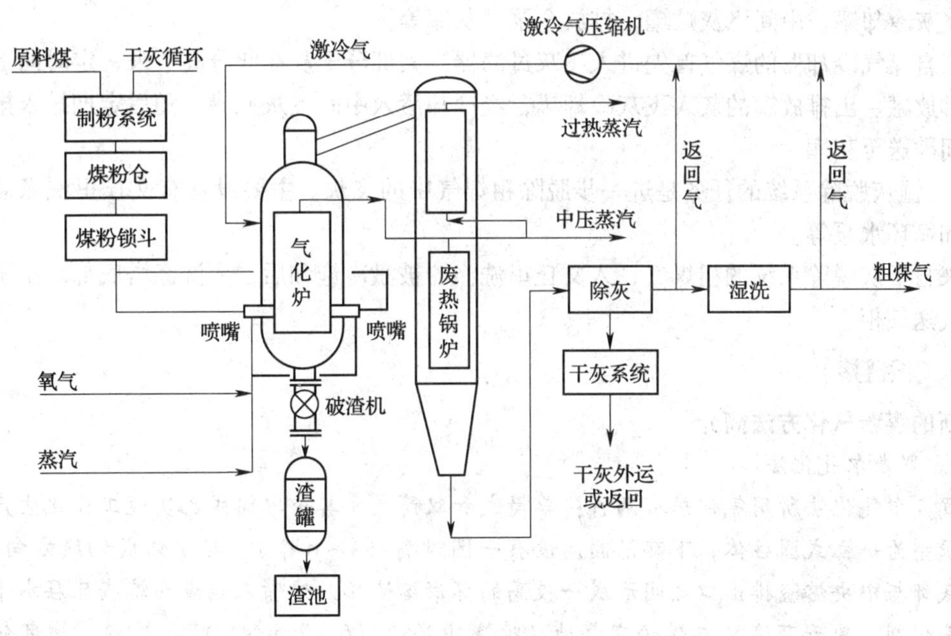

图 1—28　壳牌气流层气化工艺流程图

1）磨煤及干燥系统是将原煤送入磨煤机，磨成符合要求的煤粉，同时对煤粉进行干燥。该系统主要设备是磨煤机、煤粉袋式过滤器、循环风机和热风炉。原料煤在微负压和热惰气条件下，在磨煤机中粉磨与干燥。热惰性气体由热风炉提供。循环气和煤粉在煤粉袋式过滤器中分离，循环风机则提供整个循环回路的动力。煤粉经输送系统送至煤粉加压及制气系统。

2）煤粉加压及输送系统的作用是将煤粉加压并送至气化炉喷嘴。该系统的主要设备是：煤粉储仓、煤粉锁斗、煤粉给料仓和煤粉仓装料袋滤器。来自磨煤机的煤粉首先入煤粉储仓，再入煤粉锁斗，经加压后送入煤粉给料仓。煤粉锁斗和煤粉给料仓的排放气进入煤粉仓装料袋滤器，收集下来的煤粉再排入煤粉储仓。两台煤粉给料仓把煤粉分别送入四个对称布置的气化炉喷嘴。

3）气化、急冷及煤气冷却系统的作用是将送入气化炉的煤粉气化，把渣排出气化炉并把制得的煤气降温后送入后系统。系统中主要设备是：气化炉、激冷管、输气管和煤气冷却器。

来自加压及输送的煤粉与氧气和蒸汽混合后，进入气化炉四个对称布置的喷嘴，在炉内燃烧气化，形成的熔渣沿水冷壁向下流入底部渣池，激冷成固体出气化炉。煤气携带大量灰分，在炉上部激冷管段被来自循环气压缩机的激冷气降温至900℃后，由炉顶排出，经激冷管、输气管入煤气冷却器（依次经过中压蒸汽过热器、中压蒸汽蒸发器）降温后进入后系统。

4）渣脱除系统的任务是熔渣的冷却、粉碎和排放。主要设备包括渣池、破渣机、渣收集器、旋液分离器、渣池冷却器、渣锁斗、捞渣机、渣输送皮带等。

从气化炉底部渣池随水流下的固态渣，首先经破渣机入渣收集器，再向下进入锁渣斗，由锁斗将渣排入捞渣机，将渣捞出后送上运输皮带，经皮带送往渣场。

5）干灰脱除系统的任务是脱除煤气中夹带的飞灰。主要设备有飞灰过滤器、飞灰锁斗、飞灰冷却罐、中间飞灰贮罐、排放仓泵、灰库等。

来自煤气冷却器的煤气首先进入飞灰过滤器，大部分干灰在此分离下来，定时向下排入飞灰排放罐。出排放罐的灰入飞灰冷却罐，经冷却后入中间飞灰贮罐，随后定期排入排放仓泵，间歇送至灰库。

6）湿灰脱除系统的任务是进一步脱除粗煤气中的飞灰。主要设备有文丘里洗涤器、洗涤塔和循环水泵等。

来自干灰脱除系统的粗煤气，入文丘里洗涤器被激冷饱和后，入洗涤塔底部。出洗涤塔的煤气送气柜。

【知识链接】

新的煤粉气化方法简介

1. 罗麦尔气化法

罗麦尔气化法所用气化炉有两种：单筒式和双筒式。其中单筒式已实现工业化生产。单筒式炉型为一立式圆柱体，下部沿圆周设有一圈喷嘴（4 ~6 个），与炉体成切线方向安置。炉体底部与中央熔渣排出口之间形成一较高的环形熔渣床，喷嘴末端设在熔渣床层水平线以下。气化剂（氧和蒸汽）与煤粉交替地从喷嘴中高速（6 ~7 m/s）喷入炉内，把部分动能传给熔渣，使熔渣作螺旋状旋转运动。煤气由炉顶引出，熔渣由炉下部排出。此法气化强度比 K – T 法更高，碳利用率可达99%。

2. 住友式气化法

住友式气化法所用气化炉由罗麦尔单筒式气化炉改进而成。其不同点如下：

(1) 不用熔融床而采用液态排渣，通过加入助熔剂（常用黄铁矿渣，含 Fe_2O_3 85%）降低灰渣熔点至1 200 ~1 300℃。

(2) 改变混合物入炉方式，即煤、氧和蒸汽混合入炉。

(3) 将炉身改为下小、中大、上部更大的形式，使未气化的煤粉旋转而上，以延长停留时间，而加速还原反应的进行。

思考练习题

1. 何谓合成氨？合成氨生产有哪三个主要步骤？

2. 画出生产合成氨的主要过程方框图。

3. 何谓固体燃料气化？何谓半水煤气？

4. 工业上以固体燃料为原料，制取合成氨原料气的方法主要有哪些？

5. 在固体燃料间歇气化过程中，通入空气和蒸汽的目的各是什么？

6. 合成氨生产中，为什么要求半水煤气的组成（H_2+CO）/$N_2=3.1\sim3.2$？

7. 何谓固定层间歇气化法？何谓二次空气？何谓加氮空气？

8. 固定层煤气发生炉内的燃料自上而下分哪几层？各层的作用是什么？

9. 对制气阶段设置加氮空气的生产流程，每工作循环分哪五个阶段？各阶段的主要作用是什么？

10. 固定层间歇法制半水煤气时，一个工作循环的时间一般为多少？各阶段时间的分配原则是什么？

11. 合成氨生产对半水煤气成分的要求有哪些？

12. 画出中型氨厂煤造气工艺流程图。

13. 固定层煤气发生炉由哪五部分组成？

14. 燃烧室的主要作用有哪些？燃烧室的温度主要取决于什么？

15. 废热锅炉的炉身为什么要倾斜 7°？

16. 画出固定层加压连续气化工艺流程方框图。

17. 画出水煤浆制备工艺流程图。

18. 画出水煤浆加压气化急冷工艺流程方框图

19. 画出 K－T 气化法煤的细磨与干燥流程方框图。

20. 画出 K－T 气化工艺流程方框图。

21. 壳牌气流层气化工艺流程共分哪七个系统？

第二章　气态烃及轻油转化制取合成氨原料气

学习目标

1. 熟悉气态烃的种类，以气态烃为原料生产合成氨原料气的方法。
2. 掌握甲烷蒸汽转化基本原理、工艺流程及主要设备的作用及构造。
3. 熟悉烃类蒸汽转化催化剂的组成及使用条件。
4. 了解烃类蒸汽转化操作条件的选择依据。

制备合成氨原料气的燃料有固体燃料、气体燃料和液体燃料，本章重点讲述以气体燃料为原料制取合成氨原料气。

第一节　概　　述

一、常用气态烃种类

烃类蒸汽转化制取合成气的原料主要是气态烃和液态烃－轻油。制取合成氨原料气常用的气态烃，主要是天然气和炼油厂尾气等。天然气是蕴藏在地下可燃性气体的统称，根据矿藏情况可分为气田气和油田气。气田气中甲烷含量一般高于90%，油田气是开采石油时伴生的气体，含高碳烃较多，甲烷含量一般低于90%，炼油厂尾气是石油炼制过程的副产品。几种气态烃的组成见表2—1。

表2—1　　几种气态烃的组成

原料名称	气体组成（体积分数）/%							
	甲烷	乙烷	丙烷以上	氢	二氧化碳	氮	氧	硫化氢
气田气	95.65	1.15	0.4	0.2	0.5	2.0	—	0.09
油田气	83.2	5.8	8.9	—	0.5	1.6	—	—
炼油厂尾气	65	1.1	6.5	25.9	—	1.0	0.4	—

由表2—1可知，气态烃的代表成分是甲烷。

二、以气态烃为原料生产合成氨原料气的方法

以气态烃为原料生产合成氨原料气的方法主要有三种。

1. 蒸汽转化法

生产过程分一段转化和二段转化两步进行。首先在装有催化剂的一段管式炉内，蒸汽与气态烃进行吸热的转化反应，所需热量由管间的气态烃与空气燃烧供给，可将甲烷含量降至10%以下，再将一段转化气送入装有催化剂的二段筒式炉，在炉顶部加入适量空气，使部分

可燃性气体燃烧，提高炉温，使剩余烃进一步转化完全，同时为合成氨提供了氮气，直接得到半水煤气。

2. 间歇催化转化法

生产过程分吹风和制气两个阶段交替进行。吹风阶段，空气中的氧与气态烃燃烧放出的热贮存在催化剂床层中，生成的吹风气放空。制气阶段，气态烃与蒸汽在催化剂床层内进行吸热的转化反应得到一氧化碳和氢气。

3. 部分氧化法

部分氧化法是在高温下烃类与氧进行不完全氧化反应，获得一氧化碳和氢的过程。生产过程是气态烃、水蒸气、富氧空气一同入炉，同时进行着燃烧反应和转化反应。首先部分烃与氧燃烧，生成二氧化碳和水蒸气，并放出大量热，提高了炉温。然后剩余烃与水蒸气及第一阶段生成的二氧化碳进行转化反应，生成一氧化碳和氢。

几种气态烃蒸汽转化法特点比较见表2—2。

表2—2　　几种气态烃蒸汽转化法特点比较

	蒸汽转化法	间歇催化转化法	部分氧化法
主要原料	气态烃、水蒸气和空气	气态烃、水蒸气和空气	气态烃、水蒸气、富氧空气
优点	不需要制氧装置，热能利用充分，能耗低；投资省，是合成氨生产最经济的方法	不需要制氧装置，也不需要昂贵的合金钢材，投资省，建厂快	能连续制气，操作稳定
缺点	转化炉结构复杂，且需要特殊的合金钢管；所用催化剂易中毒，对原料烃的净化要求严格	热能利用率低，原料烃的消耗高，操作复杂。因而使用受到限制	需要制氧装置
适用	国内外的大中型厂广泛采用	适用于气态烃很丰富的地区	大型厂

三、以轻油为原料制取合成氨原料气的方法

以轻油为原料制取合成氨原料气，首先将轻油加热转变为气态，再采用蒸汽转化法。轻油蒸汽转化原理和生产过程，与气态烃基本相同。

所谓轻油是原油蒸馏所得30～220℃之间的馏分，又称为石脑油。它是多种烃的混合物，属于高分子量的液态烃，其组成因原油品种和蒸馏方法不同而有差异。几种轻油的组成见表2—3。

表2—3　　几种轻油的组成与性质　　体积/%

组成＼种类	A	B	C	D
石蜡烃	89.4	90.7	82	31
环烷烃	8.4	7.5	13.7	54.3
芳香烃	2.1	1.7	4.2	14.7
烯烃	0.1	0.1	0.1	—
馏程/℃				
初馏点	38.6	42.0	37.5	60
终馏点	132.0	114.5	144.0	180

第二节　烃类蒸汽转化基本原理

一、烃类蒸汽转化基本原理

主要反应：
$$CH_4 + H_2O_{(g)} \rightleftharpoons CO + 3H_2 - 206.4\ kJ \quad (2—1)$$
$$CH_4 + 2H_2O_{(g)} \rightleftharpoons CO_2 + 4H_2 - 165.4\ kJ \quad (2—2)$$

次要反应：
$$CO + H_2O_{(g)} \rightleftharpoons CO_2 + H_2 + 41.2\ kJ \quad (2—3)$$

反应特点：可逆的、吸热的、气体体积增大的气固相催化反应。

副反应：
$$CH_4 \rightleftharpoons C + 2H_2 - 74.9\ kJ \quad (2—4)$$
$$2CO \rightleftharpoons CO_2 + C - 172.5\ kJ \quad (2—5)$$
$$CO + H_2 \rightleftharpoons C + H_2O + 131.5\ kJ \quad (2—6)$$

1. 甲烷蒸汽转化平衡常数

在一定的温度、压力下，当反应达到平衡时，反应（2—1）、（2—2）的平衡常数 K_{p1}、K_{p2}分别为：

$$K_{p1} = \frac{p_{CO} \times p_{H_2}^3}{p_{CH_4} \times p_{H_2O}} \qquad K_{p2} = \frac{p_{CO_2} \times p_{H_2}^4}{p_{CH_4} \times p_{H_2O}^2}$$

式中，P_{CO}、P_{CO_2}、P_{H_2}、P_{CH_4}和 P_{H_2O}分别为一氧化碳、二氧化碳、氢、甲烷和水蒸气的平衡分压。

在压力不太高的条件下，反应的平衡常数值仅随温度而变化。不同温度下，平衡常数 K_{p1}、K_{p2}的数值见表 2—4。

表 2—4　　甲烷蒸汽转化平衡常数

温度/℃	K_{p1}	K_{p2}	温度/℃	K_{p1}	K_{p2}
250	8.617×10^{-12}	8.651×10	650	2.756×10^{-2}	1.923
300	6.545×10^{-10}	3.922×10	700	1.246×10^{-1}	1.519
350	2.548×10^{-8}	2.034×10	750	4.877×10^{-1}	1.228
400	5.882×10^{-7}	1.170×10	800	1.687	1.015
450	8.942×10^{-6}	7.311	850	5.234	8.552×10^{-1}
500	9.689×10^{-5}	4.878	900	1.478×10	7.328×10^{-1}
550	7.944×10^{-4}	3.434	950	3.834×10	6.372×10^{-1}
600	5.161×10^{-3}	2.527	1 000	9.233×10	5.750×10^{-1}

由表 2—4 可知，因甲烷蒸汽转化反应为可逆的吸热反应，其平衡常数 K_p 随着温度的升高而急剧增大，即转化温度越高，平衡时一氧化碳和氢的含量则越高，而甲烷的残余量则越少。故生产中必须控制甲烷在较高温度下进行转化生成一氧化碳和氢，从而降低甲烷的残余含量。

2. 影响烃类蒸汽转化反应速度的因素

（1）催化剂。在没有催化剂时，即使在相当高的温度下，反应速度仍很缓慢。当有催化剂时，反应速度大大加快，实现具有工业生产意义的反应速度。

（2）温度。烃类蒸汽转化反应是强吸热反应，因此工业生产过程中需要供给大量的热。温度越高，反应速度则越快，烃类转化则越完全。

（3）水碳比。增加蒸汽用量，单位时间内反应物分子间的有效碰撞次数相应增加，反应速度则加快。

（4）内扩散。反应物由催化剂外表面向内表面的扩散过程，对转化反应速度有明显影响，故采用粒度较小的催化剂，以降低内扩散影响，从而加快反应速度。

故在有催化剂存在条件下，提高反应温度、增加蒸汽用量、采用粒度较小的催化剂，均可加快反应速度。

二、转化过程的分段和二段转化炉内的反应

1. 转化过程的分段

为充分利用原料，生产中要求甲烷尽可能转化完全，在加压操作条件下，若将甲烷含量降至0.5%以下，相应的转化温度则需在1 000℃以上，但由于材质限制，目前耐热合金钢管只能在800～900℃条件下工作。因此，为了满足工艺和设备材质的要求，工业上普遍采用两段转化法。

即首先在一段管式炉，将温度控制在780～820℃下进行转化，残余甲烷含量降至10%左右。然后一段转化气再进入内衬耐火砖的二段筒式转化炉上部，在此配入适量空气，空气中氧与部分可燃性气体进行燃烧反应，放出的热使气体温度升至1 200～1 300℃，高温气体再入催化剂层，残余甲烷继续转化，使二段转化炉出口气体中甲烷含量降至0.5%以下，并由空气为半水煤气提供了氮气。

2. 二段转化炉内的反应

首先，在燃烧室，可燃性气体与空气中O_2剧烈燃烧。

$$CH_4 + O_2 = CO_2 + 2H_2 + 803\ kJ \qquad (2—7)$$

$$2CO + O_2 = 2CO_2 + 566.5\ kJ \qquad (2—8)$$

$$2H_2 + O_2 = 2H_2O_{(g)} + 484\ kJ \qquad (2—9)$$

放出的热使气体温度急剧上升。在高温下，剩余甲烷通过反应（2—1）继续转化完全。

三、转化过程的析碳和除碳

1. 析碳

所谓析碳是含碳气体在一定条件下，生成单质碳的现象。如转化过程中副反应（2—4）至（2—6）的发生。生成的炭黑沉积在催化剂表面上，堵塞微孔，使催化剂活性下降，阻力增加，使得转化气中甲烷含量增加，反应温度上涨，甚至使转化管因局部过热而出现热斑。因此，生产中要防止析碳现象的发生。

2. 析碳原因

（1）转化反应温度高，烃类裂解易析碳。

（2）水碳比小，易发生析碳现象。一般把开始有碳析出的水碳比称为理论最小水碳比。对于甲烷蒸汽转化反应，水碳比大于1就不易发生析碳现象。为安全起见，生产中要求水碳比大于2.5。

（3）原料烃含高碳烃多，裂解时易发生析碳反应。

（4）催化剂活性降低，烃类不能较快地转化，增加了裂解析碳的机会，此外催化剂载

体酸度越大，析碳则加重。

3. 除碳方法

当催化剂层积碳时，必须设法除去。

（1）析碳较轻时，可采用降压、减少原料烃流量、提高水碳比的办法除碳。

（2）当析碳较严重时，可采用蒸汽除碳。即停止送入原料烃，只送入蒸汽，使碳气化。控制温度在750～800℃，经过12～24 h，类似于固体燃料气化，将碳除掉。催化剂在除碳过程中被氧化，除碳后必须重新还原。

也可采用空气与蒸汽的混合物烧碳法。即先将出口温度降至200℃以下，停止通入原料烃。在蒸汽中加入少量空气，送入催化剂层进行烧碳，温度控制在700℃以下，约8 h即达除碳目的。

【知识链接】

影响烃类蒸汽转化反应平衡的因素

1. 水碳比

水碳比是指转化炉入口气体中，蒸汽分子数与含烃原料气中碳原子数之比。它表示甲烷转化过程蒸汽用量的大小。在一定温度、压力下，增加水碳比，甲烷的平衡含量则下降。如图2—1所示。当压力为3.546 MPa，温度为800℃时，水碳比由2增加至4，甲烷含量约从19%降至8%。由此可见，水碳比对甲烷平衡含量影响很大。

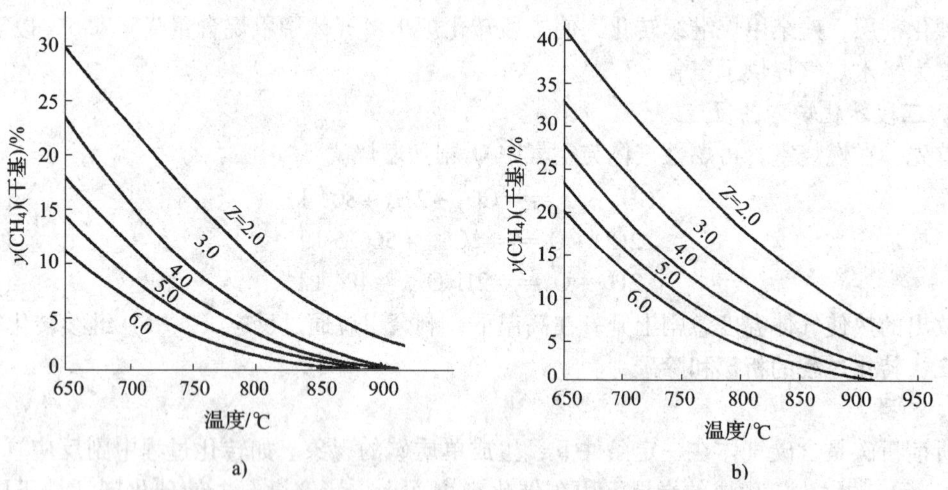

图2—1　不同温度、压力、水碳比条件下甲烷平衡含量

a）1.418 MPa　b）3.546 MPa

2. 温度

甲烷蒸汽转化反应为可逆吸热反应，升高温度，则反应平衡向右移动，甲烷平衡含量降低。一般反应温度每提高10℃，甲烷平衡含量约降低1.0%～1.2%。如图2—1b所示，在3.546 MPa，水碳比为4时，温度由700℃升至800℃，甲烷平衡含量约由19%降至8%。

3. 压力

甲烷蒸汽转化为气体体积增大的可逆反应，降低压力，甲烷平衡含量则下降。由图2—1可见，在温度为800℃和水碳比为4条件下，当压力由3.546 MPa降至1.418 MPa时，甲烷平衡含量则从8%降至3.5%。

综上所述，提高水碳比和温度，降低压力，有利于转化反应向右进行，从而可提高氢和一氧化碳平衡含量，降低残余甲烷含量。

第三节 烃类蒸汽转化催化剂

烃类蒸汽转化反应速度很慢，为提高反应速度，达到工业生产之目的，生产中必须使用催化剂。工业上对催化剂的基本要求是具有良好的选择性，活性好，机械强度高，使用寿命长，有较高的耐热性和抗毒性能。

一、烃类蒸汽转化催化剂的组成

催化剂俗名触媒。它是能改变某一化学反应途径，加快反应速度，但不能改变反应的化学平衡，在反应前后本身的化学状态及性质不发生变化的物质。其加快化学反应速度的能力称为催化剂的活性。固体催化剂一般是由活性组分、耐热载体和少量助催化剂三部分组成。

元素周期表第Ⅷ族的过渡元素，对烃类蒸汽转化反应均具有催化活性，但从经济与性能上选择，以镍为最佳。故烃类蒸汽转化催化剂的活性组分是镍（Ni）。在催化剂中镍以主体成分氧化镍（NiO）的形式存在，含量一般为4%～30%（质量分数）。使用前必须将NiO还原为具有催化活性的金属镍。含镍量越高，催化剂的活性则越好。一般一段转化要求催化剂具有较高的活性和抗析碳性能，良好的耐热性和强度，故含镍量高。二段转化要求催化剂的耐热性和耐磨性要好，其含镍量低。

载体为活性组分的骨架和黏合剂，可使镍晶体高度分散，达到较大比表面积，防止镍晶体熔结。要求载体的耐热性和稳定性要高，且具有良好的孔隙率和孔径。常用的载体有烧结型耐火氧化铝和黏结型铝酸钙等。一般采用浸渍法或沉淀法将氧化镍附着在载体上。

助催化剂又名促进剂，其本身无催化性能，但能提高催化剂的活性、稳定性和选择性。助催化剂为铝、铬、镁、钙等的氧化物。一般载体都具有助剂的作用，故载体与助催化剂没有截然区分，通常含量小的叫助催化剂。几种国产烃类转化催化剂的主要成分及性能见表2—5。

表2—5　　国产烃类转化催化剂的主要成分及性能

型号	形状及尺寸（外径×高×内径）/mm	堆密度 kg/L	主要成分及含量/%	操作条件	用　途
Z_{107}	短环16×8×6 长环16×16×6	1.2 1.17	NiO 14～16 Al_2O_3 84	400～850℃ 约3.6 MPa	天然气一段转化
Z_{130Y}	短环16×9 长环16×16	1.16～1.22 1.14～1.18	NiO≥14 Al_2O_3 84	450～1 000℃ 4.5 MPa	天然气一段转化
Z_{131}	短环16×8×6 长环16×16×6	1.22 1.21	NiO≤14	450～1 000℃ 4.5 MPa	天然气低水碳比一段转化
Z_{203}	环状19×19×19	1	NiO 8～9 Al_2O_3 69～70	450～1 300℃ ≤4 MPa	二段转化
Z_{204}	环状16×16×16	1.1～1.2	Ni≤14 Al_2O_3 55 CaO约10	500～1 250℃ 约3.6 MPa	二段转化

二、使用条件

1. 使用前需要还原

主要成分氧化镍对烃类蒸汽转化反应无催化活性，使用前，必须将其还原成具有催化活性的金属镍，其反应为：

$$NiO + H_2 \xlongequal{} Ni + H_2O + 1.3\ kJ \quad (2—10)$$

工业生产中用天然气和蒸汽作还原剂。只要催化剂局部具有微小还原能力，甲烷就能发生转化反应产生少量氢，即可继续进行还原反应，生成的镍立即具有催化能力而产生更多的氢。也可在天然气中配入少量氢。加入蒸汽的目的是提高还原气流速，促使气流分布均匀，同时抑制烃类裂解反应的发生。

2. 还原后的活性镍催化剂在与空气接触前必须进行钝化

还原后的活性组分金属镍，遇空气会急剧氧化，放出的热能使催化剂超温而失去活性，甚至熔化。因此还原后的镍催化剂与空气接触前必须进行钝化。

钝化方法如下：先缓慢降温，然后通入蒸汽和少量空气使催化剂表面缓慢氧化，形成一层氧化镍保护膜。此过程称为催化剂钝化，其反应式如下：

$$2Ni + O_2 \xlongequal{} 2NiO + 485.7\ kJ \quad (2—11)$$

$$Ni + H_2O_{(g)} \xlongequal{} NiO + H_2 - 1.3\ kJ \quad (2—12)$$

钝化后可用惰性气体氮气吹除系统中的蒸汽，并进一步降温。

钝化温度不能超过550℃，其原因是600℃ 时，镍与载体氧化铝作用生成铝酸镍，温度越高铝酸镍生成量则越多。铝酸镍不易重新被还原为活性金属镍。

3. 防中毒

能使镍催化剂中毒的毒物有含硫化合物、含砷化合物、含氯化合物等。它们都会使催化剂中毒而失去活性。催化剂的中毒分为暂时中毒和永久性中毒两类。催化剂中毒后经适当处理仍能恢复其活性的情况，称为暂时中毒。中毒后的催化剂不能恢复其活性的情况，称为永久性中毒。

镍催化剂对含硫化合物十分敏感。无论是无机含硫化合物还是有机含硫化合物，均能使镍催化剂中毒。硫化氢能与镍作用生成硫化镍而使催化剂失去活性：

$$H_2S + Ni \xlongequal{} NiS + H_2 \quad (2—13)$$

实践证明，当温度低于600℃时，硫化氢对镍催化剂的中毒反应是不可逆的，但在600℃以上时为可逆性中毒。甲烷蒸汽转化反应是在800℃以上高温下进行的，故硫中毒是可逆性中毒。只要原料气中硫含量降至规定指标以下，催化剂则逐渐恢复其活性。

为确保催化剂的活性和使用寿命，要求原料气中总硫含量小于0.5 mg/m^3。氯及其化合物对镍催化剂的毒害与硫相似，也是暂时中毒。一般要求原料气中氯含量小于0.5 mg/m^3。氯主要来自蒸汽，故生产中应保证锅炉给水质量。

砷中毒是永久性中毒。任何含量的砷均会在催化剂中积累而使催化剂逐渐失去活性。

第四节　气态烃蒸汽转化工艺操作条件的选择

在化工生产操作岗位上，必须本着优质、高产、低消耗的原则，严格控制各生产工艺指标。气态烃蒸汽转化工艺操作条件的选择有压力、温度、水碳比、空间速度等。

一、压力

气态烃蒸汽转化反应是气体体积增大反应，故提高操作压力，对转化反应的平衡不利。甲烷残余含量将随着压力的升高而增加。但目前工业上普遍采用加压蒸汽转化法，其原因如下：

1. 节省压缩功耗

因氨合成反应是在高压下进行的，制得的氢氮气最终需加压到 15 ~ 32 MPa。甲烷蒸汽转化反应后，得到的煤气体积将增加 3 ~ 4 倍，若预先将体积较小的原料烃加压到一定压力，再进行转化，可获得体积较大的带有压力的煤气，从而降低了后工序气体的压缩功耗。

2. 提高过量蒸汽余热的利用价值

为使甲烷转化完全，生产中要在过量过热蒸汽条件下进行转化。压力越高，蒸汽的冷凝温度（即露点温度）也越高。过量蒸汽在较高温度下冷凝，并放出冷凝热，其余热的利用价值大。

3. 可减少设备投资

增加压力，气体体积减小，同样生产规模下，设备的尺寸可做得小一些，从而减少设备投资。同时加压转化可加快反应速度，节省催化剂用量。

加压操作虽有优点，但对转化反应本身不利。为降低残余甲烷含量，需要提高水碳比或提高转化温度。在转化温度已高的情况下，为保持转化管的使用寿命，转化操作压力不可过高。目前生产中一般以 1.4 ~4 MPa 为宜。

二、温度

烃类蒸汽转化为可逆的吸热反应，提高温度，对转化反应平衡和反应速度均有利。温度越高，甲烷转化越完全，残余甲烷则越少。但一段转化温度过高，转化管使用寿命缩短。由于目前所用转化管材质等条件的限制，加压条件下，一段炉出口气体温度一般控制在 800℃左右。二段炉出口气体温度控制在 1 000℃左右。

三、水碳比

提高水碳比对转化反应有利，既可降低残余甲烷含量，又可防止析碳反应发生。同时，过量蒸汽还可满足后工序 CO 变换反应之需。因此，转化过程中应增加蒸汽用量，从而提高水碳比。

但水碳比过大，蒸汽消耗过多，不经济。同时，过量蒸汽通过一段转化炉时，既增加了系统阻力，又多带走热量，使能耗增加。故水碳比不能过高，生产中一般宜控制在 3.5 ~4。

四、空间速度

空间速度简称“空速”，指每立方米催化剂每小时通过原料气的立方米数，单位为 $m^3/(m^3 \cdot h)$ 或 h^{-1}。

提高空速，单位时间内所处理的气体量增加，因而提高了设备的生产能力。同时，高空速有利于传热，可延长转化管使用寿命。但空速过高，不仅增加系统阻力，且缩短气体与催化剂的接触时间，使转化反应不完全，转化气中残余甲烷含量增加。故空速不宜过大。当炉型不同，工艺条件不同时，采用的空速也不相同。目前生产中一般采用的空速为 800 ~ 1 800 h^{-1}。

第五节　气态烃蒸汽转化工艺流程和主要设备

一、工艺流程

以气态烃为原料制取半水煤气的工厂，目前普遍采用二段蒸汽催化转化流程。各厂除一段转化炉及烧嘴各具特点外，工艺流程大同小异，如图2—2所示。

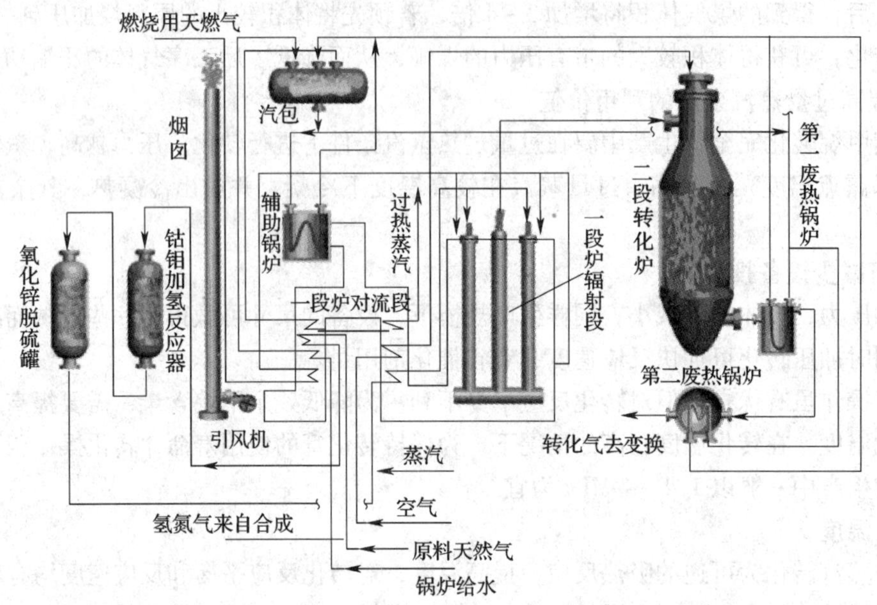

图2—2　大型氨厂天然气蒸汽转化工艺流程示意图

原料天然气经压缩机加压至3.8～4 MPa后，配入0.25%～0.5%的氢气，在一段炉对流段加热至400℃左右，入钴钼加氢反应器，使有机硫转化为硫化氢，再入氧化锌脱硫罐脱除硫化氢，使天然气中总硫含量降至0.5×10^{-6}以下。脱硫后的天然气，配入3.8 MPa左右的中压蒸汽，水碳比约3.5，入对流段加热至500～520℃后，送入各转化管，气体自上而下流经催化剂，进行吸热的转化反应。由各转化管出来的转化气，温度为800～820℃，压力为3.14 MPa左右，残余甲烷含量约9.5%。转化气经集气管汇合后，沿上升管上升，继续吸热，温度升至850～860℃，经输气总管送往二段转化炉顶部喷嘴。

空气经压缩机加压至3.3～3.5 MPa，配入少量蒸汽，在对流段加热至450℃左右，入二段炉顶部与一段转化气混合，在顶部燃烧区燃烧放热，使气体温度升至1 200℃左右。升温后的气体进入催化剂床层继续进行甲烷蒸汽转化反应。自炉底部出来的二段转化气，温度约1 000℃，压力为3 MPa左右，残余甲烷含量小于0.5%，H_2和CO含量合计与N_2之比为3.1～3.2。二段转化气先后经第一废热锅炉，第二废热锅炉，加热锅炉内的水，以产生高压蒸汽。转化气温度降至370℃左右，送变换工序。

燃料天然气在对流段预热至190℃后分为两路。一路入辅助锅炉燃烧以产生高压蒸汽。另一路送一段炉辐射段烧嘴喷入燃烧。高温烟道气自上而下流动，与转化管内的气体并流，将热量供给转化管内的反应气体。出辐射段温度在 1 000℃以上的烟道气，依次经排列在对流段内的六组加热器（即混合气预热器、空气预热器、蒸汽过热器、原料天然气预热器、燃料天然气预热器和锅炉给水预热器），温度降至 250℃左右，由引风机经烟囱排空。

废热锅炉所产生的高压蒸汽满足不了生产之需，故设置一台辅助锅炉。辅助锅炉的烟道气与一段炉共用一个对流段以回收其显热，一台引风机和一个烟囱。辅助锅炉与废热锅炉共用一个汽包，产生 10. 5 MPa 的高压蒸汽作气化剂。

该流程特点：充分回收利用生产过程的显热。利用二段转化气产生高压蒸汽作为生产过程的动力，并将煤气冷却至 CO 变换所需要的入口温度（370℃左右）。一段转化炉烟道气的余热除加热原料、蒸汽与空气外，还用于加热锅炉给水。余热回收利用充分，回收的废热约占合成氨厂总需热量的 50%，因而大大降低生产成本。

二、主要设备

1. 一段转化炉

一段转化炉的作用：将气态烃中的烃大部分转化为氢、一氧化碳和二氧化碳，使出口气体中残余甲烷含量降至 11% 以下。

结构：炉由辐射段和对流段两主要部分构成，外壁用钢板焊制而成，内衬耐火层。辐射段有若干转化管，竖直排在炉膛内，管内装催化剂。对流段内设有六组加热器，炉顶及侧壁设有若干烧嘴。根据烧嘴位置的不同，一段炉分为顶部烧嘴炉、侧壁烧嘴炉、梯台炉和圆筒炉等。其中顶部烧嘴炉和侧壁烧嘴炉多被采用。

气相流程：气态烃与蒸汽混合后由炉顶部进入各转化管，自上而下通过催化剂层进行吸热的转化反应。所需热量由燃料天然气与空气在管间燃烧供给。热量以辐射方式传入转化管内。

（1）顶部烧嘴炉（见图 2—3）。烧嘴安装在炉顶，若干根转化管在炉膛内排成多排，转化管用猪尾管与进气总管及下集气管连接，每根转化管用弹簧悬挂于钢架上。受热后可自由伸缩。每排转化管两侧均设有烧嘴。烟道气自辐射段下部送至对流段。

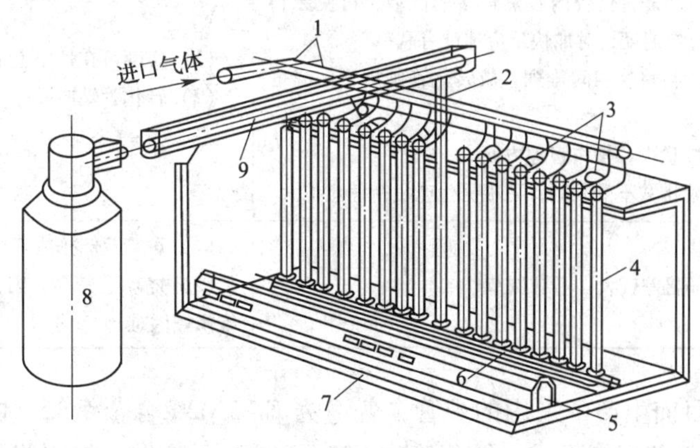

图 2—3　凯洛格顶部烧嘴炉辐射段示意图

1—原料气进气总管　2—升气管　3—顶部烧嘴　4—转化管　5—烟道气出口

6—下集气管　7—耐火砖衬里　8—二段转化炉　9—一段转化气输出管

（2）侧壁烧嘴炉（见图 2—4）。炉外形呈长方形，炉膛内的转化管以锯齿形排列成两行或单行。烧嘴分若干排，水平布置在辐射段两则炉壁上。为避免火焰直接喷射至转化管，生产中均采用火焰短的无焰烧嘴或碗形烧嘴。

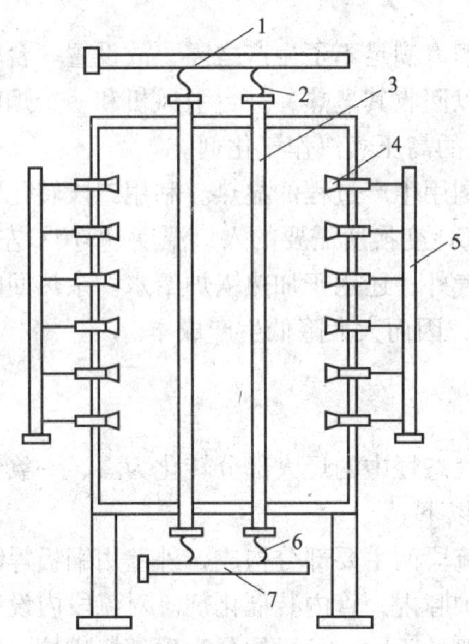

图 2—4　侧壁烧嘴炉辐射段示意图

1—原料气输气总管　2—上猪尾管　3—转化管　4—烧嘴

5—燃料天然气输送管　6—下猪尾管　7—下集气管

顶部烧嘴炉与侧壁烧嘴炉优缺点比较见表 2—6。

表 2—6　　顶部烧嘴炉与侧壁烧嘴炉优缺点比较

	顶部烧嘴炉	侧壁烧嘴炉
优点	（1）烧嘴设在原料气进口一端，燃料燃烧放出热量最大的部位，正好是转化管内吸热最多的区域，可使原料气很快达到反应温度，对加快反应速度有利 （2）转化管与烧嘴相间排列，故转化管圆周方向温度分布较均匀 （3）烧嘴数量少，操作管理方便 （4）转化管排数不受限制，可根据生产负荷任意扩大	（1）烧嘴可在炉壁上下任意布置 （2）转化管轴向温度易调节
缺点	炉膛上下部温差较大，不易调节	（1）炉管只能排成两行或单行，炉体较大 （2）烧嘴数量多，因而管线多，操作复杂，维修较困难

（3）转化管。目前生产中采用的炉管，普遍为 Cr25Ni20 合金钢管，内径 70 ~ 122 mm，长 9 ~ 12 m，由 3 ~ 4 节焊接而成。转化管在 800 ~ 900℃下工作，热膨胀量较大，投入生产后每根管子的伸长量达 150 ~ 200 mm，故每根管子必须有自由伸缩的余地。通常用弯成 S 形或半圆形的猪尾管，将炉管与进气总管及下集气管连接。

有的炉型既有上猪尾管，又有下猪尾管，如图 2—4 所示。由于有猪尾管的挠性连接，每根炉管可单独伸缩，此炉型称为单管炉。而有的炉型只有上猪尾管，如图 2—3 所示。炉管下端直接焊在下集气管上，若干根炉管排成一排，此炉型称为排管式，炉管使用寿命一般约1×10^5 h。排管式与单管式转化炉的优缺点比较见表 2—7。

表 2—7　　排管式与单管式转化炉的优缺点比较

排管式转化炉	单管式转化炉
下集气管放在炉膛内，转化后的气体在下集气管汇合后，经升气管至炉顶，气体温度可继续升高 30～35℃，因而带入二段炉的热量多	下集气管在辐射段外，使气体温度下降
输气总管与炉管之间用上猪尾管连接，每根炉管用弹簧悬挂于钢架上，受热后可自由伸缩。而升气管下部与下集气管相接，上部焊在输气总管上，为刚性连接，因而热膨胀时会导致升气管倾斜	输气总管与炉管之间用上猪尾管连接，下集气管与炉管间用下猪尾管连接，每根炉管用弹簧悬挂于钢架上，受热后可自由向下伸缩。无升气管
排管式炉无下猪尾管	炉管出口温度高，下猪尾管承受较大热应力，一旦生产波动焊口处易裂开
当炉管损坏时，必须停炉处理，否则管内高压气体喷出燃烧，会将其旁边的炉管烧坏	当某炉管损坏时，可在炉外把上下猪尾管夹偏，将其与炉体隔开

2. 二段转化炉

二段转化炉的作用：将一段转化气中残余甲烷进一步转化完全，使甲烷含量降至小于 0.5%。反应所需热量由空气与部分一段转化气在二段炉上部燃烧提供，同时为半水煤气配入了氮气，直接得到 H_2和 CO 合计含量与 N_2之比为 3.1～3.2 的半水煤气。结构如图 2—5 所示。

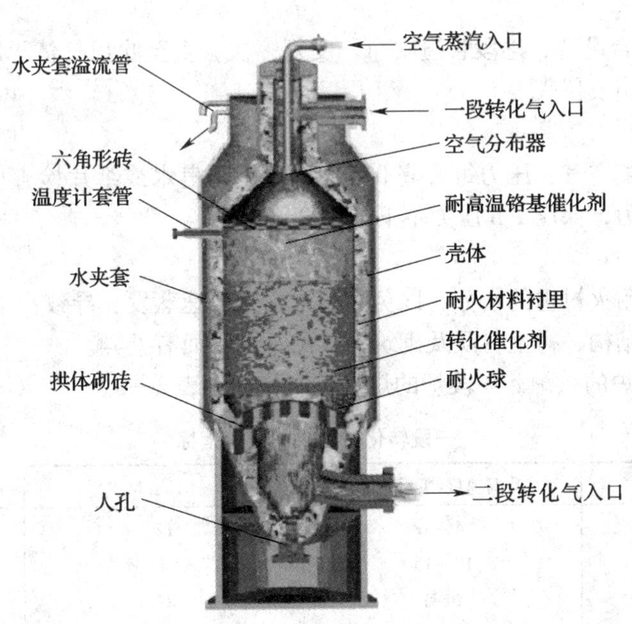

图 2—5　凯洛格型二段转化炉示意图

凯洛格型二段转化炉外壳是用碳钢焊制而成的立式圆筒，内衬耐火砖，炉外壁设有水夹套。内径3.81 m，衬里内径3.277 m，总高约13 m。一段转化气由上部侧壁入炉，与炉顶部加入的空气汇合，在上部空间迅速燃烧，使气体温度升至1 200℃左右。为避免火焰直接冲击催化剂，床层上铺有二氧化硅含量小于0.5%的带孔的六角形耐火砖。其原因是含硅化合物在高温下易挥发，随气体进入后系统，沉积在废热锅炉等设备内，而降低传热效率。上层为耐高温的铬催化剂，下层是镍催化剂。高温气体自上而下通过催化剂床层进一步进行转化反应，出口气体温度约1 000℃。

实训四　气态烃蒸汽转化制取半水煤气生产操作实训

一、冷态开车操作

1. 检查

对照图纸，认真检查系统所有设备、管道、阀门、分析取样点、仪表控制点、安全装置等。

2. 单体试车

检查机电及运转设备的机械性能，泵及压缩机试运转。

3. 仪表的校验

仪表工与操作人员配合，对所有仪表进行全面检查与调试，使之符合工艺设计要求。

4. 系统吹净与清洗

工艺管道一般用空气吹扫，蒸汽管网用蒸汽吹扫，水系统用水清洗。

（1）拆开各设备阀门法兰，拆下分析取样阀、压力表、流量计孔板、仪表调节机构；

（2）清除安装时残留在设备及管道内的铁屑、焊渣、沙石、铁锈等杂物，以保证设备、仪表的安全运行；

（3）按流程逐台设备、逐段管道吹净，反复多次，直至吹出气体干净。每吹完一部分，装好有关法兰、阀门及仪表等。

5. 气密试验

给系统送入压缩空气，压力每升高0.5 MPa，用肥皂水或纸片检查所有连接处及焊缝，使压力升至操作压力，保压1 h压力不下降为合格。

6. 烘炉

其目的是排除耐火衬里的水分，以免高温下水分急速蒸发，导致衬里破裂。烘炉温度及升温速度，因炉体结构、衬里材质及砌筑方式的不同，而有差异。

（1）一段转化炉的烘炉。一段炉的烘炉控制指标见表2—8。

表2—8　一段转化炉的烘炉控制指标

炉膛温度/℃	升温速度/℃·h^{-1}	时间/h	累积时间/h
常温～60	4～5	12	12
60～120	10～15	6	18
120	恒温	24	42
120～200	15～20	6	48
200	恒温	72	120

烘炉过程要严格按照烘炉曲线进行。当耐火衬里砌好后，在室温下养护 72 h 以上才可烘炉。

1）60℃以下，采用烟道气或蒸汽作热源，将空气经换热器加热，进行烘炉；

2）当炉温高于 60℃时，按均布对称方式，点燃部分烧嘴烘炉。点燃烧嘴数目视炉温高低而定；

3）升温速度应严格按照烘炉控制指标进行，200℃恒温 72 h 后，以 20℃/h 的速度降至常温，检查耐火衬里，若发现缺陷，立即处理。

（2）二段转化炉的烘炉。二段炉烘炉控制指标见表 2—9。

表 2—9　　二段转化炉的烘炉控制指标

炉膛温度/℃	升温速度/℃·h^{-1}	时间/h	累积时间/h
常温~150	20	6	6
150	恒温	24	30
150~350	20	10	40
350	恒温	36	76
350~600	25	10	86
600	恒温	48	134
600~常温	-20	28	162

烘炉时，在炉底部加装烘炉烧嘴，炉顶部加接临时放空烟囱及蝶阀，动火分析合格后，点燃烧嘴，严格按照烘炉控制指标升温。在烘炉烧嘴上要设置辐射夹套，以防火焰直射耐火衬里。降温后检查，若发现缺陷，应立即消除，然后装填催化剂。

7. 装填催化剂

（1）一段转化炉催化剂的装填。一段炉管束由几百根火管并联组成。要求装入每根管内催化剂的量及松紧程度必须相同，且无架桥现象，以免气流分布不均或转化管出现局部过热。

1）装填前将管子清洗干净。

2）缝制若干个长 1.5~2 m，直径比转化管内径小 20 mm 左右的布袋，一端系绳子，用漏斗自另一端装入催化剂。

3）将袋子口端折起约 80 mm，装入转化管内，至底后向上提 2~3 次绳子，催化剂则落入管内。

4）用振荡器定量振荡，消除架桥现象，力求装得疏密均匀。

5）测量装填高度。质量相同的催化剂，装填高度要基本相同。

6）全部转化管装填好后，测定每根管子的阻力，求出所有管子阻力的平均值。要求每根管子的阻力与平均值之差在 ±6% 以内。

（2）二段转化炉催化剂的装填

1）将炉膛内清扫干净，按装填高度要求，在炉壁上做出标记。

2）用丝网筛盖住炉底气体出口管。

3）在炉顶部装一个与帆布管相连的大漏斗，帆布管的另一端伸至炉底。

4）自漏斗加入耐火球，并保持布袋是满的，下落高度一般不超过0.5 m，使耐火球均匀铺在炉底。

5）在耐火球上加一层铁丝网，按上述方法将催化剂加至铁丝网上，均匀加至要求高度，扒平后再装一层铁丝网。

6）在催化剂之上装耐火球，放好固定栅板，经检查后，封住人孔，上好顶盖。装填时要保持清洁干净，保护好热电偶套管。

8. 催化剂升温还原

新装填的催化剂，使用前先进行升温还原，将主要成分氧化镍还原为具有催化活性的金属镍，以便投入使用。一段转化炉与二段转化炉同时进行升温还原。镍催化剂的升温还原控制指标见表2—10。

表2—10　一段和二段转化炉催化剂升温还原控制指标

条件	炉膛温度/℃	升温速度/℃·h^{-1}	时间/h	累积时间/h	操作说明
空气升温	常温～150 150 150～300	10～15 恒温 15～20	10 8 8	10 18 26	恒温的目的是将水分脱净
蒸汽升温	300 300～750	恒温 30～50	4 12	30 42	关闭空气，通入蒸汽
还原阶段	750 750～700	恒温 －20	24 2	66 68	蒸汽中配入天然气作还原剂

升温还原步骤如下：

（1）用空气（或氮气）升温。根据升温速度要求，均匀地点燃一段炉辐射段烧嘴，为升温过程提供热量。由压缩机来的空气，经混合气预热器、一段炉、二段炉后放空。系统压力维持在0.4～0.5 MPa，空速500～800 /h。

（2）蒸汽升温。当一段炉出口温度升至300℃时，切换为蒸汽升温，同时继续增加一段炉烧嘴数目，提高催化剂床层温度，使系统压力逐渐增至0.7～0.8 MPa。

（3）催化剂的还原。一段炉出口温度升至750℃时，给蒸汽中配入氢气（或天然气）进行还原。起始氢浓度为10%，逐渐增加至40%，还原结束后，送入天然气进行转化反应。

若无氢气，采用天然气进行还原。起始时天然气量约为正常生产量的1/20，逐渐增加。当一段转化炉出口温度高于700℃时，催化剂内所含的硫酸根离子分解而释放出H_2S，此现象称为“放硫”。为使催化剂中的硫完全放出，还原后期将汽气比控制在5:1左右，温度升至750～760℃，直至出口气体中硫含量小于1×10^{-6}后，转入正常生产。

二、正常操作管理

1. 一段转化炉的操作管理

一段炉操作是在炉温稳定前提下，重点维护好转化管。

（1）密切观察，及时调整一段炉烧嘴燃烧情况，防止炉管因受热不均，而出现冷管或局部过热现象。

（2）严防炉膛温度过高而造成转化管超温。转化管进口温度控制在460～520℃，出口温度应低于820℃。

（3）经常观察转化管的颜色，若有发红、发亮的管子，查找原因，及时处理。

（4）若物料量波动，水碳比过低，或催化剂活性下降，使转化反应减弱，吸热量减少，则导致转化管超温。故要保持足够的水碳比，并保持物料量的稳定。

（5）一段炉炉膛必须保持10～30 Pa负压，通过调节烧嘴背压；一、二次风门的开度；引风机透平的转速，以达到炉膛负压控制指标。炉膛保持负压是为防止发生火焰上窜烧坏炉顶等事故。

为充分燃烧，提高燃料利用率，一般使用过量空气，使烟道气中氧含量小于5%。

2. 二段转化炉的操作管理

（1）空气加入量。二段炉空气加入量应根据半水煤气中氮气需要量来确定。二段炉送入工艺气（原料气）的条件是：一段炉出口气体温度大于700℃。低于此温度时，因达不到燃烧温度易发生爆炸。

（2）二段炉温的控制。二段炉温与一段转化气的温度、甲烷含量、空气预热温度、空气加入量有关。若一段转化气温度高、甲烷含量低、空气预热温度高、空气加入量多，均能使二段炉温升高。

【注意】

在操作中要防止空气与工艺气混合不均，燃烧不完全，使游离氧进入催化剂层，导致炉温突升现象的发生。

3. 系统负荷的调节

为了稳定炉温，避免生产波动，加减负荷时必须逐渐地分步进行。加负荷时，每次增加5%～10%，间隔15 min后再次加量，直至达到正常流量。

（1）一段炉加量顺序：先增加蒸汽量，再提高原料烃量。

（2）减量的顺序：先减原料烃量，再减蒸汽量。

（3）二段炉加量顺序：先蒸汽，其次原料烃，最后空气。

（4）减量顺序是先空气，其次原料烃，最后蒸汽。

【注意】

加减负荷时，还必须严格控制好水碳比和二段炉空气用量及炉温。

4. 锅炉汽包液位的控制

锅炉汽包液位是转化工序重要操作参数之一。液位过低，易造成锅炉烧干、烧坏或爆炸。液位过高，易造成蒸汽带水，而使一段炉炉温下降，催化剂结盐、粉碎，或水入炉后汽化，引起系统超压。液位不稳定，易造成自产蒸汽压力不稳，使一段炉水碳比失调而发生析碳现象。因此，汽包液位必须严格控制，自控仪表要灵敏可靠，不允许出现假液位。

三、不正常现象及处理

不正常现象及处理见表2—11。

四、停车操作

1. 正常停车

（1）将负荷降至50%，原料气由压缩机进口放空。

表2—11　　不正常现象及处理

序号	现　象	原　因	处理方法
1	转化管压力降变化不大，转化管超温，一段炉出口气甲烷升高	催化剂中毒	(1) 严格控制原料烃中有毒物质硫、氯、砷等含量 (2) 提高水碳比，使催化剂逐渐恢复其活性
2	转化管压力降增大，一段炉出口气甲烷升高，炉温迅速升高，转化管发红超温	析碳： (1) 催化剂中毒 (2) 水碳比低 (3) 转化管受热不匀 (4) 原料烃与蒸汽混合不匀	(1) 析碳较轻时，提高水碳比除碳 (2) 析碳较严重时，停止原料烃，采用蒸汽除碳
3	炉管损坏	(1) 烧嘴燃烧过量，使炉管超温或喷嘴不对中，火焰偏斜，使炉管局部过热 (2) 催化剂中毒、析碳、粉碎、老化、活性降低，或有架桥 (3) 开停车频繁，温度波动大，管内介质腐蚀	(1) 经常观察和调整烧嘴燃烧情况，防止炉温过高或发生偏火现象 (2) 控制好原料烃含硫量，控制好水碳比，防止催化剂中毒和析碳 (3) 确保流量与温度平稳，严防波动
4	炉鸣	(1) 气体燃烧的生成物体积迅速膨胀 (2) 燃料气中带有液态燃料，遇热迅速气化而燃烧，并伴随着未燃气体的二次燃烧或爆炸燃烧，造成整个炉子发出嗡嗡的响声，并不断颤抖 (3) 燃气压力突升造成振动	(1) 若炉鸣是因开炉点火速度过快引起的，则应灭掉部分烧嘴，使共振现象消除 (2) 若气体燃料中带液，应设置气液分离器 (3) 应迅速降压，待振动停止后，再慢慢加火提压，使燃烧正常
5	转化气中甲烷含量高	(1) 炉温太低 (2) 水碳比低 (3) 原料烃中高碳烷烃增多或原料气带油 (4) 催化剂中毒	(1) 适当提高炉温 (2) 适当提高水碳比 (3) 用分子筛除去原料气中高碳烷烃，加强原料气除油操作 (4) 加强原料气脱硫管理，防催化剂中毒
6	烧嘴回火	(1) 燃烧气带油、水或杂质造成烧嘴堵塞 (2) 烟道引风机停车或对流段管束泄漏等，造成炉膛呈正压 (3) 烧嘴连接不严或损坏而漏气	(1) 卸下后用蒸汽吹扫干净，加强燃料气分离，防止带液 (2) 炉膛必须呈负压。为了防止发生回火事故，燃料气系统应设置水封罐和阻火器 (3) 严防烧嘴漏气

（2）关闭二段炉进口空气阀，开工艺气放空阀。

（3）当二段炉出口温度在800℃以上时，维持一段炉水碳比大于4.5，不断降低燃料气量，控制一段炉降温速度在40～50℃/h。当一段炉出口气体温度降至550℃时，停原料气，关闭有关阀门，并由后系统放空。

（4）当一段炉出口气体温度降至300℃，进口气体降至250℃时，停蒸汽，关闭有关阀门。

（5）用含氧<0.5%的氮气置换转化系统，降至常温。

（6）若催化剂需要卸出，应先进行钝化。

钝化方法：停入炉原料气后，一段炉蒸汽量减为正常量的40%左右，将一段炉出口温度控制在600～700℃，通蒸汽8 h，反应气由二段炉后放空。当二段炉出口气体基本不含氢气时，钝化结束。此时一段炉降温速度按40～50℃/h，当温度降至240℃左右时熄火，用氮气置换系统，降至常温。

（7）当对流段入口温度降至50～60℃时，停鼓风机和引风机，同时开一段炉烟道气阀和下部空气阀，进行自然对流降温。

（8）锅炉系统停止循环，系统充满水，开汽包顶部放空阀。

2. 紧急停车

（1）停原料气

1）按紧急停车按钮，安全联锁动作。

2）切断原料气及燃料气。

3）对流段自然通风20～30 min。

（2）充氮气保温保压　系统送蒸汽降温20～30 min，用氮气吹除1 h。

（3）停锅炉水循环泵，使汽包保持较高液位，停止排污。

（4）停燃料气

1）关闭工艺空气切断阀和原料气比值调节阀；

2）开中间导淋排气，避免原料气漏入转化管；

3）开炉顶燃料气放空阀；

4）关烧嘴燃料气切断阀，以免燃料气漏入炉膛。

思考练习题

1. 何谓天然气？何谓油田气？何谓炼油厂尾气？气态烃的代表成分是什么？

2. 以气态烃为原料制取合成氨原料气的方法有哪些？各种方法的原料及特点各是什么？

3. 甲烷蒸汽转化过程的主要反应有哪些？

4. 甲烷蒸汽转化过程为什么要分段？二段炉内的主要反应有哪些？

5. 催化剂一般由哪几部分组成？烃类蒸汽转化镍催化剂的主要成分和活性组分各是什么？

6. 烃类蒸汽转化所使用的镍催化剂，使用前为什么要进行还原？

7. 能使镍催化剂中毒的毒物有哪些？如何防止镍催化剂中毒？
8. 目前工业上普遍采用加压蒸汽转化法造气，其优点是什么？
9. 何谓水碳比？何谓空间速度？
10. 气态烃蒸汽转化流程中，一段转化炉和二段转化炉的作用各是什么？
11. 画出大型氨厂天然气蒸汽转化工艺流程图。

＊第三章　空气液化分离及惰性气体的制备

学习目标

1. 熟悉空气液化分离开停车操作，正常生产操作管理、异常现象的判断及处理。
2. 熟悉空气液化分离及惰性气体制备原理、工艺流程、主要设备的作用及结构。
3. 了解空气液化分离及惰性气体制备在合成氨生产中的作用。

第一节　空气的净化

固体燃料连续气化需要氧气。因此，大型合成氨厂在生产流程中均设有空气液化分离装置。不仅为气化过程提供所需要的氧气，且提供氨合成所需氮气。此外，氮气又是合成氨厂理想的惰性气体，用于系统的置换及仪表保护等。故空气液化分离技术在合成氨生产中占有重要的地位。

空气是多种气体的混合物，其主要成分是氮气和氧气，还含有极少量惰性气体（包括氦、氖、氩、氪、氙）和二氧化碳、水蒸气、灰尘及微量乙炔等。干燥空气的组成见表3—1。

表 3—1　　干燥空气的组成

组分	分子式	体积/%	组分	分子式	体积/%
氮	N_2	78.09	氪	Kr	1×10^{-4}
氧	O_2	20.95	氙	Xe	8.5×10^{-6}
氩	Ar	0.93	二氧化碳	CO_2	0.03
氖	Ne	1.7×10^{-3}	氢	H_2	5×10^{-5}
氦	He	5.1×10^{-4}	臭氧	O_3	1.5×10^{-6}

在空气液化分离过程中，灰尘能磨损压缩机，堵塞管道；水蒸气、二氧化碳在低温下会凝固成冰和干冰，堵塞管道及设备；乙炔在含氧介质中受到摩擦、冲击或静电作用，会引起爆炸。为保证分离装置长期安全运转，首先必须将空气中杂质彻底清除。

一、空气的前端净化

空气在进入冷箱之前，清除空气中杂质的过程称为前端净化。即空气在入压缩机前，先经分子筛吸附器，将各种有害气体杂质清除干净。

1. 除尘

空气除尘的方法多以过滤为主。过滤设备有油浸式过滤器和干式过滤器，油浸式过滤器是靠浸有油的细网黏附灰尘，干式过滤器是靠织物过滤灰尘的。根据空气吸入口大气质量的好坏与过滤器效率的差异，可分为单级精滤和先粗滤再精滤等方法。

2. 二氧化碳及水蒸气的脱除

脱除空气中二氧化碳及水蒸气一般采用吸附法和冻结法。吸附法是将空气通过装有硅胶或分子筛的吸附器，使二氧化碳及水蒸气被硅胶或分子筛吸附，达到清除之目的。而冻结法是在低温下，二氧化碳及水分以固态形式，冻结在切换式换热器的通道内而除去，工作一段时间后，自动将通道切换，让干燥的返流气体通过该通道，使前一阶段冻结的二氧化碳及水分在该气流中蒸发而被带出装置。此外，也可用8% ~10%的氢氧化钠溶液涤除空气中的二氧化碳。

3. 空气中乙炔的清除

空气中乙炔的清除过去采用硅胶吸附法，目前多用分子筛吸附法。所谓硅胶吸附法，是在低温下，乙炔呈固体微粒状悬浮在液态空气或液氧中，当通过硅胶吸附器时，乙炔则被硅胶吸附而除去的过程。所谓分子筛吸附法，就是利用具有均一微孔而能选择性地吸附直径小于其孔径的分子的那些吸附剂（例如沸石分子筛、碳分子筛等），达到分离或除去杂质之目的。

沸石分子筛为强极性吸附剂，对极性分子有极大吸附力。沸石化学性质稳定，热稳定性高，使用寿命长，但价格昂贵。常用的沸石分子筛组成及孔径见表3—2。

表3—2　　常用的沸石分子筛组成及孔径

型号	SiO_2/Al_2O_3 分子比	孔径/$\times 10^{-10}$ m	化学组成
3A（钾A型）	2	3 ~ 3.3	$\frac{2}{3}K_2O \cdot \frac{1}{3}Na_2O \cdot Al_2O_3 \cdot SiO_2 \cdot 4.5H_2O$
4A（钠A型）	2	4.2 ~ 4.7	$Na_2O \cdot Al_2O_3 \cdot 2SiO_2 \cdot 4.5H_2O$
5A（钙A型）	2	4.9 ~ 5.6	$0.7CaO \cdot 0.3Na_2O \cdot Al_2O_3 \cdot 2SiO_2 \cdot 4.5H_2O$
10X（钙X型）	2.3 ~ 3.3	8 ~ 9	$0.8CaO \cdot 0.2Na_2O \cdot Al_2O_3 \cdot 2.5SiO_2 \cdot 6H_2O$
13X（钠X型）	2.3 ~ 3.5	9 ~ 10	$Na_2O \cdot Al_2O_3 \cdot 2.5SiO_2 \cdot 6H_2O$
Y（钠Y型）	3.3 ~ 5	9 ~ 10	$Na_2O \cdot Al_2O_3 \cdot 5SiO_2 \cdot 6H_2O$
钠丝光沸石	3.3 ~ 6	5	$Na_2O \cdot Al_2O_3 \cdot 10SiO_2 \cdot 6H_2O$

二、空气的温—熵图

1. 基本概念

物质的性质是由其组成和所处的状态决定的。决定物质状态的参数主要有温度、压力、体积、内能、焓、熵等。上述状态参数发生变化时，物质的状态及性质也随之发生变化，故上述参数又称为状态函数。

（1）焓。流体能量状态的一个状态参数，数值上等于内能 U 加上压强 P 和体积 V 的乘积，用符号 H 表示，其单位为J。

即
$$H = U + PV \tag{3—1}$$

（2）熵。表征体系内部分子热运动混乱程度的物理量，对于一定温度下的可逆过程，体系传递热量 Q 与其绝对温度 T 之比称为熵。用符号 S 表示，单位为J/K。

$$S = \frac{Q}{T} \tag{3—2}$$

熵同温度、压力、体积一样，是一个表明物质状态的量，但不能像温度、压力、体积那样可以直接用仪表测量，因而比较抽象。引用熵的概念，对膨胀机的工作过程容易理解。

2. 温熵图的构成及应用

以空气温度 T 为纵坐标，以熵 S 为横坐标，将压力 P 和焓 H 及它们之间的关系，直观地表示在一张图上，此图称为空气的温 - 熵图，简称空气的 $T-S$ 图。在空气液化过程中，用 $T-S$ 图可表示出物系的变化过程，并可直接从图上求出温度、压力、熵及焓的变化值。

图 3—1 为空气的 $T-S$ 示意图。图中向右上方的一组斜线为等压线；向右下方的一组线为等焓线；图下部山形曲线为饱和曲线，山形曲线的顶点 K 是临界点，通过临界点的等温线称为临界等温线。在临界点左边的山形曲线为饱和液体线，临界点右边的山形曲线为饱和气体线。临界等温线下侧及饱和液体线左侧的区域为液体状态区；临界等温线下侧和饱和气体线右侧，及临界等温线以上区域是气相区；山形曲线内部是气液两相共存区。两相共存区内任意一点表示一个气液混合物。例如 c 点为气体 b 与液体空气 a 组成的气液混合物，线段 ac 与 cb 的长度比，表示气液混合物中气体与液体的数量比，即 ac: cb = 气体量: 液体量。

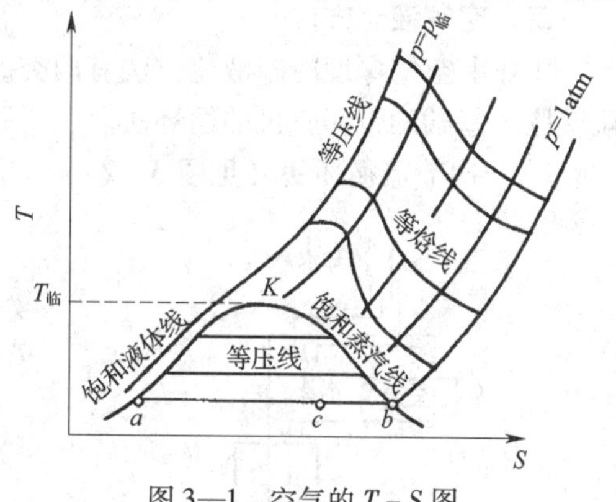

图 3—1　空气的 $T-S$ 图

第二节　空气的液化

一、空气的液化分离原理

空气的主要成分是氮气和氧气，其他组分含量甚微，故可把空气近似的看做是氧—氮二元混合物。常压（0.1 MPa）下，氧沸点约为 -183℃，氮沸点约为 -196℃，两者相比，氮易挥发。空气的液化分离，就是把空气加压至临界压力 3.89 MPa 以上，再降温至临界温度（-140.6℃）以下，空气则可转变为液体。然后，利用氮与氧沸点的不同，对液态空气进行精馏，使空气中的氮气与氧气分离。精馏过程在精馏塔内进行，由塔顶和塔底可分别得到纯氮和纯氧。空气中各组分的临界温度、临界压力及沸点见表 3—3。

表 3—3　　空气中各组分的临界温度、临界压力及沸点

气体名称	临界温度/℃	临界压力/MPa	沸点（0.101 MPa）/℃
空气	-140.6	3.89	-192 ~ 195
氮	-146 9	3.51	-195.8
氧	-118.4	5.25	-182.9
氢	-239.6	1.34	-252.9
氩	-122.4	4.86	-185.7
氦	-267.9	0.23	-268.9
氖	-228.7	2.75	-245.9
氪	-62.5	5.50	-151.7
氙	16.6	5.88	-108.1
二氧化碳	31.0	7.63	-78.2
氨	132.4	11.30	-33.4
水蒸气	347.2	22.77	100.0

由表3—3可知，若使空气液化，必须首先将空气的温度降至临界温度 -140.6℃以下。在临界温度时，只有把空气压缩到大于等于临界压力3.89 MPa才能使之液化。当空气压力低于临界压力时，必须将其冷却到临界温度以下，才能使其液化。

二、空气液化方法

工业上空气深度冷冻液化方法有两类。一是以节流膨胀为基础的节流循环法。二是以等熵膨胀为基础的带膨胀机的循环法。

1. 一次节流循环法（见图3—2）

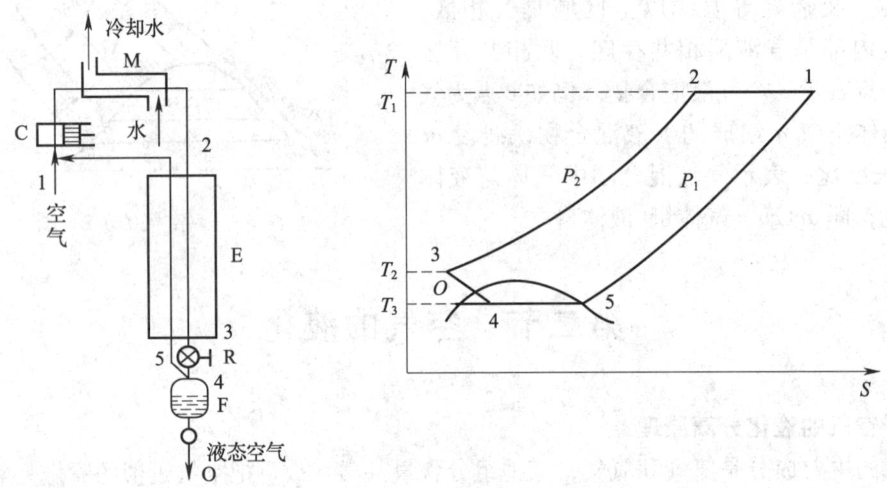

图3—2 一次节流循环流程及 $T-S$ 图

C—压缩机 M—水冷器 E—冷热换热器 R—节流阀 F—气液分离器

初始状态1的空气，压力为 P_1，温度为 T_1，经压缩机C压缩到一定高压（P_2 = 20 MPa）后，经水冷器M冷却至温度 T_1，再经冷热换热器E节流膨胀后，继续降温至 T_2，压力 P_2 的状态3，然后经节流膨胀阀R减压至压力为 P_1，温度 T_3 的状态4。节流膨胀使空气温度降低，部分空气被液化，经分离器F进行气液分离，自分离器下部得到液态空气。未被液化的空气压力为 P_1，温度 T_3 的状态5，入换热器E作制冷剂，冷却高压空气而自身被加热后回到初始状态1。

一次节流循环流程简单，但效率低，目前工业生产中，有带氨冷器的一次节流循环；二次节流循环等流程。

2. 带膨胀机的低压循环

因等熵膨胀的降温效果比节流膨胀好，故利用等熵膨胀比节流膨胀经济。但膨胀机不能在低温下操作，否则空气液化后将引起液击现象。因此，膨胀机常与节流阀配合使用。

带膨胀机的低压循环流程及 $T-S$ 图，如图3—3所示。

状态1的空气，经压缩机C等温压缩至0.5～0.6 MPa和水冷后的状态2，再经冷热换热器 E_2 等压冷却至状态3后分为两路。一路入透平膨胀机Ce，膨胀至压力为 P_1 的状态4；另一路入液化器 E_3 管间，与管内由透平膨胀机Ce来的低温膨胀气换热，使管间0.5～0.6 MPa的空气液化为状态5，液态空气再经节流阀R减压至0.101 MPa的状态0，部分液态空气由

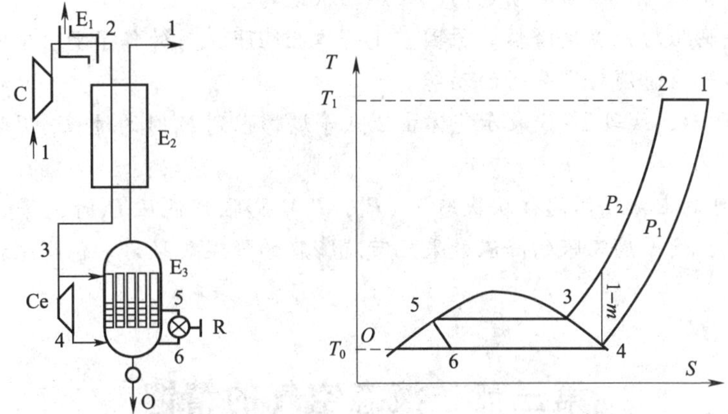

图 3—3　带膨胀机的低压循环流程及 $T-S$ 图

C—压缩机　E_1—水冷器　E_2—冷热换热器　E_3—液化器　R—节流阀　Ce—透平膨胀机

液化器 E_3 底部排出，未液化的状态 4 空气与膨胀气汇合，经冷热换热器 E_2 冷却高压空气，而自身被加热到初始状态 1，返回压缩机 C。

在图 3—3 的 $T-S$ 图中，1－2 表示等温压缩，2－3 表示高压空气在换热器 E_2 被等压冷却过程，3－5 表示空气在液化器 E_3 中被冷凝的过程，5－6 表示空气节流膨胀过程，3－4 表示空气在膨胀机中的膨胀过程。

【知识链接】

获得低温的方法

工业上通常将获得－100℃以下温度的方法称为深度冷冻法，简称深冷法。空气液化必须采用深冷技术。获得深冷的方法主要有两种：一是不作外功的节流膨胀；二是作外功的等熵膨胀。

1. 节流膨胀

连续流动的高压气体，在绝热和不作外功情况下，经节流阀急剧膨胀到低压的过程称为节流膨胀。节流过程是不可逆过程。

气体在节流膨胀过程中，既无能量收入，又无能量支出，节流前后能量不变，故节流膨胀为等焓过程。气体经节流膨胀后，温度降低。

利用气体的 $T-S$ 图，可方便地查出节流膨胀前后的温度差，如图 3—4 所示。气体从状态 2（T_2，P_2）节流膨胀到压力为 P_1 时，只要由 2 点作等焓线 H_2，与等压线 P_1 相交于 1 点，则线段 2－1表示膨胀过程，1 点的温度 T_1，则为节流膨胀后的温度，T_2-T_1 为节流膨胀前后的温度差。

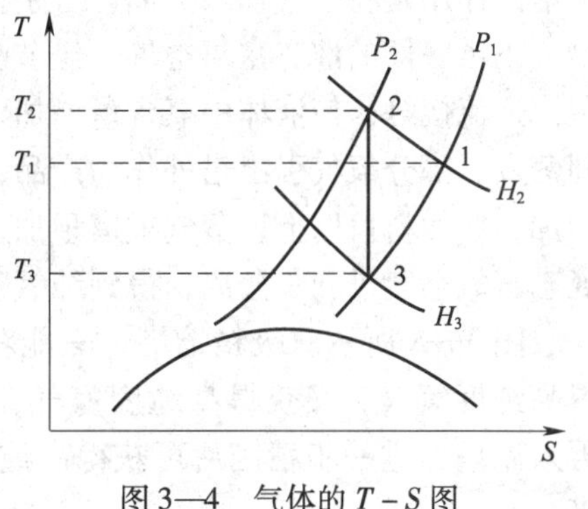

图 3—4　气体的 $T-S$ 图

2. 等熵膨胀

压缩后的气体经膨胀机在绝热下膨胀为低压，同时向外输出功的过程称为等熵膨胀。等熵膨胀过程是可逆的。

膨胀机分活塞式和透平式两种：压缩气体推动

活塞移动或使叶轮旋转，然后驱动电动机或压缩机运转。

气体经等熵膨胀后，温度降低。原因：①气体经膨胀机对外作了功，使气体的内能转变为动能；②气体膨胀时消耗了分子的动能。

如图3—4所示，线段2－3表示气体由2点等熵膨胀到P_1时的过程，T_2-T_3为膨胀前后气体的温度差。

由图3—4可看出，气体同样从状态2（P_2，T_2）膨胀到低压P_1时，等熵膨胀的温差>节流膨胀的温差，故等熵膨胀的降温效果比节流膨胀的降温效果好。但膨胀机的结构要比节流阀复杂的多。

第三节　液态空气的精馏

一、液态空气的精馏原理

利用氮与氧沸点的不同，经多次部分蒸发和部分冷凝后，将液态空气分离为纯氮和纯氧的过程称为液态空气的精馏。精馏过程是在具有若干层塔板的精馏塔内进行的。在精馏塔内上升的蒸汽经过多次部分冷凝，向下流动的液体经过多次部分蒸发，最后在塔顶得到纯氮，在塔底得到纯氧。

精馏塔的塔板有筛板和泡罩板等形式，目前空分装置多采用筛板塔。空气的精馏一般可分为单级精馏与双级精馏。单级精馏操作方便，但所得产品纯度差，且能耗高，故目前普遍采用双级精馏。

二、双级精馏塔

双级精馏塔的结构，如图3—5所示。主要由上塔1、下塔4和上下塔之间的冷凝蒸发器2组成。在上塔和下塔中均设有一定数量的筛板（见图3—6）。冷凝蒸发器2为列管式换热器，管内与下塔相通，管间与上塔相通。被预冷过的高压空气入下塔底部的蛇管冷凝为液体，经节流阀5减压后，入下塔中部，节流后气化的蒸汽上升，液体沿塔板向下流动。在下塔内，上升蒸汽中氧含量逐渐减少，在下塔顶部得到纯氮气。氮气入冷凝蒸发器2的管内被冷凝为液氮，一部分作为下塔的回流液，自上而下沿塔板逐块流下，下塔塔釜得到含氧36%～40%的液态富氧空气。

另一部分液态氮聚集在液氮兜槽3，经节流阀7减压后送上塔顶部，作上塔回流液。故下塔的作用是将空气初步分离，分别得到液氮和液态富氧空气。

下塔底部的液态富氧空气，经节流阀6减压后送往上塔中部，沿塔板向下流动，与上升蒸汽逆流接触，使液体中氧含量增加，在上塔底部得到纯液氧。纯液氧在冷凝蒸发器2的管间蒸发，部分氧气引出塔外作为产品，其余沿塔上升。在上塔内上升的蒸汽中，氮含量逐渐增加，在加料口以上，蒸气被塔顶加入的液氮冲洗，在塔顶得到纯氮气。故上塔的作用是将液态富氧空气进一步分离，得到纯氧和纯氮。故称为双级精馏。

图3—5所示双级精馏塔，只能获得高纯度氧气，而不能获得高纯度氮气。为了既获得高纯度氧气，又获得高纯度氮气，需要在上塔顶部设一副塔，由上塔顶部出来的氮气再入副塔，进一步精馏后可获得高纯度氮气。或在空分流程中设置带膨胀机的双级精馏塔。

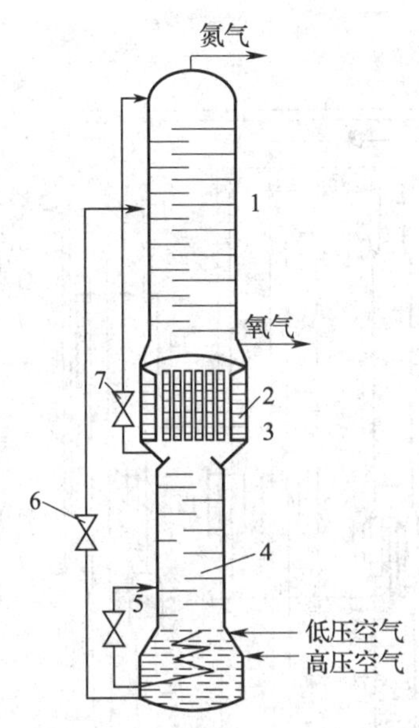

图 3—5　双级精馏塔结构示意图

1—上塔　2—冷凝蒸发器　3—液氮兜槽

4—下塔蒸馏釜　5、6、7—节流阀

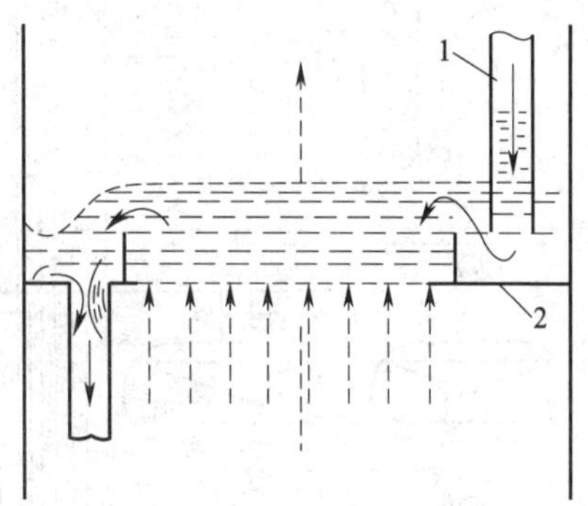

图 3—6　筛板结构示意图

1—溢流管　2—筛板

在冷凝蒸发器中，管间的液氧吸热而蒸发，成为上塔的上升蒸气，管内的氮气冷凝而放热，成为下塔回流液，故冷凝蒸发器既是上塔的蒸发器，又是下塔的冷凝器。当液氧的蒸发压力和氮气的冷却压力相等时，液氧的蒸气温度总是高于氮气的冷却温度，即在压力相同情况下，不能通过冷凝蒸发器用液氧使氮气冷凝为液氮。由于气体的冷凝温度随压力升高而升高，因此为使氮气的冷凝温度高于液氧的蒸发温度，必须使氮气的冷凝压力高于液氧的蒸发压力。

因此，下塔的压力必须高于上塔的压力。上、下塔压差越大，其温差也越大。在生产中，为克服氮、氧产品在流经各换热器和管道时的阻力，上塔操作压力略高于大气压，其压力（绝对）一般为 0. 132 ~0. 152 MPa。为使冷凝的氮气和蒸发的液氧之间形成所需要的温差，下塔的操作压力（绝对）一般为 0. 51 ~0. 66 MPa。

第四节　空气液化分离工艺流程

空分流程根据操作压力的不同，可分为高压法（7. 1 ~ 20. 3 MPa）、中压法（1. 5 ~ 2. 5 MPa）和低压法（一般为 0. 6 MPa 左右）三种类型。目前大、中型空分装置，普遍采用低压流程。

具有前端净化的低压空气膨胀空分流程，如图 3—7 所示。

空气经空气过滤器 1，除去灰尘及机械杂质后，经空气透平胀缩机 2，压缩至 0. 562 MPa左右后，入喷淋式冷却塔 3。在冷却塔中，冷却水分三组喷入下段塔内，而冷却水经氨冷器 4 冷却后，喷入上段冷却塔内，逐板流下；空气自下而上，在冷却的同时也得到

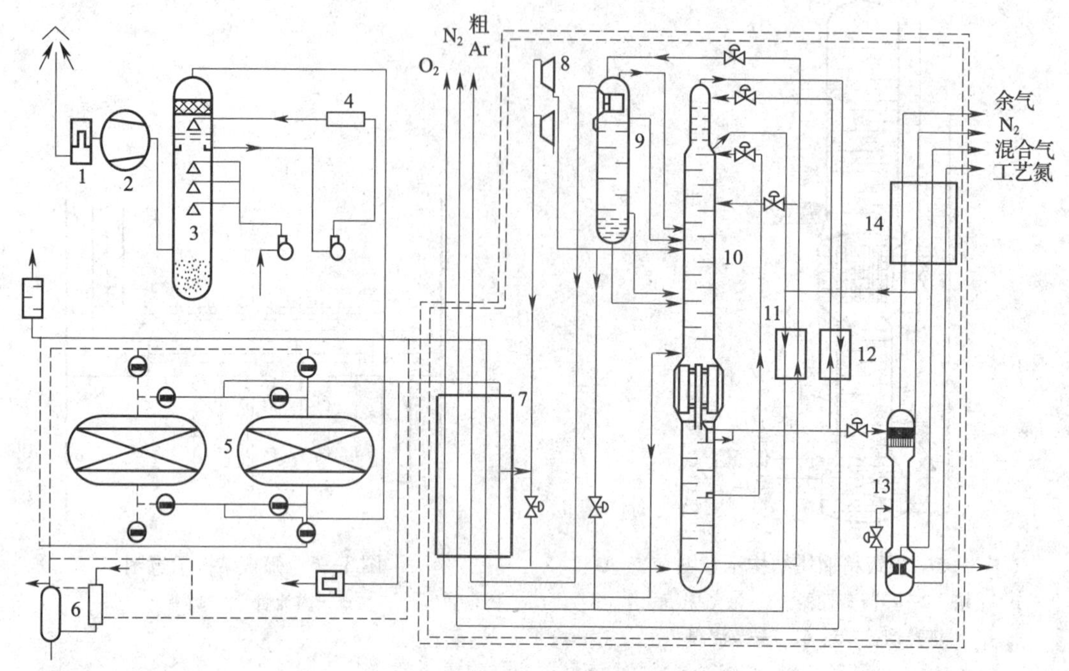

图 3—7　前端净化低压空气膨胀型空分流程

1—空气过滤器　2—空气透平式膨缩机　3—喷淋式冷却塔　4—氨冷器　5—分子筛吸附器
6—蒸汽加热器　7—主换热器　8—透平膨胀机组　9—粗馏塔　10—双级精馏塔
11—液空过滤器　12—液氮过滤器　13—精氩塔　14—氩换热器

清洗。空气经喷淋冷却塔 3 后，温度降至≤10℃，再入分子筛吸附器 5，使空气中 CO_2、H_2O、碳氢化合物被吸附。分子筛吸附器 5 两只轮换使用，一只使用时，另一只再生。

净化后的空气，温度升至 15℃，大部分空气在主换热器 7 中与返流气体（纯氧、纯氮、污氮、粗氩）换热后，接近液化温度约 −171℃ 入双级精馏塔的下塔。少部分空气入透平膨胀机组 8 膨胀降温后，入上塔。

在启动时，可在主换热器底部抽取部分空气，以调节膨胀前空气至适宜温度，从而缩短启动时间。

在下塔中，空气被初步分离为氮气和富氧液空，上升的氮气在双级精馏塔主冷却器中液化，同时主冷却器的低压液氧被气化，部分液氮作为下塔回流液，另一部分液氮自下塔顶部引出，经节流膨胀后送双级精馏塔 10 上塔顶部。富氧液空经液空过滤器 11 后，再经节流阀膨胀后，送上塔中部用做回流液。

纯氧气从上塔下部引出，并在主换热器中恢复热后排出塔外至输气总管。

污氮气从上塔上部引出，并在主换热器中恢复热后送往塔外，作为分子筛吸附器的再生气。

纯氮气从上塔顶部引出，并在主换热器中恢复热后，送往塔外至输气总管。

实训五　空气液化分离生产操作实训

一、冷态开车操作

1. 开车前准备

（1）检查。检查所有设备、管道及阀门、分析取样点、仪表等正常完好。

（2）校验。自动阀、安全阀及仪表全部校验调试至合格。

（3）单体试车。膨胀机、空气压缩机、液氧泵及水泵单体试车至合格。

2. 系统吹扫

系统吹扫的目的：除去遗留在设备、管道内的杂物及水分。吹扫时，中压系统与低压系统分别进行。按先中压、后低压、最后全系统顺序进行。

（1）用0.45～0.5 MPa的压缩空气吹扫中压系统，当排出气体中无水分及杂质后为合格；

（2）用0.04～0.05 MPa的空气，吹扫低压系统，当排出气体中无水分及杂质后为合格；

（3）冷箱吹扫

1）用足够气量吹扫各排气出口，以保证吹扫干净；

2）拆下安全阀、孔板、各压力表、液位计等表头，表管与设备一起吹扫；

3）冷箱外碳钢管线吹扫合格后，再吹冷箱内。

3. 气密性试验

气密性试验的目的：检查设备、管道、法兰、焊接处是否泄漏。

（1）向中压系统加入0.6 MPa的空气，再逐渐向低压系统加入空气，使上塔压力保持在0.06 MPa；

（2）用肥皂水检查所有法兰、焊缝等密封点。若发现泄漏，卸压处理，直至完全消除泄漏为止；

（3）对自动阀进行试漏检验。

上述工作进行完毕，保持下塔压力在0.6 MPa，若4 h内压力降小于0.02 MPa为合格。同时保持上塔压力在0.06 MPa，保压8 h，压力降小于0.01 MPa为合格。

4. 常温干燥

空气经压缩机加压后，对所有设备、管道进行吹扫干燥2～4 h。

5. 一次裸冷

所谓裸冷即在冷箱未装保温材料之前，进行的开车冷冻过程。其目的：检查设备在低温条件下的性能及缺陷。

（1）空分设备安装完毕或检修后，未装珠光砂之前，按正式开车程序起动膨胀机，使冷箱内低温设备及管道温度降至小于－100℃，保持2～3 h；

（2）在低温下检查设备有无变形、法兰接头及焊缝等安装质量，若泄漏及时处理，上紧所有螺钉。

6. 一次加热干燥

将空气经干燥器除水后，再经加热器加热至70℃左右，送入系统进行加热干燥2～4 h。

7. 二次裸冷

目的检验设备是否能够耐冷热变化，其方法同一次裸冷。

8. 二次加热干燥

方法同一次加热干燥。

9. 二次气密试验

经加热干燥后，在未装填保冷材料之前，对系统再进行一次气密试验，其方法同3。

10. 装填硅胶及珠光砂

（1）在过滤吸附器和液氧吸附器内，加入 $\phi4\sim8$ mm 细孔的球形硅胶，装满后封加入口，并用干燥空气吹扫。

（2）打开冷箱顶部人孔，将保温材料珠光砂装入冷箱。严防出现漏装、死角及空洞等现象，防止杂物掉入冷箱内。

11. 系统启动

所谓系统启动是指空分装置自膨胀机启动到转入正常运转的整个过程。主要利用膨胀机获得的冷量，将所有设备及管道，逐渐冷却至生产所需要的低温，并在精馏塔内积累足够量的液体，从而转入正常生产。

启动阶段，系统内的物料、温度、压力将发生剧烈变化，把握好此变化，才能转入正常生产。故启动操作是空分操作的重要环节。

（1）启动前准备工作

1）空压机、透平膨胀机等做好运转准备；

2）空分装置经充分加热干燥，并吹至常温，启动干燥器处于备用状态；

3）检查仪器、仪表，并投入使用；检查各阀门开关状况；

4）启动空压机，调至正常工作压力；

5）启动干燥器，仪表送空气；

6）启动切换装置，检查是否正常，启动空分装置。

（2）启动操作。对可逆式换热器的全低压空分装置，采用分段冷却法启动。

采用分段冷却的原因在于：在0.5 MPa压力下，水分在 $-60\sim-40$℃基本上冻结，而在 -130℃以下，二氧化碳开始冻结，直至 $-170\sim-165$℃全部冻结，故在 $-130\sim-60$℃区间为干燥区。在启动操作中，设备的冷却过程分四个阶段进行。

1）第一阶段冷却过程。为了充分发挥透平膨胀机的制冷能力，以最短的路线、最快速度，集中冷却可逆式换热器，迅速通过水分冻结区（$-60\sim-40$℃），使膨胀机在水分可能冻结阶段运转时间最短。当可逆式换热器冷端温度达到 -60℃时，此阶段即告结束。

冷却流程如下：自压缩机来的空气入空气冷却塔，温度降至30℃以下，经气水分离器除去夹带的液滴，再入启动干燥器，进一步除去水分后入可逆式换热器的空气通道，与返流气体换热降温后，入透平膨胀机，使空气温度降低，经旁通阀入可逆式换热器的污氮通道，与正流空气换热后经冷却塔排入大气。

2）第二阶段冷却过程。在透平膨胀机出口温度降至二氧化碳析出温度 -130℃之前，将空分装置内各容器有计划的冷却至尽可能低的温度。冷却介质是经可逆式换热器除水干燥后的空气。因空气温度高于二氧化碳析出温度，故水分及二氧化碳均不会在膨胀机及设备内析出，可充分发挥膨胀机的制冷能力，将设备逐渐冷却，直至膨胀机出口温度降至 -130℃为止。

冷却空气流程如下：下精馏塔、冷凝蒸发器、上精馏塔、过冷器、液化器，最后环流。

【注意】

为保证可逆式换热器出口气体温度不回升，在接通各设备时：①通气要缓慢进行；②调节环流空气量，使可逆式换热器冷端温差小于7℃；③增减空气量时要缓慢，以防系统超压或空气冷却塔发生液泛现象。

3）第三阶段冷却过程。此阶段在 -165 ~ -130℃间进行，要充分发挥膨胀机制冷潜力，以最短的路线和最快的速度集中冷却可逆式换热器，使其迅速渡过二氧化碳冻结区，为液化空气创造条件。

当可逆式换热器冷端温度达到 -165℃时，此阶段即告结束。其空气流程同第一阶段。此阶段的关键为：使二氧化碳不入膨胀机或很少在膨胀机内析出。

4）第四阶段冷却过程。用已除水及二氧化碳的空气继续冷却所有设备，降至操作温度，并在设备内积累一定量的液体，逐步调整上、下塔内产品纯度，使精馏工况达正常状态。

①随着可逆式换热器自清除工况的稳定，将切换时间由 2 min 逐渐延长为 4 min。当可逆式换热器冷端温度降至 -170 ~ -168℃时，液化器开始投入工作，液化后的液态空气靠位差流入下塔。当塔内液位升至 150 mm 时，经吹除阀排净后关闭。然后再有液位时，取样分析乙炔含量，若乙炔含量超过 0.24 mg/L，应再次将液排净，直至乙炔含量小于 0.24 mg/L 为止。

②当上塔液面达 50 mm 时，全部排净。重新积液，取样分析乙炔含量。控制液氧中乙炔含量小于 0.12 mg/L。

③当上塔液氧的液面达到 1 000 mm 时，预冷并启动液氧泵和液氧吸附器。

④当设备全部启动投入工作后，上塔液面不断上涨时，认真调节系统压力和温度，调节纯氧和纯氮质量达合格后，开出口阀，在保证质量前提下，逐渐增加出口量，直至系统稳定。

二、正常生产操作管理

空分装置启动趋于正常生产工况后，要注意系统中压力、温度、液面、流量及产品纯度的变化，并注意运转设备的声音、温度及切换系统的工况，以确保优产、高产、低消耗。

1. 可逆式换热器的调节

调节目的是借助正、逆气流的更换，使正气流中冻结下来的水分及二氧化碳，被返气流的污氮气带走，从而实现自清除。

（1）切换周期调节。首先必须将可逆式换热器冷端温度控制在一定温度范围内。若切换周期短，则空气与返气流温差小，对水分和二氧化碳的自清除有利。随着正常温度工况的建立，应逐渐延长切换周期，以减少空气损失。各种空分装置，根据流程及结构特点，规定了其切换周期的最佳时间，若冷端温度差过大或通道阻力过大时，应缩短切换周期。

（2）中部温度调节。可逆式换热器采用环流法以保证其不冻结性。即将换热器出口的空气引出一部分返回环流管，使换热器冷端的空气冷却至更低的温度，从而达到缩小冷端温差之目的。

对可逆式换热器温度的调节，主要是调节中部温度。而中部温度随空气、污氮、纯氮、纯氧、环流等流量及温度的变化而变化。而中部温度的调节，主要是调节正、逆气流量的比例，常用的方法有：

1）改变环流气量法。加大环流气量，则冷端温差减小，中部温度下降，故环流气量不可过大，以免冷端空气液化；当中部温度偏低，冷端温差偏小，热端温差偏大时，说明环流总量过大，应适当减小。

2）改变产品气量分配法。可逆式换热器各单元均有产品调节阀，中部温度偏高的单元，应开大调节阀，适当提高气体流量；而中部温度偏低的单元，应关小调节阀，适当减小气流量。气体流量的分配调整既不可过大，也不可过小，一般在2%左右为宜。

【注意】

在增加气流量时，防止热端跑冷；而在减小气体流量时，防止冷端和中部温差的扩大，必要时以环流调节。调解过程中，产品的产量要求不变。

3）改变空气入口流量法。当换热器的大组之间中部温度有偏差时，可调节空气入口阀。中部温度偏低时，开大入口阀；反之，关小入口阀。

总之，影响可逆式换热器的因素较多，应首先判断其影响因素，再采取相应的调节方法。当某一工艺条件调节后，会对其他工况造成影响。例如，当调节环流温度时会影响膨胀机入口温度，故在调节中部温度时，应几个方面相应的，反复的，逐步调节。

（3）冷端及热端温差的控制。为保证空分装置内冷量平衡，应将可逆式换热器的热端温差控制在2～3℃，将冷端温差控制在3℃左右。

影响冷端及热端温差的因素有：温度、环流气量和正、逆气流量比等。当中部温度控制在要求范围内时，其冷端及热端温差亦随之固定下来。当中部温度偏低时，冷端温差小，而热端温差大。冷端温差的调节，是改变返气流量和环流量。

（4）污氮及通道阻力增大的调节。当阻力增加不大时，采用缩短切换周期，增大环流量和减小冷端温差进行调节。若阻力过大，必须停车加温。

2. 空分精馏工况的调节

空分精馏工况的调节主要是调节回流比、液面控制和产量及产品纯度的调节。全低压空分装置，一般采用有副塔的双级精馏塔，在下塔得到液空，液氮及污液氮；在上塔得到纯氧，纯氮及污氮气。所谓回流比是指塔内回流液量与上升蒸汽量之比。

（1）下塔精馏工况的调节。下塔精馏是上塔精馏的基础，调整下塔精馏工况之目的是为上塔提供合格的液空、液氮和污液氮。控制液空、液氮纯度的目的在于提高氧、氮的纯度和产量。

1）液空和液氮纯度的调节。液空和液氮纯度的调节与下塔回流比有关。增大下塔回流比，上升蒸汽中高沸点组分氧的液化量大，下塔上部蒸汽中含氧量减小，故所得液氮纯度高。而液空纯度由于液氮回流量的减小而升高。

下塔回流比的大小又与氮节流阀及污氮节流阀的开度有关。关小液氮节流阀，送入上塔的液氮量减小，下塔回流液多，则回流比增大，污液氮的纯度则下降，液空纯度提高。在生产中，调节好液氮和污氮节流阀的开度，使液空、液氮的纯度控制在规定范围内。

2）下塔液面的调节。下塔液面可通过其节流阀来调节。

若液面控制过低，经液空节流阀的液体将会夹带气体，导致下塔上升气量减少，回流比增大，液空中氧含量降低，给上塔氧气浓度带来较大影响。故应控制好下塔液空的液面，确保精馏过程的正常进行。

（2）上塔精馏工况的调节。主要是对氧、氮产量和纯度进行调节。

1）氧纯度的调节。氧纯度下降的原因主要有：

①氧取出量增大。当产品氧取出量过大时，其氧纯度则下降。原因是氧取出量过大，使上塔精馏段上升蒸气量减小，回流比增大，液体中氮蒸发不充分，使氧纯度下降。此时可适当关小出氧阀，开大污氮取出阀。

②富氧液空中氧含量变化。决定氧纯度最重要的部位是上塔提馏段。

若富氧液空中氧含量低，则液空量大，一是增大了上塔提馏段的分离负荷，二是因回流液增多，难以使氮蒸发充分，从而造成氧纯度降低。此时应调节下塔精馏工况，适当提高液空含氧量。

③膨胀空气量变大。当入上塔的膨胀空气量过大时，则破坏上塔的正常精馏工况，使氧纯度下降。此时若塔内冷量过剩，应减少膨胀机的冷量。

④入塔空气量波动。当入塔空气量增加或减少时，要相应增加或减少氧、氮的取出量，否则会发生液泛或液漏等现象，破坏精馏工况，造成氧纯度下降。此时应根据具体情况，防止液泛或液漏现象。

⑤冷凝蒸发器液氧液位上升。当冷凝蒸发器液氧面上升时，说明下流量大于蒸发量，则提馏段的回流比增大，回流入冷凝蒸发器的液体含氮量增加，造成氧纯度下降。此时应使膨胀机减量生产。

2）氮纯度的调节。氮纯度下降的主要原因有两个。

①副塔回流比的影响。当副塔回流比减小时，产品氮的纯度则降低。此时应适当关小出氮阀，减少液氮取出量，以增加副塔的回流比。

②下塔液氮纯度低。此时应调下塔，待下塔液氮纯度提高后，再调上塔氮纯度。略降氮取出量。

3. 液悬的处理

液悬又称液泛，是精馏操作中常见事故之一。在精馏塔内，由于某些因素的影响，使上升气体不仅从筛孔上升，且经溢流装置而升至上一块塔板，使回流液不能正常下流，造成气塞。当塔板上的液体聚积过多而超过气压时，液体又从溢流装置和筛孔中同时倾泻下来。此现象称为液悬。

当下塔液悬时，富氧液空纯度波动，忽高忽低，液氮纯度很差，无法调整，阻力明显增大，并周期性波动。当上塔液悬时，阻力明显增大，压力上升，液氧面和液氧纯度波动大，氮纯度不稳定。液悬严重时，会造成过冷器、液化器、返流气体入可逆式换热器的温度下降，甚至从上述设备及管道的吹除阀流出液体。

（1）液悬产生的原因

1）在设计、制造或安装中造成设备缺陷，如进料口位置不正确、溢流口过小、塔板相对位置差错、检修或安装时将溢流口阻塞等。设备缺陷引起的液悬一般发生在开工初期；

2）水分及二氧化碳堵塞筛孔；

3）操作不当，使上升蒸气量或回流液量突然增加。

（2）消除液悬的方法

1）若因设备缺陷，必须停车检修；

2）若因加温不良，造成水分冻结，或长期运转二氧化碳及水分积累过多而堵塞筛孔时，应停车加热；

3）若因操作不当，则恢复操作状态。若仍不能消除，应减少加空气量，一般即可消除。若经上述处理仍不能消除时，应停车，待塔板上的液体全部流下来，再次缓慢启动。

三、空分工序常见事故及处理方法

空分工序常见事故及处理方法见表3—4。

表3—4　　空分工序常见事故及处理方法

序号	现象	原　因	处理方法
1	氧气纯度下降	（1）氧气产出量过大 （2）冷凝蒸发器液面过高 （3）入塔空气量不足 （4）氮气产出量过小 （5）上塔压力过高，主冷凝器效率差	（1）减少氧气产出量 （2）减少膨胀机负荷 （3）增加入塔空气量 （4）适当开大氮气出口阀 （5）适当降低上塔压力，增加惰气排放量
2	氮气纯度下降	（1）纯氮产出量过大 （2）下塔回流液氮少，液氮纯度下降 （3）上塔产生液悬现象	（1）减少氮气产出量 （2）关小液氮入上塔节流阀 （3）减小上塔进气量
3	下塔液面过高	（1）液空节流阀开得过小 （2）液空过冷器堵塞 （3）吸附过滤器堵塞	（1）开大液空入上塔节流阀 （2）反吹液空过冷器 （3）切换吸附过滤器
4	上塔超压	（1）冷凝蒸发器漏 （2）自动阀吹翻 （3）产品强制阀打不开 （4）节流阀带气	（1）停车处理 （2）停车处理 （3）检查升压器、码盘及阀门是否卡住，及时抢修 （4）关小节流阀
5	膨胀机超速	（1）制动风机出口阀开度过小 （2）膨胀机消音器阻力大	（1）开大制动风机出口阀 （2）停膨胀机处理
6	膨胀机带液	（1）下塔液面过高 （2）环流温度过低	（1）降低下塔液面 （2）减小环流量
7	上下塔阻力增加	（1）上升气量过大，造成液悬 （2）塔板被二氧化碳堵塞	（1）减少空气入塔量 （2）停车重新启动，若不见效，停车加热
8	可逆式换热器阻力增大	（1）被水分、二氧化碳冻结 （2）空气冷却塔因带水而冻结	（1）适当增大环流量，缩短切换时间 （2）迅速停水冷，缩短切换周期，若无效停车处理

续表

序号	现象	原　因	处理方法
9	液氧泵启动后不排液	（1）泵反转 （2）泵预冷不好 （3）泵入口堵塞	（1）检查电动机旋转方向 （2）检查入口阀开度 （3）拆泵检查
10	液氧泵输液量减少，压力下降	（1）电动机转速降低 （2）密封损坏 （3）入口压力过低 （4）泵入口阀冻结 （5）泵叶轮损坏	（1）检查电动机转速及电压 （2）检查密封口 （3）检查入口压力 （4）多次开关阀门 （5）停车拆泵检查

四、停车操作

1. 短期停车

（1）氧、氮三通阀改为放空侧；

（2）停膨胀机，关进、出口阀；

（3）通知空气压缩机放空，关闭空气冷却塔进口阀；

（4）停液氧泵，关进、出口阀；

（5）将下塔液体通过液空节流阀，送往上塔；

（6）将下塔污液氮通过节流阀送往上塔；

（7）仪表用空气，改用空气干燥站空气；

（8）关闭氧气和氮气排出阀。

2. 正常停车

（1）氧、氮三通阀改为放空，仪表空气改用空气干燥站空气；

（2）停膨胀机，关进、出口阀；

（3）空气压缩机放空，关闭空气冷却塔进口阀；

（4）停液氧泵，关进、出口阀；

（5）将下塔液体通过吸附过滤器加入上塔；

（6）打开主冷液氧排放阀，将液体缓慢排至地下槽；

（7）打开所有放空阀，将液体排净；

（8）关闭各节流阀，停切换机，关氧、氮取出阀，关氧气和氮气总管阀。

3. 装置加热干燥

设备大修前，需要将装置加热到常温，同时除去设备内聚积的水、二氧化碳及碳氢化合物的过程称为加热干燥。

加热应在装置排完液，静置4 h后进行。空气由鼓风机送入加热器，按上精馏塔、下精馏塔、冷凝蒸发器、过冷器、可逆换热器等顺序，分段加热，当排气温度达到25 ~ 30℃，恒温2 ~ 4 h，即加热干燥合格。然后进行下一段设备的加热干燥，直至所有设备、管道全部加热干燥完毕。

第五节　惰性气体的制备

一、惰性气体的用途

大型合成氨厂在开停车及正常生产中，需要含氮量大于99.5%的惰性气体。其主要用途有：

1. 开车时置换系统内空气，停车时置换系统内工艺气；
2. 停车时对催化剂进行保护，防止催化剂被氧化；
3. 仪表管网的事故供气；
4. 密封大型压缩机油箱，防止油与空气接触被氧化；
5. 充至大型压缩机调速油、润滑油的稳压器内，使油压保持稳定。

以煤为原料的大型合成氨厂设有空分装置，可提供生产过程所需惰性气体，而以气态烃或轻油为原料的大型氨厂无空分装置，需要设置制备惰性气体装置。

二、惰性气体制备原理

以氨和空气为原料，在催化剂作用下，氨在空气中燃烧生成氮气

$$4NH_3 + 3O_2 \xlongequal{\quad} 2N_2 + 6H_2O + Q \tag{3—2}$$

反应温度一般控制在800℃左右，压力为常压，氨与空气之比控制在1∶3.57。生成的高温气体经冷凝分离出水蒸气后，得到惰性气体组成（干基）为：$N_2 > 99.5\%$，$H_2 \leqslant 0.5\%$，$O_2 \leqslant 0.05\%$。氨燃烧所用的催化剂有镍催化剂、铜催化剂和钯催化剂等。

三、惰性气体制备工艺流程（见图3—8）

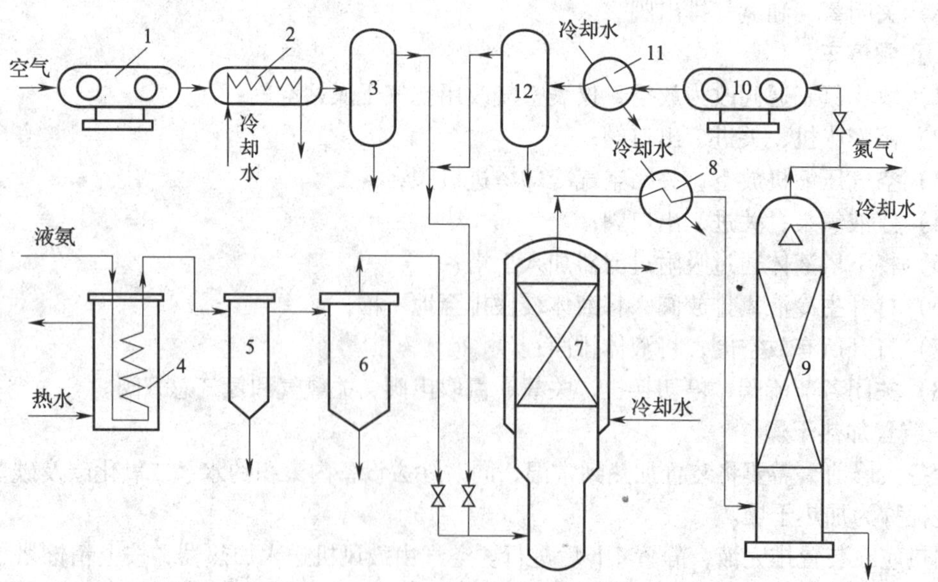

图3—8　惰性气体制备工艺流程

1—空气鼓风机　2—空气冷却器　3—空气贮槽　4—氨蒸发器　5—油分离器　6—缓冲器　7—反应器　8—高温气体冷却器　9—氮气洗涤塔　10—循环气鼓风机　11—循环气冷却器　12—循环气贮罐

由液氨贮槽来的液氨入液氨蒸发器 4 的蛇管内，被管间热水加热后蒸发为气氨，经油分离器 5、缓冲器 6、流量调节阀后入反应器 7。由鼓风机来的空气经空气冷却器 2、空气贮槽 3 和流量调节阀后入反应器 7，氨与空气比例为 1∶3.55～3.57。反应器上部装有铜催化剂，下部装有钯催化剂。在催化剂作用下，氨在空气中燃烧生成氮气和水蒸气。由反应器顶部出来的高温气体，经冷却器 8 冷却后，入氮气洗涤塔 9，被水冷却至接近常温，并除去残余的氨。为调节反应温度，一部分出洗涤塔的氮气经循环气鼓风机 10、循环气冷却器 11、循环气贮罐 12 后，重新返回反应器 7。

思考练习题

1. 空气中的杂质有哪些？空气在液化分离前为什么要进行净化处理？
2. 空气中的灰尘、二氧化碳和水分、乙炔在液化前，各采用什么方法清除？
3. 何谓深度冷冻？深度冷冻的方法有哪些？
4. 看懂前端净化低压空气膨胀型空分流程。
5. 简述液态空气的精馏原理。
6. 如何使液态空气经双级精馏后，既获得高纯度氧气，又获得高纯度氮气？
7. 氨生产中，惰性气体的制备原理是什么？
8. 在合成氨厂，惰性气体的用途有哪些？

第二篇 合成氨原料气的净化

合成氨原料气的净化包括原料气的脱硫、一氧化碳的变换、二氧化碳的脱除、少量一氧化碳和二氧化碳的清除四个主要工序。本篇分为四章分别对各净化工序的生产原理、工艺条件控制要点及工艺流程、生产操作实训等进行系统讲述。

第四章　合成氨原料气的脱硫

学习目标

1. 了解合成氨原料气脱硫的意义。

2. 掌握 ADA 法、氧化锌法等典型脱硫方法的基本原理、工艺条件的选择及工艺流程、主要设备的结构及作用。

3. 熟悉 ADA 法脱硫生产操作要点。

第一节　概　　述

脱除原料气中硫化物的过程称为脱硫。由于各种燃料中均含有一定量的硫或硫化物，因此制得的合成氨原料气中都含有硫化物。

原料气中硫化物的含量，取决于气化所用燃料中硫的含量。以煤为原料制得的煤气中，一般含硫化氢 1～6 g/m^3，有机硫 0.1～0.8 g/m^3。用高硫煤作原料时，硫化氢含量高达 20～30 g/m^3。而天然气、轻油及重油作原料时，因产地不同，制得的煤气中硫化物含量差别很大。

一、原料气中硫化物的存在形式

原料气中的硫化物，主要以无机硫 H_2S 的形式存在，其次是少量的有机硫化物，如硫氧化碳（COS）、二硫化碳（CS_2）、硫醇（RSH）、噻吩（C_4H_4S）等。

二、原料气脱硫原因

原料气中的硫化物，不仅能腐蚀设备和管道，且能使合成氨生产过程所用催化剂中毒。此外，硫又是一种重要的化工原料，应回收利用，故原料气中的硫化物，必须脱除干净。

三、脱硫工序的任务

不同催化剂对原料气中硫含量要求不同。烃类蒸汽转化所用的镍催化剂，要求原料气中总硫含量小于0.5×10^{-6}；铜锌系低变催化剂，要求原料气中总硫含量小于1×10^{-6}；铁铬系中变催化剂，要求原料气中硫化氢小于300×10^{-6}，有机硫小于150×10^{-6}。

四、脱硫方法的分类与特点

1. 分类

脱硫的方法很多，按照脱硫剂物理形态的不同，可分为干法脱硫和湿法脱硫两大类。用固体脱硫剂脱除原料气中硫化物的过程称为干法脱硫。用液体脱硫剂脱除原料气中硫化物的过程称为湿法脱硫。不同脱硫方法优缺点比较见表4—1。

表4—1　　不同脱硫方法优缺点比较

<table>
<tr><th colspan="3">脱硫方法</th><th>优点</th><th>缺点</th><th>适用场合</th><th>常用方法</th></tr>
<tr><td colspan="3">干法脱硫</td><td>既能脱除无机硫H_2S，又能脱除有机硫，净化度高，可将总硫含量降至小于1×10^{-6}</td><td>脱硫剂再生困难，硫黄回收也较困难，设备体积庞大</td><td>一般只作为脱除有机硫和精细脱硫的手段</td><td>氧化锌法、钴钼加氢转化法、活性炭法、分子筛法、离子交换树脂法等</td></tr>
<tr><td rowspan="4">湿法脱硫</td><td rowspan="2">化学法</td><td>中和法</td><td>操作简单</td><td>不能直接回收硫黄，脱硫效率低，排放的H_2S污染环境</td><td>以天然气为原料的合成氨厂多用</td><td>纯碱法、烷基醇胺法、甲基二乙醇胺（MDEA）法等</td></tr>
<tr><td>湿式氧化法</td><td>能直接回收硫黄，反应速度快，气体净化度高，技术成熟</td><td>主要脱除无机硫H_2S，很难脱除有机硫</td><td>目前国内以煤为原料的合成氨厂广泛采用</td><td>ADA法、氨水对苯二酚催化法、铁氨法、栲胶法、$MnSO_4$－水杨酸－对苯二酚法等</td></tr>
<tr><td colspan="2">物理法</td><td>为物理吸收过程</td><td>不能直接回收硫黄。脱硫液再生放出的硫化氢，用克劳斯法回收硫黄</td><td>适用于硫化氢和二氧化碳含量高的原料气脱硫</td><td>碳酸丙烯酯法、低温甲醇洗法　、聚乙二醇二甲醚法　磷酸三丁醇法</td></tr>
<tr><td colspan="2">物理化学法</td><td>既能脱除H_2S，又能脱除有机硫，不能直接回收硫黄。吸收剂为环丁砜和烷基醇胺的混合液</td><td>不能直接回收硫黄。脱硫液再生放出的硫化氢，用克劳斯法回收硫黄</td><td>适用于硫化氢和二氧化碳含量高的原料气脱硫</td><td>环丁砜法</td></tr>
</table>

2. 二次脱硫

因湿法主要脱除H_2S，很难脱除有机硫，而在一氧化碳变换过程中，大部分有机硫转变为H_2S，因此，当原料气中有机硫含量高时，变换后的气体中H_2S含量则增加，需要经过二次脱硫。

第二节　湿式氧化法脱硫

湿法脱硫中的湿式氧化法，由于其反应速度快，气体净化度高，能直接回收硫黄而被广泛采用，目前国内使用较多的湿式氧化法是改良 ADA 法和栲胶法。

一、蒽醌二磺酸钠法

ADA 是蒽醌二磺酸钠的英文缩写。

1. 基本原理

（1）脱硫塔中，用 pH = 8.5 ~ 9.2 的稀碳酸钠溶液吸收原料气中的 H_2S，生成硫氢化钠。

$$Na_2CO_3 + H_2S = NaHS + NaHCO_3 \tag{4—1}$$

（2）硫氢化钠被溶液中的偏钒酸钠氧化，生成单质硫，而偏钒酸钠还原为焦钒酸钠。

$$2NaHS + 4NaVO_3 + H_2O = Na_2V_4O_9 + 2S\downarrow + 4NaOH \tag{4—2}$$

（3）还原性焦钒酸钠被溶液中氧化态 ADA 重新氧化为偏钒酸钠，而 ADA 成为还原态 ADA。

$$Na_2V_4O_9 + 2ADA（氧化态） + 2NaOH + H_2O = 4NaVO_3 + 2ADA（还原态） \tag{4—3}$$

（4）在再生塔中，还原态 ADA 在空气中被氧化为氧化态 ADA。

$$2ADA（还原态） + O_2 = 2ADA（氧化态） + 2H_2O \tag{4—4}$$

（5）反应过程中生成的 $NaHCO_3$ 与 NaOH 作用，生成 Na_2CO_3，使吸收过程中消耗的 Na_2CO_3 得到补偿。

$$NaOH + NaHCO_3 = Na_2CO_3 + H_2O \tag{4—5}$$

再生后的脱硫溶液循环使用。

再生过程中，空气中的 O_2 氧化还原态 ADA 生成氧化态，ADA 氧化焦矾酸钠生成偏钒酸钠，偏钒酸钠氧化硫氢化钠生成单质硫。故整个过程中，消耗的是空气中的氧，得到副产品硫黄，达到的是脱硫的目的。

当原料气中含 O_2、CO_2、HCN 时，会发生下列副反应。

$$2NaHS + 2O_3 = NaS_2O_3 + H_2O \tag{4—6}$$

$$Na_2CO_3 + H_2O + CO_2 = 2NaHCO_3 \tag{4—7}$$

$$Na_2CO_3 + 2HCN = 2NaCN + H_2O + CO_2 \tag{4—8}$$

$$NaCN + S = NaCNS \tag{4—9}$$

副反应消耗 Na_2CO_3，降低了溶液的脱硫能力，故生产中应尽量降低原料气中 O_2、CO_2、HCN 含量，当 NaCNS 和 Na_2SO_4 积累到一定程度后，须废弃部分脱硫液，补加相应数量的新鲜溶液。

2. 工艺操作条件选择

（1）溶液组成 。ADA 脱硫液是由 Na_2CO_3、ADA、$NaVO_3$、酒石酸钾钠、$FeCl_3$、EDTA 六种物质组成的水溶液。另含有 $NaHCO_3$、$Na_2S_2O_3$、Na_2SO_4、NaCNS 等。

1）溶液中 Na_2CO_3 含量及 pH 值。提高溶液的 Na_2CO_3 含量，则 pH 值增大，可加快 H_2S 的吸收速度，增加溶液的硫容量，提高气体净化度。但 pH 值过高，则吸收 CO_2 量增加，易析出 $NaHCO_3$ 结晶，同时降低钒酸钠与硫氢化钠的反应速度，加快了生成硫代硫酸钠的反应速度。

硫容量：单位体积或单位质量脱硫剂吸收硫的数量。

溶液总碱度：溶液中 Na_2CO_3 和 $NaHCO_3$ 物质的量浓度之和。

pH 值随总碱度增加而上升。总碱度一定时，pH 值随 $NaHCO_3/Na_2CO_3$ 比值的增加而下降。生产中控制 pH = 8.5 ~ 9.2，总碱度 0.2 ~ 0.5 mol/L 为宜。

2）偏钒酸钠用量。提高溶液中 $NaVO_3$ 含量，可加快 NaHS 氧化速度；若 $NaVO_3$ 含量过低，易析出钒 - 氧 - 硫沉淀，且加快生成 $Na_2S_2O_3$ 速度。故 $NaVO_3$ 用量应大于理论用量，一般 2 ~ 5 g/L 为宜。

3）ADA 用量。ADA 的作用是把 V^{4+} 氧化为 V^{5+}，工业上实际采用 ADA 浓度为 $NaVO_3$ 量的 2 倍左右，一般为 5 ~ 10 g/L。

4）酒石酸钾钠用量。酒石酸钾钠为配合剂，作用是与钒形成配合物，防止形成钒 - 氧 - 硫沉淀，浓度一般为 $NaVO_3$ 浓度的 1/2 左右。

5）$FeCl_3$ 用量。$FeCl_3$ 可加快 ADA 氧化速度，改善硫黄颜色。浓度一般为 0.05 ~ 0.1 g/kg。

6）EDTA 用量。EDTA 为螯合剂，稳定铁离子，防止生成氢氧化铁沉淀，浓度一般为 2.7 g/kg 左右。

（2）温度。提高温度可加快吸收与再生反应速度，但也加快副反应速度；温度过低，再生速度慢，生成的硫黄过细，难以分离，且使 $NaHCO_3$、$Na_2S_2O_3$、ADA 溶解度下降，易析出沉淀。故温度应维持在 35 ~ 45℃为宜。

（3）压力。常压至 3 MPa，脱硫均能正常进行，但吸收压力不宜过高，取决于原料气本身压力或脱硫工序在合成氨生产流程中的部位而定。

（4）液气比。液气比是指脱硫塔内，1 m^3 原料气（标准状态）所需脱硫液的升数。增大液气比，可提高气体净化度，防止生成钒 - 氧 - 硫沉淀。但液气比过大，动力消耗大，一般 10 ~ 20 L/m^3 为宜。

（5）再生空气用量及再生时间。再生塔内通入空气的作用是氧化 ADA、浮选硫泡沫、气提溶液中的 CO_2。故需要有一定的吹风强度，一般吹风强度再生塔控制在 80 ~ 120 m^3/（m^2 · h），喷射再生槽控制在 60 ~ 110 m^3/（m^2 · h）（吹风强度：单位时间、单位截面积上通过的空气量）。

再生时间越长，再生越完全，但要求再生器容积也越大。一般停留时间再生塔内为 30 ~ 40 min，喷射再生槽内为 8 ~ 10 min。

3. 工艺流程

ADA 脱硫工艺流程包括 H_2S 的吸收、溶液再生、硫黄回收三部分，根据再生设备不同，可分为高塔再生和喷射再生。

（1）ADA 脱硫高塔再生工艺流程（见图 4—1）。含 H_2S 为 3 ~ 5 g/m^3 的半水煤气自下部入脱硫塔，与塔顶喷淋下来的 ADA 脱硫液逆流接触，H_2S 被吸收，从塔顶出来的净化气中 H_2S 含量降至 20 mg/m^3 以下，经气液分离器除去液滴后送往后工序。

吸收硫化氢后的脱硫液由塔底出来，入反应槽，用循环泵送至再生塔底部，同时由塔底鼓入空气，使溶液再生，尾气由塔顶放空。溶液中的硫呈泡沫状浮于溶液表面，溢流至硫泡沫槽，经真空过滤机分离后，得到硫黄滤饼送至熔硫釜，用蒸汽加热熔融后注入模子内，冷却干

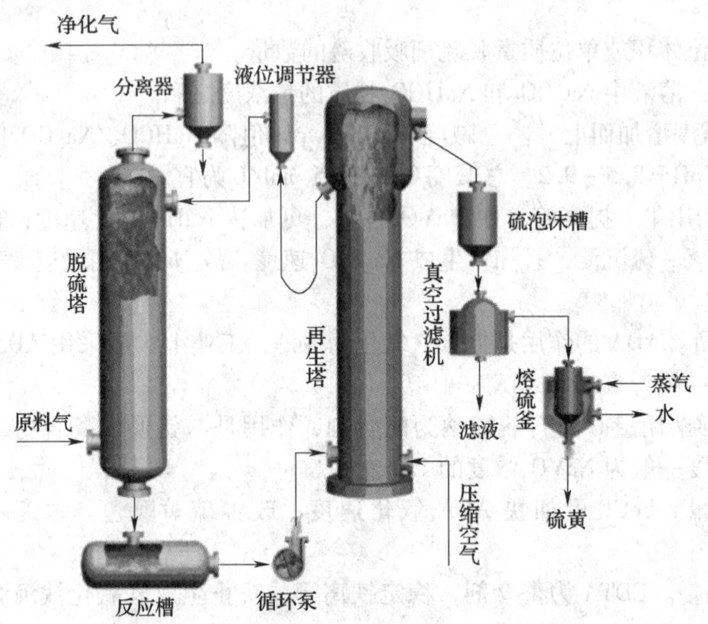

图 4—1　ADA 脱硫高塔再生法工艺流程示意图

燥后得到固体硫黄。再生后的脱硫液由再生塔上部引出，经液位调节器返回脱硫塔循环使用。

（2）ADA 脱硫喷射再生工艺流程（见图 4—2）。喷射再生可采用喷射再生槽或再生池。自电除尘器来的半水煤气入脱硫塔，与塔顶喷淋下来的 ADA 溶液逆流接触，H_2S 被吸收，净化后的气体经气液分离器除去液滴后送后工序。

吸收了 H_2S 后的脱硫液由塔底排出入反应槽，自反应槽出来的溶液依靠本身压力高速通过喷射器的喷嘴，与吸入的空气充分混合，使溶液再生，然后由喷射器下部入浮选槽。在浮选槽内硫黄泡沫浮在溶液表面，溢流至硫泡沫槽，经过滤、熔融后得到副产品硫黄。再生后的溶液由浮选槽上部入循环槽，经循环泵返回脱硫塔循环使用。

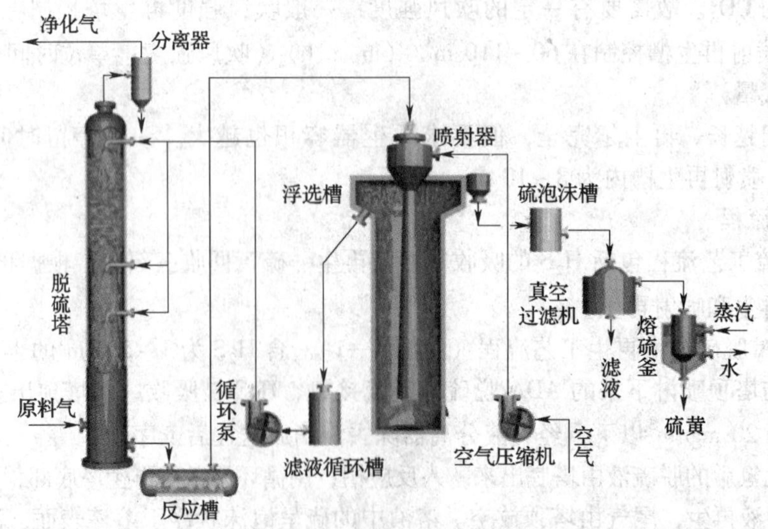

图 4—2　喷射再生法脱硫工艺流程示意图

4. 特点

ADA 法脱硫的优点是脱硫效率高，溶液无毒，硫黄回收率高；缺点是溶液组成较复杂，脱硫塔的填料层易被硫黄堵塞。

二、湿式氧化法脱硫主要设备

1. 脱硫塔

脱硫塔的作用是脱硫液脱除原料气中 H_2S 的反应空间。常用的脱硫塔有填料塔、旋流板塔和喷旋塔等。

（1）填料塔（见图 4—3）。塔体是钢板焊制而成的圆柱形设备，为防止堵塔，塔内现趋向于间隙较大的木条填料或用竹箅代替木条。国内有些直径 5 ~ 6 m 的大型塔，采用聚丙烯塑料鲍尔环，不易堵塞。

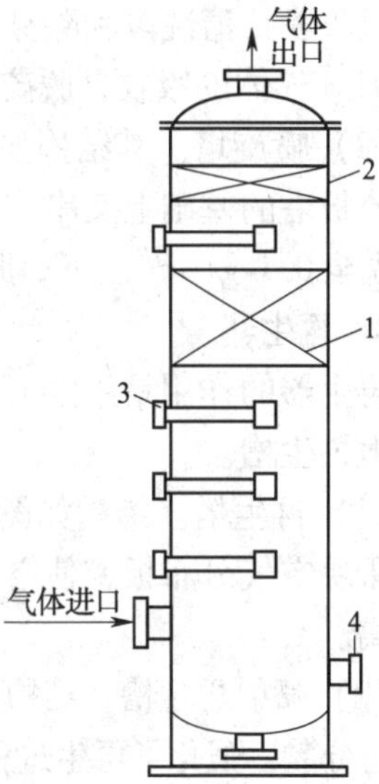

脱硫液经喷头喷入塔内，含 H_2S 的煤气由塔底入塔。脱硫后的净化气经捕沫器除去液滴后，由塔顶排出，富液由塔底流出。

图 4—3　填料塔剖视图

1—填料　2—除沫层

3—喷头　4—人孔

ADA 法脱硫时，采用下部是空塔的脱硫塔，以防堵塔，上部装木格或塑料环填料。大部分 H_2S 在下部空塔被脱除，上部填料塔作为精细脱硫。该塔直径 2. 2 m，高 26 m，填料高 3 m。

（2）旋流板塔。其结构如图 4—4 和图 4—5 所示。旋流板塔是一种高效脱硫塔，由塔

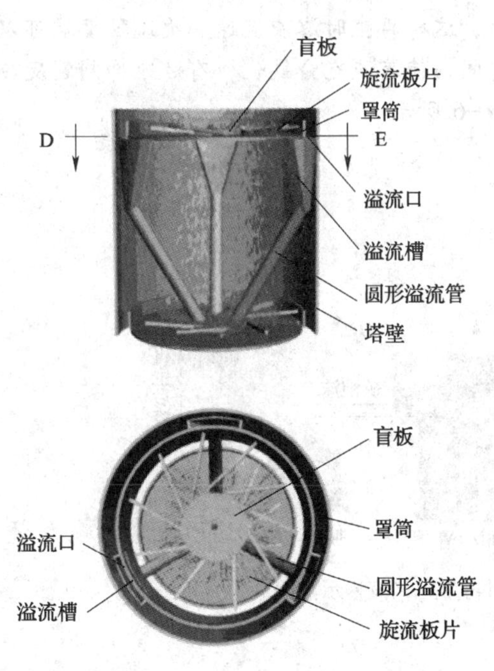

图 4—4　旋流板塔局部简图

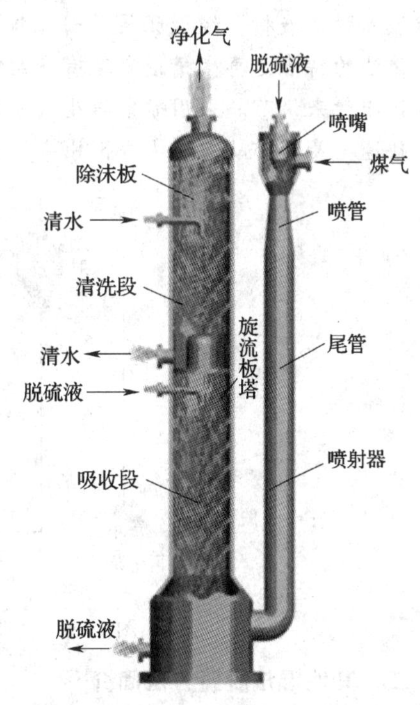

图 4—5　喷旋塔示意图

板、吸收段、清洗段和除雾板组成。塔内设有若干块旋流式塔板，气液接触面积增大，有利于对 H_2S 气体的吸收，脱硫效率高，适用于脱高硫。

（3）喷旋塔。其结构如图 4—5 所示。为进一步提高脱硫效率，适用于高硫煤气脱硫，在旋流板塔的基础上又串接了喷射器，进一步强化了吸收过程，提高了脱硫效率，使煤气中 H_2S 脱至 0.1 g/Nm^{3}以下，脱硫效率高达 99% 以上，一塔可顶三塔用。

2. 再生器

再生器的作用是用空气再生脱硫液，并将析出的硫黄浮选出来。常用的再生器有再生塔和喷射再生槽。

（1）再生塔。结构如图 4—2 中再生塔所示。由圆筒形塔体和顶部扩大部分组成。塔内有若干块空气分布板，使空气在溶液中分布均匀。扩大部分起降低空气流速，以利于硫泡沫的分离。

（2）喷射再生槽。结构如图 4—4 中喷射再生槽所示。由喷射器和浮选槽组成。气液两相被高速分散，强化了再生过程，缩短了再生时间，喷射再生槽结构简单紧凑，再生效率高。

【知识链接】

一、自吸式喷射再生工艺流程

近年来部分厂为降低电耗，取消空气压缩机，采用自吸式喷射再生流程。脱硫后的溶液经再生泵送至喷射器，高速通过喷嘴，形成射流，在吸引室产生局部负压吸入空气。此时气液两相立即被高度分散而处于湍动状态，使脱硫液得到再生，并析出单质硫，由再生槽底部进入槽内，硫泡沫浮在溶液表面，溢流至硫泡沫槽，经离心分离，熔硫后得到硫膏。再生后的溶液入脱硫液槽，经循环泵返回脱硫塔顶部循环使用。

该法的特点是再生槽顶安装有多组喷射器，这样再生时溶液流速和吹风强度就可以通过喷射器组数来调节。采用喷射再生可以在短时间内使溶液充分氧化，有效地抑制副反应的进行，快速把悬浮硫从溶液中分离出来。如图 4—6 所示：

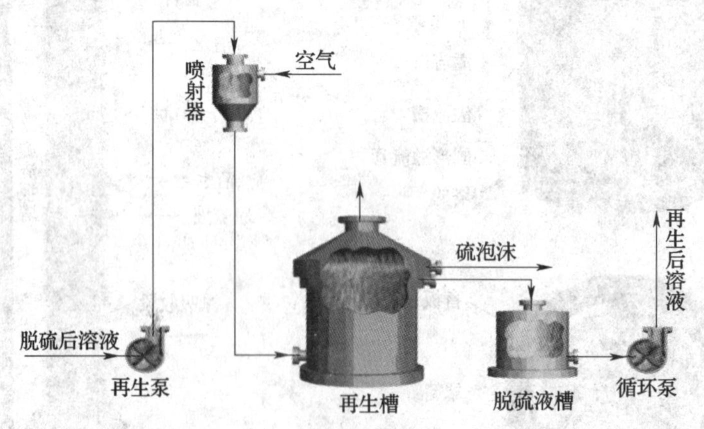

图 4—6　自吸式喷射再生工艺流程示意图

二、其他湿法脱硫方法简介

1. 氨水对苯二酚催化法

（1）脱硫原理：用含少量对苯二酚的稀氨水溶液脱除原料气中的 H_2S。

$$NH_4^+ + OH^- + H_2S \xlongequal{} NH_4HS + H_2O + Q \tag{4—10}$$

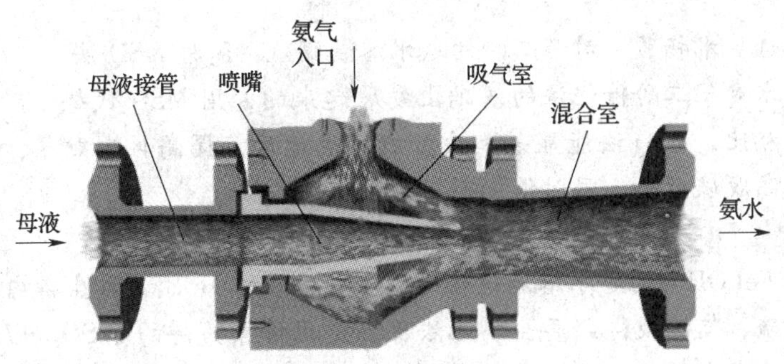

图 4—7 喷嘴剖视图

当原料气中含有 CO_2 和 HCN 时，也被氨水吸收，但在气液两相接触面积很大，接触时间很短的条件下，氨水吸收 H_2S 的速度比 CO_2 大 80 倍。

因此，脱硫过程增大气液接触面积，缩短接触时间，既能有效脱除 H_2S，又能减少气体中 CO_2 的损失。

(2) 再生反应：在再生塔内，对苯二酚在碱性溶液中被空气中的氧氧化生成苯醌。

$$\text{HO-C}_6\text{H}_4\text{-OH} + \frac{1}{2}O_2 = \text{O=C}_6\text{H}_4\text{=O} + H_2O \quad (4\text{—}11)$$

硫氢化铵在苯醌作用下氧化为单质硫：

$$NH_4HS + \text{O=C}_6\text{H}_4\text{=O} + H_2O = NH_4^+ + OH^- + S + \text{HO-C}_6\text{H}_4\text{-OH} \quad (4\text{—}12)$$

再生过程总反应为：

$$NH_4HS + \frac{1}{2}O_2 \xlongequal{\text{对苯二酚}} NH_4^+ + OH^- + S \quad (4\text{—}13)$$

生成的单质硫，呈泡沫状浮于液面，使溶液获得再生。

2. 栲胶法脱硫

栲胶法是中国广西化工研究所等单位于 1977 年研究成功的，是目前国内使用较多的一种脱硫方法。此法优点是气体净化度高，溶液硫容量大，硫回收率高，并且栲胶价廉易得，不易堵塔。

栲胶法与 ADA 法脱硫原理基本相同，只是用栲胶代替了溶液中的 ADA。栲胶是由植物的皮、果、叶及秆等水的萃取液熬制而成，主要成分是单宁，分子结构十分复杂，但大多是具有酚式结构和醌式结构的多羟基化合物。用于脱硫的栲胶属于水解类热溶栲胶，在碱性溶液中易氧化成醌类，已氧化的栲胶在还原过程中可被还原为酚类。栲胶法脱硫则利用这一原理。

3. MSQ 法

是用含硫酸锰－水杨酸－对苯二酚的氨水溶液脱硫，简称 MSQ 法。

该法是在氨水对苯二酚催化法的基础上发展起来的，用 MSQ 代替了对苯二酚。与氨水对苯二酚催化法相比，MSQ 法能显著加快溶液再生速度，提高再生效率，降低溶液中悬浮硫含量，从而提高脱硫效率，同时催化剂用量少，成本低。

4. 铁氨法

该法是用含 $Fe(OH)_3$ 的氨水溶液脱硫的，生成难溶的 Fe_2S_3，再生塔内，Fe_2S_3 被空气中的氧氧化为单质硫，使溶液得到再生。此法优点是用价廉易得的 $FeSO_4 \cdot 7H_2O$ 代替了昂贵的对苯二酚，生产成本低，脱硫效率高，但所得硫黄纯度差。

5. PDS 法

此法是用高效活性的 PDS 代替 ADA，PDS 的主要成分是双核酞菁钴磺酸盐，既能高效催化脱硫，又能催化再生，是一种多功能催化剂。

PDS 法的优点是高效脱除 H_2S 的同时，还能脱除 60% 左右的有机硫，生成硫黄颗粒大，便于分离，硫回收率高，不堵塔，成本低，PDS 无毒，脱硫液对设备无腐蚀，也可与 ADA 或栲胶配合使用。

6. KCA 法

KCA 法是我国广西化工研究所 1988 年开发成功的，并已用于工业生产。KCA 来源于野生植物，主要成分为焦性没食子酸和焦性萘酚的衍生物，是一种脱硫催化剂，溶于碱性水溶液中即为脱硫液，加入 $NaVO_3$ 脱硫性更强。

其优点是 KCA 法原料易得，价格低廉，脱硫效率高，脱硫液稳定，不存在堵塔问题，且腐蚀性小。

第三节　干法脱硫

干法脱硫是用固体脱硫剂脱除原料气中的硫化物的。从表 4—1 中可以看到，干法脱硫既能脱除硫化氢，又能脱除有机硫，但再生困难，硫黄难以回收，脱硫剂较昂贵，主要用于脱除有机硫和精细脱硫。

一、氧化锌法

1. 基本原理

（1）脱硫原理。氧化锌脱硫剂能直接吸收硫化氢和硫醇，生成硫化锌。

$$ZnO + H_2S = ZnS + H_2O \qquad (4—14)$$

$$ZnO + C_2H_5SH = ZnS + C_2H_5OH \qquad (4—15)$$

$$或\ ZnO + C_2H_5SH = ZnS + C_2H_4 + H_2O \qquad (4—16)$$

对 COS 和 CS_2 等有机硫，在氧化锌作用下，先转化为硫化氢，然后被氧化锌吸收。

$$COS + H_2 = H_2S + CO \qquad (4—17)$$

$$CS_2 + 4H_2 = 2H_2S + CH_4 \qquad (4—18)$$

对噻吩转化能力极低，也不能直接吸收，故氧化锌不能将有机硫全部脱除。

（2）反应速度。氧化锌吸收硫化氢的反应在常温下就可进行，而吸收有机硫的反应在较高温度下才能进行。

氧化锌脱硫的化学反应速度很快。而硫化物由脱硫剂外表面向毛细孔的内表面扩散速度较慢，是脱硫反应的控制步骤。故脱硫剂的粒度越小，孔隙率越大，有利于脱硫反应进行。同样，压力高也可提高反应速度和脱硫剂的利用率。

2. 氧化锌脱硫剂组成及性能

（1）组成。以 ZnO 为主体（80% 左右），添加少量 MnO_2、CuO、MgO 为助剂。其性能见表 4—2。

表 4—2　氧化锌脱硫剂的性能

型　号		T302Q	T304	T305	IC1324
外观		深灰色球	白色条	浅蓝色条	球
堆密度/（kg/L）		0.8 ~ 1.0	1.15 ~ 1.35	1.1 ~ 1.3	1.1
化学组成/%	MnO_2	80 ~ 85	≥90	≥95	—
	ZnO	6 ~ 8	6 ~ 8	—	—
	MgO	3 ~ 5	—	—	—
操作条件	温度/℃	200 ~ 350	350 ~ 380	200 ~ 400	350 ~ 450
	压力/MPa	2.8	4.0	0.1 ~ 4.0	0.1 ~ 5.0
备注		用于保护低变催化剂	用于液态烃高温脱硫	用于合成氨、甲醇厂脱硫	大型氨厂脱硫

（2）使用条件

1）使用前需要升温。氧化锌脱硫剂不需还原，升温后即可使用。但含二氧化锰时，使用前需经还原处理，将四价锰还原为二价锰。

$$MnO_2 + H_2 = MnO + H_2O + Q \qquad (4—19)$$

$$MnO_2 + CO = MnO + CO_2 + Q \qquad (4—20)$$

升温还原过程中，升温速度一般控制在 10 ~ 15℃/h。为排除脱硫剂中的吸附水，在 120℃时恒温 4 h，升至 160℃时开始还原，260℃时恒温 10 h，还原结束，将压力、温度、空间速度调至正常操作指标，投入生产。

卸出前只需降温降压即可，不需要钝化处理。

2）防中毒。氧化锌脱硫剂遇水易破碎，极易与油类、不饱和烃及砷、磷、硫的化合物作用而中毒。

3. 工艺操作条件的选择

（1）温度。提高温度，可加快脱硫速度，硫容量增加；但温度过高，脱硫能力下降。故脱除硫化氢时可控制在 200℃左右进行，脱除有机硫时在 350 ~ 400℃之间进行。

（2）压力。氧化锌脱硫的操作压力取决于原料气和脱硫工序在合成氨生产过程中的部位。

（3）硫容量。单位质量新的氧化锌脱硫剂吸收硫的量称为硫容量。例：15% 的硫容量是指 100 kg 脱硫剂吸收 15 kg 硫。硫容量不仅与脱硫剂本身性能有关，且与操作条件有关。温度降低，原料气空速与蒸汽含量增大，则硫容量降低。

4. 氧化锌法脱硫特点

氧化锌脱硫剂内表面积大，硫容量高，脱硫速度快，效率高，净化后气体中硫含量降至 $0.1\ cm^3/m^3$ 以下。但只能脱除硫化氢和一些简单的有机硫，对噻吩等复杂的有机硫无能为力，而且再生困难，价格昂贵，故只用做精细脱硫的手段。当原料气硫含量较高时，先采用湿法脱除大部分硫化氢，再串接氧化锌法。

5. 主要设备

氧化锌脱硫过程主要设备是脱硫槽，如图 4—8 所示，由钢板焊制而成的圆筒形设备，高径比 3∶1，内装氧化锌脱硫剂，上部设有气体分布器，下部有集气器。

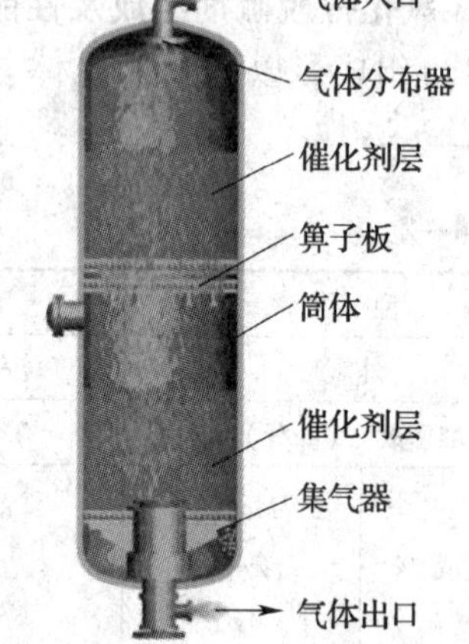

图 4—8　脱硫槽

二、钴钼加氢转化法

所有的有机硫化物在钴钼催化剂作用下，能全部转化成硫化氢，然后再串联氧化锌法脱除，故钴钼加氢转化法是脱除有机硫十分有效的预处理措施。天然气或轻油蒸汽转化法制取合成原料气的工厂，要求原料气中总硫含量小于 $0.2cm^3/m^3$，广泛采用钴钼加氢转化法串联氧化锌法脱硫。

1. 基本原理

$$R—SH + H_2 = RH + H_2S \tag{4—21}$$

$$R—S—R' + 2H_2 = RH + R'H + H_2S \tag{4—22}$$

$$C_4H_4S + 4H_2 = C_4H_{10} + H_2S \tag{4—23}$$

$$COS + H_2 = CO + H_2S \tag{4—24}$$

$$CS_2 + 4H_2 = CH_4 + 2H_2S \tag{4—25}$$

当原料气中含有 O_2、CO、CO_2时，常使用镍钼催化剂，以降低副反应的反应速度。

2. 钴钼催化剂的组成

主要成分是 MoO_3与 CoO 的混合物，载体是 Al_2O_3。一般呈灰绿色片状或条状。

3. 使用条件

使用前需硫化，高温下通入含 H_2S 或 CS_2和 H_2的气体，生成 MoS_2和 Co_9S_8。

$$MoO_3 + 2H_2S + H_2 = 3H_2O + MoS_2 \tag{4—26}$$

$$9CoO + 8H_2S + H_2 = 9H_2O + Co_9S_8 \tag{4—27}$$

4. 工艺操作条件选择

钴钼加氢转化的操作条件为：温度 350 ~ 450℃，压力 0.7 ~ 0.8 MPa，空间速度 500 ~ 1 500 h^{-1}，加氢量一般相当于维持反应后气体中残余 5% ~ 10% 的氢。

5. 工艺流程

钴钼加氢转化法通常与氧化锌法配合使用，其典型工艺流程如图 4—9 所示。

天然气或轻油与氢气混合后入预热炉，预热至 350 ~ 450℃后入一段氧化锌脱硫槽，再入二段脱硫槽。二段脱硫槽上层装钴钼催化剂，下层装氧化锌脱硫剂。

一段氧化锌脱硫剂的作用是除去硫化氢及易脱除的硫醇等有机硫，而噻吩等有机硫在钴钼催化剂层中加氢转化为硫化氢，然后被二段氧化锌吸收。若硫化氢含量少，可不设一段氧化锌脱硫槽。

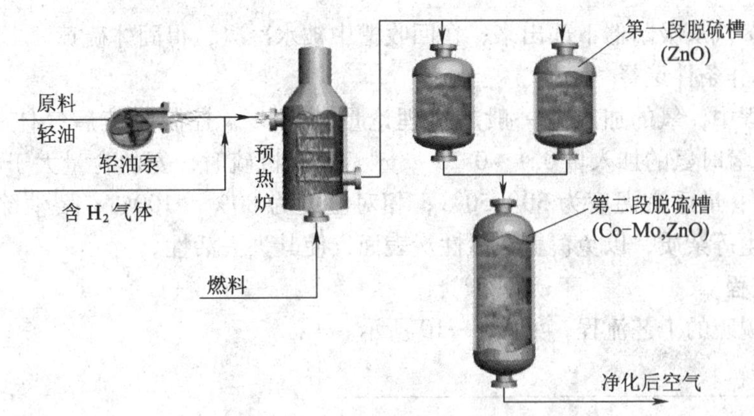

图 4—9　钴钼加氢—氧化锌脱硫工艺流程

【注意】

加氢所用的氢气不允许中断，否则不仅影响脱硫效果，高级烃也会发生裂解析碳，实际生产中，往往设置 2～3 个氢源。

钴钼加氢转化法的主要缺点是需要高温热源，能耗高，开车时间较长。目前一些常温精细脱硫工艺正在开发应用，如 COS 水解催化剂 T504 型，已广泛用于中小型氨厂。

三、活性炭法

活性炭法脱硫是应用已久的一种脱硫方法。能有效脱除原料气中的 H_2S 及有机硫，硫容量大，脱硫效率高，脱硫反应常温下即可进行，反应速度快，制备活性炭的原料来源广，并可再生，可回收高纯度硫黄。

1. 基本原理

活性炭兼有催化剂和吸附两种作用，当在原料气中加入少量 O_2 和气氨后，通过活性炭层时，在氨和活性炭催化作用下，H_2S 被 O_2 氧化成单质硫。并被吸附在活性炭表面上。

$$2H_2S + O_2 = 2H_2O + 2S \tag{4—28}$$

COS、RSH 在活性炭表面催化氧化生成单质硫或化合态硫，并被活性炭吸附。

$$2COS + O_2 = 2CO_2 + S \tag{4—29}$$

$$4CH_3SH + O_2 = 2CH_3SSCH_3 + 2H_2O \tag{4—30}$$

CS_2、C_4H_4S 等能被活性炭直接吸附。

在脱硫的过程中，部分氨与气体中 CO_2、H_2S 及 O_2 作用，生成碳酸铵和硫酸铵覆盖在活性炭表面，使其活性降低。

近年来研究发现，在活性炭中添加助剂能显著提高活性炭的硫容量及脱硫效率。一般助剂有铁、锰、铜、银、钴、镍及碘等元素的化合物，其中铁的氧化物价格低廉，且效果好，为活性炭中常用的助剂之一。如当活性炭中含 0.3%～1.5% 氧化铁时，硫容量将提高 15% 左右。

2. 活性炭再生

活性炭吸附硫的能力很强，硫容量可达到本身质量的 150%。实际上达到 70%～80% 时，脱硫效率则降低，阻力增加，需进行再生。目前一般采用过热蒸汽法再生（用饱和蒸汽经电加热器加热至 400～500℃）。过热蒸汽由吸附器上部进入活性炭层，在高温下硫黄解吸、升化，随蒸汽从吸附器下部出来，在回收槽中被水冷凝，得固体硫黄。

3. 工艺操作条件选择

在脱硫过程中，氧的加入量一般超过理论量的50%，控制脱硫后气体中氧含量小于0.2%；脱硫化氢时氨的加入量0.1～0.25 g/m^3，脱有机硫时，氨的含量大于气体中有机硫含量的2～3倍；最适宜温度为30～50℃；相对湿度为80%～100%；要清除气体中焦油、苯、液滴、灰尘等杂质，以免覆盖在活性炭表面，使其失去活性。

4. 工艺流程

活性炭法脱硫的工艺流程，如图4—10所示。

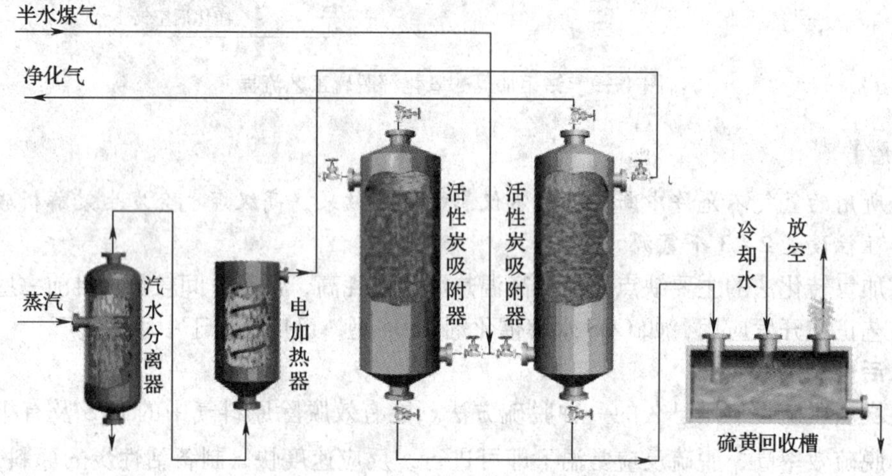

图4—10　活性炭法脱硫的工艺流程

含有少量氨和氧的半水煤气自下而上通过活性炭吸附器，硫化物被活性炭所吸附，脱硫后的净化气从吸附器顶部引出。再生时，由锅炉来的饱和蒸汽经电加热器加热至400℃左右，由上而下通过活性炭层，使硫黄熔融、升华后随蒸汽由吸附器底部出来，在硫黄回收槽中被水冷却沉淀，得到副产硫黄。

实训六　湿式氧化法脱硫生产操作实训

以ADA高塔再生法脱硫为例。

一、冷态开车操作

1. 开车前的准备

(1) 对照图纸，检查各设备、管道、阀门、分析取样点及电器、仪表等至正常完好；

(2) 检查系统内所有阀门开关位置符合开车要求；

(3) 运转设备的单体（罗茨鼓风机、贫液泵、富液泵）试车合格；公用工程系统投入运行。

2. 系统吹扫

用压缩机送空气，产生高速气流分段吹扫。

(1) 吹扫前按气、液流程，依次拆开与设备、阀门连接的法兰，吹除物由此排放。吹净一段后，紧好法兰继续往后吹净，直至全系统吹净为止。对放空管、排污管、分析取样管和仪表管线都要吹洗；

（2）脱硫液喷头及进口管线吹扫时，用空气将脱硫塔内压力提高至0.8～1 MPa，进行倒吹，以免杂物将喷头堵塞。

3. 装填料

木格填料应按规定高度自下而上分层装填，每两层之间的夹角为45°，顶层木格要进行固定，以免开车时气流将木格吹翻（装瓷环填料时，要注意轻拿轻放。应先向塔内注满水，将瓷环从人孔装入，装至规定高度后，将水面漂浮的杂物捞出，把水放净，瓷环表面扒平，即可封闭人孔）。

4. 水压试验

（1）关闭排放阀，开系统所有放空阀，向塔内加清水，当放空管有水溢出时关闭放空阀；

（2）用水压机向系统内打压，使系统压力控制在操作压力的1.25倍，在此压力下对设备及管道进行检查。发现泄漏，做下记号，卸压后处理，直至无泄漏。

5. 气密试验

（1）用压缩机向系统送空气，并逐渐将压力提高至操作压力的1.05倍；

（2）用肥皂水对所有法兰、焊缝进行涂抹查漏，发现泄漏，做下记号，卸压后处理，直至无泄漏。然后保压30 min，压力不下降为合格，最后将气体放空。

6. 运转设备的联动试车和系统水洗

（1）用压缩机将脱硫塔压力升至操作压力；

（2）在循环槽内装满清水；

（3）启动溶液循环泵，使清水按正常生产时的溶液流程循环起来，观察溶液泵运转、阀门和仪表是否正常；

（4）在联动试车的同时，对系统进行水洗，除去固体杂质。当循环水中总固体含量小于0.05 g/kg时，停止水洗和联动试车，将水排净。

7. 碱水洗及木格填料脱脂

为了除去设备中的油污和铁锈，要进行碱水洗涤。若用木格填料，需要进行脱脂处理。

（1）启动溶液泵，用5%的碳酸钠溶液在系统内连续循环18～24 h；

（2）用软水清洗直至水中含碱量小于0.01%为合格；

（3）先用水清洗木格填料表面的油污；

（4）用5%的碳酸钠溶液，按正常生产时流程进行循环脱脂，对填料段的喷淋密度要适当加大，当循环液中脂含量不再增加、碱浓度不再下降时脱脂合格。

8. 脱硫液的制备

新鲜脱硫液的制备在溶液地下槽进行。

（1）根据每次所用软水量按比例计算出各组分加入量，一次加入；

（2）用压缩空气进行搅拌至各组分完全溶解；

（3）用泵打入溶液循环槽，至循环槽、脱硫塔、再生塔建立正常液位为止。

9. 系统置换

（1）排净气柜出口水封积水，由气柜送惰性气体进行置换，直至系统内氧含量小于0.5%为止。置换时，塔系统的溶液管线要充满溶液，并使塔建立正常液位，以免形成死角。

（2）惰性气体置换合格后，再用原料气将系统内的惰性气体置换掉。

二、热态开车操作

1. 用原料气向脱硫塔内充压至操作压力；

2. 启动溶液循环泵，使循环液按生产流程运转；

3. 启动空气压缩机，向塔内送空气；

4. 调节塔顶喷淋量及液位调节器，使喷淋量及液面保持生产规定要求；

5. 系统运转稳定后，导入原料气，并用放空阀调节系统压力；

6. 当塔内的原料气成分符合要求时，即可投入正常生产。

三、正常操作管理

1. 保证脱硫液成分符合指标

根据脱硫液分析数据，及时补加碳酸钠、ADA、偏钒酸钠、酒石酸钾钠等，保证脱硫液的成分符合工艺指标。

2. 保证脱硫液质量

控制好再生空气用量和再生温度，使脱硫液氧化再生完全。同时保持再生器液面上的硫泡沫溢流正常，降低脱硫液中的悬浮硫含量，保证脱硫液质量。

3. 保证半水煤气脱硫效果

根据半水煤气流量及硫化氢含量的变化，及时调节液气比，必要时可适当提高脱硫液中碳酸钠和偏钒酸钠含量，以保证脱硫效率。

4. 保持贫液槽和富液槽液位正常

防止半贫液泵和富液泵抽负、抽空。

5. 保持脱硫塔和清洗塔的液位

液位不可过高或过低，防止气体带液或跑气。

6. ADA 法脱硫正常操作工艺指标（见表 4—3）

表 4—3　ADA 法脱硫正常工艺操作指标

项目		吸收压力/MPa	
		常　压	1.2
脱硫溶液成分	总碱度/（mol/L）	0.2	0.5
	$NaHCO_3$/（g/L）	25	60 ~ 80
	Na_2CO_3/（g/L）	5	7 ~ 10
	ADA/（g/L）	5	10
	$NaVO_3$/（g/L）	2	5
	$KNaC_4H_4O_6$/（g/L）	1	2
煤气空塔速度/（m/s）		0.5 ~ 0.75	0.1 ~ 0.15
溶液喷淋密度		>27.5	>25
吸收温度/℃		30 ~ 40	30 ~ 45
溶液在反应槽内停留时间/min		5	6
溶液在再生塔内停留时间/min		25 ~ 30	25 ~ 30
再生塔吹风强度/（$m^3 \cdot m^{-2} \cdot h^{-1}$）		>70	80 ~ 120

续表

项目		吸收压力/MPa	
		常　压	1.2
进塔煤气硫化氢含量/（g/m^3）		4～5	0.6～2.5
出塔煤气硫化氢含量/（g/m^3）		<0.2	<0.1
溶液硫容量（以硫化氢计）/（g/L）		～0.7	～1.0
消耗定额	Na_2CO_3/（g/kg）	22～26	21～24
	$NaVO_3$/（g/kg）	2～2.6	1.2～1.6
	ADA/（g/kg）	8～9.5	4～6
	$KNaC_4H_4O_6$/（g/kg）	2～2.6	0.8～1.2

7. 异常现象及处理（见表4—4）

表4—4　　异常现象及处理

序号	异常现象	原因	处理方法
1	脱硫后气体中硫化氢含量高	（1）入系统原料气中硫化氢含量高 （2）脱硫液循环量低 （3）脱硫液成分不当 （4）入脱硫塔半水煤气或贫液温度高 （5）脱硫液再生效率低或悬浮硫含量高 （6）脱硫塔内气液偏流	（1）加大溶液循环量，并增加溶液的碳酸钠含量 （2）加大脱硫液循环量 （3）调整脱硫液成分，使其在指标要求范围内 （4）加大清洗冷却塔循环水量，或加大溶液冷却器水量 （5）检修喷射器，加大再生槽硫泡沫溢流 （6）检查清理脱硫塔喷嘴及填料
2	脱硫塔顶带液	（1）脱硫塔液位过高 （2）脱硫液循环量过大 （3）原料气量过大 （4）塔内填料或塔顶溶液分布器堵塞 （5）塔顶溶液喷管腐蚀穿孔	（1）调节液位 （2）减少溶液循环量 （3）降低生产负荷，减少原料气量 （4）停车卸出清洗 （5）停车修理
3	再生喷射器倒液	富液泵抽空或跳闸	迅速通知泵房处理，同时关闭出口阀
4	再生效率低	（1）再生吹风强度不够 （2）溶液在再生器停留时间短 （3）再生温度低 （4）溶液组分浓度过低或有杂质	（1）提高吹风强度 （2）延长再生时间 （3）提高再生温度 （4）提高溶液组分浓度，清除溶液中杂质
5	脱硫塔系统阻力大	（1）填料坍塌 （2）填料堵塞	（1）停车更换填料 （2）停车取出填料清洗

三、停车操作

1. 临时停车

（1）通知前后工序，停止向系统补充脱硫液，停止送气及导气；

（2）开近路阀，关闭系统进出口阀及设备进出口阀；

（3）按正常停车步骤停罗茨鼓风机，关闭进口阀。

系统临时停车后，保持塔内压力和液位，做好开车准备。

2. 紧急停车

（1）立即与压缩工序联系，停止送气；

（2）按停车按钮，停罗茨鼓风机，迅速关出口阀。然后按临时停车处理。

3. 正常停车

（1）按临时停车步骤停车；

（2）开系统放空阀，卸掉系统压力；

（3）将系统内溶液排放至溶液储槽，用清水洗净；

（4）用惰性气体置换系统，当置换气中一氧化碳和氢的总量小于5%，氧含量小于0.5%时为合格；

（5）用空气置换脱硫系统，当置换气中氧含量大于20%时为合格。

思考练习题

1. 合成氨原料气为什么要进行脱硫?
2. 合成氨原料气中硫化物的存在形式有哪些?
3. 脱硫方法如何分类? 何谓干法脱硫?
4. ADA 脱硫的基本原理是什么?
5. ADA 脱硫液的组成有哪些? 各起什么作用?
6. ADA 脱硫法中，再生空气的作用有哪些?
7. ADA 脱硫的工艺流程包括哪三部分?
8. 氧化锌脱硫的基本原理是什么?
9. 钴钼加氢转化法的基本原理是什么?
10. 活性炭脱硫的基本原理是什么?

第五章　一氧化碳的变换

学习目标

1. 了解一氧化碳变换在合成氨生产中的作用。
2. 掌握变换反应原理及催化剂的使用条件。
3. 熟悉中温变换、中变串低变、全低温变换、中低低变换工艺流程及主要设备的结构及作用，并能简单分析各种流程工艺条件的选择。
4. 熟悉一氧化碳中温变换工序工艺操作要点。

第一节　一氧化碳变换原理

以固体、液体或气体燃料为原料，制取的合成氨原料气中，均含有12%～40%的一氧化碳（体积分数），一氧化碳不仅不是合成氨所需的直接原料，且对氨合成催化剂有毒害，故原料气送往合成工序之前必须将一氧化碳彻底脱除。

要脱除原料气中大量的一氧化碳是比较困难的，通常一氧化碳的脱除分两步进行。首先，在变换工序，利用一氧化碳与水蒸气作用，生成氢和二氧化碳的变换反应，除去大部分一氧化碳，此过程称为一氧化碳变换。然后，在精制工序，再采用铜氨液洗涤法、甲烷化法或液氮洗涤法等，脱除变换气中残余的少量一氧化碳。一氧化碳变换反应既能把一氧化碳转变为易于脱除的二氧化碳，同时又可制得等体积的氢，因此一氧化碳变换既是原料气的净化过程，又是原料气制造的继续。

在生产中，一氧化碳变换反应必须在催化剂作用下才能进行，根据变换所用催化剂活性温度的不同可分为中温变换和低温变换。中温变换铁铬系催化剂的活性温度为350～550℃，可将原料气中的一氧化碳降至3%左右；低温变换铜锌系催化剂其活性温度为180～260℃，可将残余一氧化碳降至0.3%左右。

近年来，随着高活性耐硫变换催化剂的开发利用，变换工艺由过去单纯的中温变换、低温变换，发展到目前的中变串低变、全低低、中低低变换等多种新工艺。

一、一氧化碳变换基本原理

$$CO + H_2O_{(g)} \rightleftharpoons H_2 + CO_2 + 42.1\ \text{kJ} \qquad (5—1)$$

反应特点是可逆的、放热的、气体体积不变的反应，且反应速度很慢，只有在催化剂作用下反应才能较快进行。生产中应充分回收利用反应热，以降低能耗。

二、变换反应的化学平衡

1. 平衡常数 K_p

平衡常数表示反应达到平衡时，生成物与反应物之间的数量关系，是衡量化学反应进行程度的标志。K_p 越大，则说明一氧化碳转化越完全，达到平衡时残余的一氧化碳量越少。

由于变换反应是放热的，降低温度有利于平衡向右移动，平衡常数增大。

2. 变换率

（1）变换率（X）。已变换的一氧化碳量与变换前的一氧化碳量的百分比率，它表示一氧化碳变换的程度。故实际生产中，应最大可能地提高一氧化碳变换率。

（2）平衡变换率（X^*）。一定条件下，变换反应达平衡时的变换率，它是该条件下变换率的最大值。在生产中，由于反应不可能达到平衡，故实际变换率总是小于平衡变换率。

由反应（5—1）可知，每变换掉1体积的一氧化碳，可生成1体积的二氧化碳和1体积的氢，因此变换气的体积（干基）等于变换前气体的体积加上被变换掉的一氧化碳的体积。

3. 影响一氧化碳变换化学平衡的因素

（1）温度。因CO变换反应是放热反应，降低温度，有利于反应向右进行，平衡变换率增大，变换气中残余的一氧化碳含量则减少。

（2）汽气比。是指水蒸气与原料气中一氧化碳物质的量比，实际生产中汽气比是指入变换炉蒸汽量与干原料气的体积之比，它表示水蒸气的用量。

增加汽气比，有利于CO变换反应向右进行，平衡变换率增大，变换气中残余一氧化碳含量降低。故实际生产中，总是加入过量水蒸气，以提高变换率。但汽气比过大，变换率增大并不显著，却增大了蒸汽消耗，还会使催化剂层温度难以维持。

（3）CO_2的浓度。在变换过程中，若将生成的CO_2及时除去，可使平衡向右移动，从而提高变换率。故：在生产中采取的措施是将中变后的原料气先送去脱碳，然后再返回变换工序进行低温变换。

三、变换反应机理

CO变换反应的发生，首先使蒸汽分子中的氧与氢键断开，裂生成［O］，然后［O］重新排列到一氧化碳分子中而生成二氧化碳，而H原子两两相互结合为H_2。因H_2O分子中的O—H键的键能很大，要使两个O—H键断开，需要供给相当大的能量，因而变换反应的进行是比较困难的，反应速度极其缓慢。

当有催化剂存在时，反应按下述两步进行：

$$[K] + H_2O_{(g)} \longrightarrow K[O] + H_2 \tag{5—2}$$

$$K[O] + CO \longrightarrow [K] + CO_2 \tag{5—3}$$

式中，［K］表示催化剂，K［O］表示中间化合物。即水分子首先被催化剂的活性表面所吸附，并分解成氢原子和吸附态的氧原子。H原子两两结合生成H_2分子进入气相，氧原子在催化剂表面形成氧原子吸附层。当一氧化碳撞击到氧原子吸附层时，被氧化生成二氧化碳，然后离开催化剂表面进入气相。然后，催化剂表面又吸附新的水分子，反应继续下去。

在反应过程中，催化剂能改变反应进行的途径，降低反应所需的能量，加快反应速度，缩短达到平衡的时间，但不能改变反应的化学平衡，反应前后催化剂的数量和化学性质不变。

第二节　一氧化碳变换催化剂

一、中温变换催化剂

中温变换目前生产中常用的是铁铬系催化剂。

1. 组成及性能

主要成分是 Fe_2O_3，含量约 75% ~90%，其活性组分是 Fe_3O_4，耐热载体 Cr_2O_3，约含 7% ~13% 和少量助催化剂 MgO、K_2O、CaO 等。

氧化铁还原成四氧化三铁后能加快 CO 变换反应速度；三氧化二铬能抑制四氧化三铁再结晶，使催化剂形成更多的微孔结构，提高催化剂的耐热性和机械强度，延长其使用寿命；MgO 能提高催化剂耐热性及耐硫性。K_2O、CaO 能提高催化剂的活性。中温变换催化剂的性能和使用条件见表 5—1。

表 5—1　　国产中温变换铁铬系催化剂的型号、性能

型号		B109	B110—2	B111	B113	B117	B121
物理性质	外观	棕褐片状	棕褐片状	棕褐片状	棕褐片状	棕褐片状	棕褐片状
	尺寸/mm	$\phi9\times6$	$\phi9\times6$		$\phi9\times5$	ϕ（9~9.5）×（7~9）	$\phi9\times6$
	堆密度（kg/L）	1.3~1.5	1.4~1.6	1.5~1.6			1.35~1.55
	比表面积(m^2/g)	36	35	50	74	—	—
	孔隙率/%	40	—	—	45	—	—
适用场合		低温性能好，蒸汽消耗低	强度、活性均好，适用于凯洛格型氨厂	耐硫性能好，适用于重油制氨流程	广泛应用于大中小型氨厂	低铬	无铬

2. 使用条件

（1）使用前需要还原。因主要成分三氧化二铁对 CO 变换反应无催化作用，还原成四氧化三铁后才具有催化活性。通常用煤气中的氢和一氧化碳作还原剂进行还原。

$$3Fe_2O_3 + CO \xlongequal{} 2Fe_3O_4 + CO_2 + 50.8\ kJ \tag{5—4}$$

$$3Fe_2O_3 + H_2 \xlongequal{} 2Fe_3O_4 + H_2O + 9.6\ kJ \tag{5—5}$$

还原过程中控制条件：①起始温度 200℃左右；②严格控制 H_2和 CO 的加入量，避免温度急剧上升，影响催化剂的活性及使用寿命；③要加入适量水蒸气。若还原气中水蒸气少，四氧化三铁将进一步还原成单质铁，发生过度还原现象；④防止催化剂中的硫酸根被还原成硫化氢而放硫，使后工序低变催化剂中毒。

（2）还原后的催化剂与空气接触前需要钝化。还原后的活性组分四氧化三铁在 50 ~60℃以上极不稳定，遇氧即被氧化，

$$4Fe_3O_4 + O_2 \xlongequal{} 6Fe_2O_3 + 466\ kJ \tag{5—6}$$

氧化反应放出大量的热，会使催化剂超温，甚至烧结。因此，在生产过程中应严格控制

原料气中的氧含量，在系统停工检修卸出催化剂之前，要先通入少量氧气使催化剂缓慢氧化，在其表面形成一层氧化铁保护膜的过程称为催化剂的钝化。

钝化的方法：用蒸汽或氮气，将催化剂温度降低后，配入少量空气进行钝化。

（3）防中毒。在 CO 变换生产中，主要是原料气中的硫化物引起催化剂中毒，使其活性下降，反应如下：

$$Fe_3O_4 + 3H_2S + H_2 \rightleftharpoons 3FeS + 4H_2O + Q \qquad (5—7)$$

因 CO 变换过程中大部分有机硫转化为硫化氢，对催化剂毒害很大，但硫中毒属于暂时性中毒，当增大水蒸气用量、降低原料气中硫化氢含量时，催化剂的活性能逐步恢复。这种暂时中毒若反复进行，会引起催化剂最终活性下降。

原料气中的灰尘及蒸汽中的无机盐等，均会使铁催化剂的活性显著下降而造成永久性中毒。

（4）防衰老。催化剂经长期使用后活性逐渐下降的现象称为衰老。催化剂的衰老是不避免的。

引起催化剂衰老的原因有：长期处在高温下或温度波动大，催化剂过热逐渐变质或熔融；气流不断冲刷，表面积下降，活性下降而衰老。

3. 特点

铁铬系催化剂的活性高，机械强度好，耐热性好，使用寿命长，成本低，缺点是抗硫性差，活性温度高。

二、低温变换催化剂

低温变换目前生产中常用的是铜锌系催化剂。

1. 组成及性能

主要成分是 CuO，活性组分是铜结晶，耐热载体为 ZnO、Al_2O_3 和 Cr_2O_3。其载体的作用是将铜微晶有效分开，防止长大，提高催化剂活性和稳定性。因为纯金属铜在操作温度下极易烧结，比表面积下降，活性降低，使用寿命缩短。

根据组成不同，低变催化剂可分为铜锌、铜锌铝、铜锌铬三种，其中铜锌铝型性能最好，生产成本低，且对人无毒害。

几种低温变换铜锌系催化剂的主要性能见表 5—2。

表 5—2　　低温变换铜锌系催化剂的性能

国别			中国	英国	美国
型号			B202	IC152－1	G－66B
主要成分			CuO、ZnO、Al_2O_3	CuO、ZnO、Al_2O_3	CuO、ZnO
物理性能	规格/mm		片剂，$\phi5\times5$	圆柱体，$\phi5.4\times3.6$	圆柱体，$\phi4.8\times4.8$
	堆积密度/（g/m^3）		1.3～1.4	0.8～0.9	1.36～1.44
操作条件	温度/℃		180～260	200～260	190～270
	压力/MPa		常压～3	0.6～2.5	0.6～2.5
	空速/h^{-1}（2 MPa）		1 000～2 000	900～6 500	2 000～5 000
	CO 含量/%	入口	2～4	2～4	—
		出口	<0.4	0.2～0.4	<0.4
	H_2S 允许含量/（cm^3/m^3）		<1	<1	<1

2. 使用条件

（1）使用前需要还原。因铜锌系催化剂的主要成分氧化铜对 CO 变换反应无催化活性，需还原成单质铜才具有催化活性。通常用原料气中的氢或一氧化碳作还原剂。在还原过程中需严格控制还原条件，将催化剂层温度控制在 230℃以下。

$$CuO + H_2 \xlongequal{} Cu + H_2O + 86.6\ kJ \quad (5—8)$$

$$CuO + CO \xlongequal{} Cu + CO_2 + 127.6\ kJ \quad (5—9)$$

（2）还原后的铜催化剂与空气接触前必须钝化。因还原后的活性组分金属铜与大量空气接触，会发生氧化，放出的热使催化剂超温烧结，故需要先钝化。

$$Cu + \frac{1}{2}O_2 \xlongequal{} CuO + 155.2\ kJ \quad (5—10)$$

钝化的方法是用 N_2 或水蒸气将催化剂温度降至 150℃左右，再配入 0.3% 氧，在温升不大情况下，逐渐提高氧的浓度，直至全部切换成空气时钝化结束。

（3）防中毒

1）硫化物。低变催化剂对硫化物极为敏感，各种形态的硫均可与铜发生反应而使其永久性中毒。

硫化物主要来自原料气和中变催化剂的“放硫”，故必须对原料气精脱硫，使总硫量小于 1×10^{-6}。一般低变炉上部装有氧化锌，用来进一步脱硫。

2）氯化物。氯化物对低变催化剂的毒害作用比硫化物大 5 ~ 10 倍，它能破坏催化剂的结构而造成严重失活。

氯主要来自水蒸气或冷凝水，故要求水蒸气中氯含量小于 0.03×10^{-6}。

3）冷凝水。蒸汽冷凝水可直接破坏催化剂结构，此外造气和中温变换过程中可生成氨，溶于冷凝水形成氨水，与铜生成铜氨配合物，导致催化剂活性下降。

为避免变换系统的水蒸气生成冷凝水，低变温度一定要高于该条件下气体的露点温度。

3. 特点

低温变换催化剂的活性温度低，但活性温度范围窄，抗硫性能差。

【知识链接】

耐硫宽温变换钴钼催化剂

1. 组成与性能

主要成分是 CoO 和 MoO_3 的混合物，载体是 Al_2O_3，助剂是 MgO、ZnO 等。

常用的几种耐硫宽温变换钴钼催化剂的性能见表 5—3。

2. 使用条件

（1）使用前需要硫化。钴钼系催化剂中的氧化钴和氧化钼活性低，需将其转化为硫化钴和硫化钼后才具有较高活性，此过程称为硫化。

工业上一般采用干半水煤气中加二硫化碳作为硫化剂，当催化剂的温度升至 200℃时，二硫化碳氢解生成硫化氢，进行硫化，控制床层温度不低于 250℃，直至入出口气体中硫化氢含量基本相同时硫化结束。

硫化反应是放热的，因此气体中硫化物的浓度不宜过高，以免催化剂超温。一般二硫化碳用量每立方米催化剂 150 kg。

表 5—3　　耐硫宽温变换钴钼催化剂的性能

国别		中国		德国	丹麦	美国
型号		B301	QCS－04	K8－11	SSK	C25－4－02
化学组成/%	CoO	2～5	1.8±0.3	约1.5	约3.0	约3.0
	MoO	6～11	8.0±1.0	约10.0	约10.0	约12.0
	K_2O_3	适量	适量	适量	适量	适量
	Al_2O_3	余量	余量	余量	余量	余量
	其他	—	—	—	—	加稀土元素
物理性能	颜色	蓝灰	浅绿	绿	墨绿	黑
	规格/mm	φ5×5 条状	长 8～12 φ3.5×4.5	φ4×10 条状	φ3～5 球	φ3×10 条状
	堆密度（kg/L）	1.2～1.3	0.75～0.88	0.75	1.0	0.7
	比表面积	148（m^2/g）	≥60	150	79	122
使用温度/℃		210～500	—	280～500	250～475	270～500

硫化反应是可逆的，在一定温度、蒸汽量和硫化氢浓度下，活性组分硫化钴和硫化钼发生水解，转化为氧化态并放出硫化氢，即发生反硫化反应。反硫化反应会使催化剂活性下降，故正常操作时原料气中应有一最低的硫化氢含量。

（2）防中毒。变换过程中半水煤气中的氧会使耐硫钴钼催化剂缓慢发生硫酸盐化而导致低温活性丧失，故催化剂前要设置一层保护剂及除氧剂（抗毒剂），以避免氧等杂质进入催化剂层，使其活性下降。

此外，水及油污也会使钴钼催化剂失活。当催化剂层温度过高，汽气比高，硫化氢浓度低时，催化剂会出现反硫化反应。

当催化剂由于硫酸盐化和反硫化失活时，可在一定温度和硫化氢浓度下，重新硫化复活。当钴钼催化剂上沉积高分子物质时，可用空气与惰性气体或水蒸气的混合物将催化剂氧化后，重新硫化使用。

3. 特点

（1）活性温度范围宽。在 180～500℃的范围均有较好活性，且使用温度比铁铬系催化剂低 130℃以上，故又称为宽温变换催化剂。

（2）耐硫性好。可使有机硫转化为 H_2S，且可耐每立方米（标态）总硫含量高达几十克的原料气。在以重油、煤为原料制取合成氨原料气时，使用钴钼中温变换催化剂，可将含硫原料气直接进行变换，再经脱硫、脱碳（也可同时脱硫脱碳），使流程简化，降低了蒸汽消耗。

（3）强度高、使用寿命长。遇水不粉化，使用寿命一般为 5 年左右。缺点是价格昂贵，使用受到限制。

第三节　一氧化碳变换工艺操作条件选择

一、中温变换工艺操作条件选择

1. 温度

因 CO 变换是可逆放热反应，温度对反应速度常数 K_i 和化学平衡常数 K_p 的影响是相反的，且反应速度常数 K_i 与平衡常数 K_p 随温度变化的速度也不相同，在低温时，随着温度的升高，速度常数 K_i 增大的倍数多，而平衡常数 K_p 降低的倍数小，故在低温时，随着温度的增加，反应速度加快。当温度继续升高至某一温度 T_m 时，速度常数 K_i 增大的倍数与平衡常数 K_p 降低的倍数达到相等，此时，变换反应速度达到最大值，再升高温度，速度常数 K_i 增大的倍数小，而平衡常数 K_p 降低的倍数大，此时随着温度的增加，反应速度降低。总之，反应速度从升高到降低出现一最大值，故可逆放热反应存在最适宜温度。即在气体组成和催化剂一定条件下，对应最大反应速度时的温度称该条件下的最适宜温度。如图 5—1 中所示的 T_m。

最适宜温度存在的原因是由于可逆放热反应的速度常数随着温度的升高而增大，而平衡常数随温度的升高而减小这一矛盾造成的。

随着变换反应的进行，气体组成不断发生着变化，每一瞬间都有对应着该气体组成的最适宜温度，因此最适宜温度也在变化。把不同变换率时的最适宜温度的各个点连起来所组成的曲线，称为最适宜温度曲线。图 5—2 中的 *CD* 线即为最适宜温度曲线，*AB* 线为平衡曲线。最适宜温度曲线一般比平衡曲线低几十度。

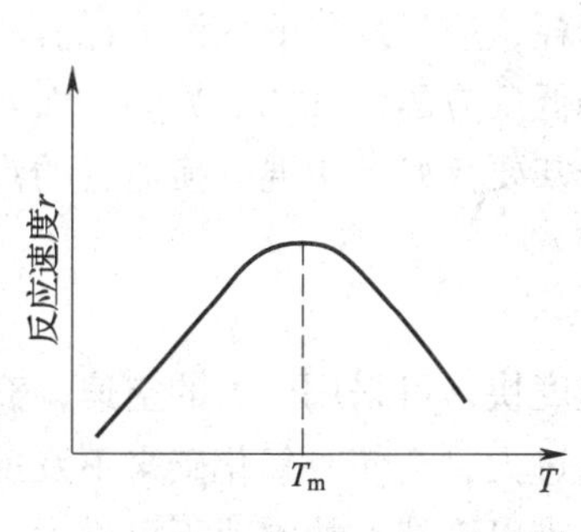

图 5—1　最适宜温度示意图

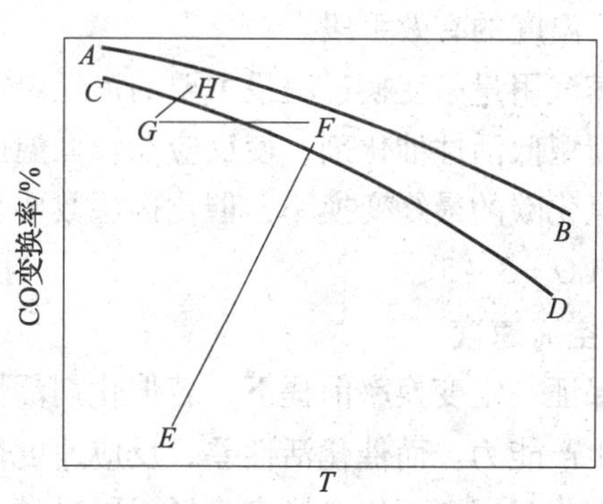

图 5—2　二段中间间接冷却式变换示意图

变换过程如果始终能按最适宜温度曲线进行，则反应速度最快，催化剂的生产强度最高，在相同生产能力下所需催化剂用量最少。但实际生产中完全按最适宜温度曲线操作是不可能实现的，因随着反应的进行，要不断地、准确地按照最适宜温度需要移出反应热是极为困难的。同时在反应开始时，最适宜温度大大超过催化剂的耐热温度。故变换过程温度应综合各方面因素来确定。实际生产中确定中温变换操作温度的主要原则为：

（1）操作温度必须控制在催化剂的活性温度范围内。

（2）尽可能使反应在接近最适宜温度曲线条件下进行。由于最适宜温度随着变换率的升高而下降，故随着反应的进行，需要移出反应热，降低反应温度。工业上采用的方法是把催化剂分成若干段，段间进行冷却。一是多段中间间接冷却式。即用原料气或饱和蒸汽在段间间接换热，移出反应热；二是直接冷激式。即在段间直接加入冷激水、水蒸气或煤气进行降温。

段数越多，变换反应过程越接近最适宜温度曲线，但流程也越复杂。工业上一般把催化剂床层分为二段或三段。

2. 压力

由于变换反应是气体体积不变的反应，压力对平衡几乎无影响，但加压变换具有如下优点：

(1) 可加快反应速度，提高催化剂生产能力。

(2) 可节省压缩功耗。由于原料气的体积小于干变换气的体积，事先压缩原料气再进行变换，比常压变换后再压缩变换气的动力消耗节约15%~30%。

(3) 同样生产规模，需设备体积小，减少了设备投资。

(4) 加压时变换气中过剩水蒸气的冷凝温度高，有利于热能的回收利用。

但加压变换也具有随着压力的升高，设备腐蚀加重的缺点。加压变换虽有缺点，但优点是主要的，目前大中小型合成氨厂普遍采用加压变换。一般小型氨厂操作压力为0.8~1.2 MPa，中型厂为1.2~1.8 MPa，大型厂为3.0~8.0 MPa。

3. 汽气比

指水蒸气与原料气中CO摩尔比或水蒸气与干原料气的摩尔比。增加蒸汽用量，可提高一氧化碳的平衡变换率，加快反应速度，防止催化剂中四氧化三铁被过度还原，减少析碳及甲烷化等副反应的发生。同时过量的水蒸气能使催化剂床层的温升减少，故改变蒸汽用量是调节床层温度的有效手段。

但蒸汽用量是变换过程最主要的消耗定额，为节能降耗，应尽量降低蒸汽消耗。一方面要采用新型低活性催化剂，使反应在较低温度下进行，降低反应的汽气比。另一方面要合理确定一氧化碳的最终变换率，催化剂层数要合适，段间冷却要良好。中温变换适宜的汽气比为$H_2O/CO=3\sim5$。

4. 空间速度

在保证一定变换率前提下，若催化剂活性好，反应速度快，可采用较大的空速，充分发挥设备生产能力。而催化活性差，反应速度慢时，若空速过大，会使一氧化碳来不及反应就离开了催化剂层，不仅变换率降低，同时催化剂层温度也难以维持。故空速不可过大，一般为600~1 500 h^{-1}为宜。

二、低温变换工艺条件选择

1. 温度

设置低温变换之目的是为了使变换反应在较低温度下进行，以提高变换率，降低变换气中一氧化碳的残余含量。但并非温度越低越好，若温度低于湿原料气的露点温度，便会有水析出，使催化剂粉碎而失活。故低变操作温度应高于露点温度30℃以上，一般控制在180~260℃。随着催化剂使用时间的延长，活性降低，操作温度应适当提高，但床层温度应遵循“慢提”“少提”的原则。

2. 压力及空间速度

低温变换操作压力随中变而定，一般为 1 ~ 3 MPa。而空速与操作压力有关，随着压力的升高空速增大。低变催化剂的空速一般为 1 000 ~2 500 h^{-1}。

3. 入口气体中一氧化碳含量

低变催化剂操作温度范围窄，对热敏感，价格高。若原料气中一氧化碳含量高，反应放热多易使催化剂超温，使用寿命缩短。故要求低变炉的入口气体中一氧化碳含量小于 6%。

第四节　一氧化碳变换工艺流程及主要设备

一、工艺流程

一氧化碳变换工艺流程的选择，应根据原料气中 CO 含量和变换后残余 CO 含量指标要求而定。若原料气中 CO 含量高，应采用中温变换，若后工序要求较低的 CO 含量指标，应采用中变串低变流程，以降低变换气中残余 CO。此外，根据入变换系统原料气的温度及湿含量，考虑气体的预热与增湿，合理利用余热。

1. 中温变换工艺流程

中温变换工艺流程因操作压力的不同，可分为常压变换和加压变换，中型及大部分小型氨厂均采用加压变换流程。一氧化碳加压中温变换流程如图 5—3 所示。

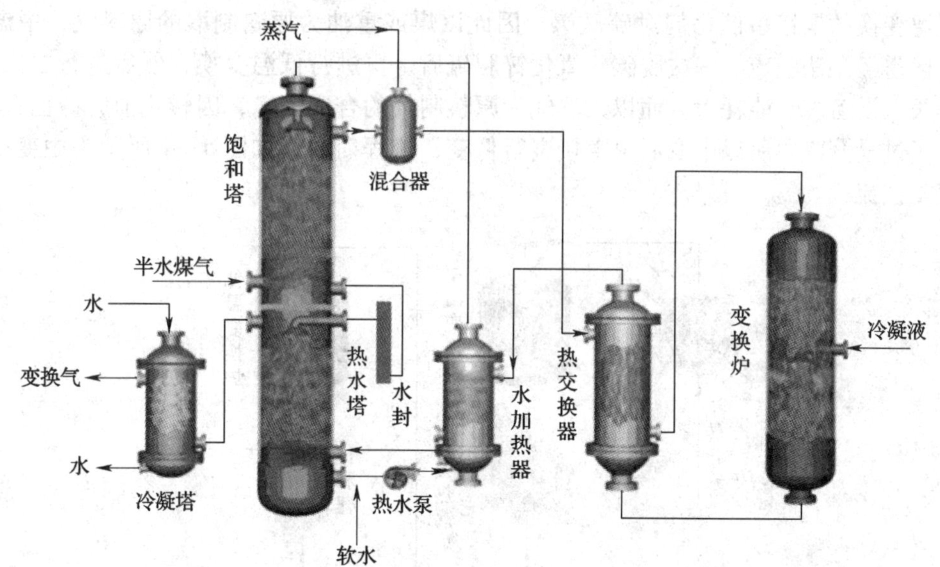

图 5—3　一氧化碳加压中温变换工艺流程示意图

压力 0.7 MPa，含一氧化碳 25% ~ 33% 的半水煤气入饱和塔，与从水加热器来的 137℃热水逆流接触，两相间传热传质，气体被加热至 133℃，并被蒸汽饱和，再经混合器补加蒸汽，使 H_2O/CO 达 4 左右，入热交换器的管间，被高温变换气预热至 350℃左右，由炉顶入第一段催化剂层进行变换反应，使气体温度升至 470℃左右。在段间蒸发器中，喷洒冷凝液，使气体温度降至 400℃左右，同时增加部分蒸汽后。入第二段催化层继续进行变换反应，使气体中残余一氧化碳降至 3% 以下。由炉底部排出来的变换气，温度

430℃左右，经热交换器管程，预热管管间的原料气和蒸汽混合气温度降至230℃左右，再经水加热器进一步冷却到150℃左右入热水塔，与塔顶喷淋下来的热水逆向接触，温度降至100℃左右入冷凝塔，被冷却水直接冷却到45℃左右，压力降至0.65 MPa左右，送往脱碳工序。

饱和塔出来的热水约140℃，经热水塔加热至160℃左，再经水加热器加热至170℃左右，送饱和塔循环使用。饱和塔下部与热水塔之间设有水封槽，以防止饱和塔底部的半水煤气串入热水塔而造成短路。

系统中的热水在饱和塔、热水塔及水加热器中循环，要定期排污及补加水，以保持循环水的质量和水平衡。

因合成氨生产流程及热量回收方法的不同，加压变换流程也有差异。如当用热变换气加热二氧化碳吸收液时，可省去冷凝塔、水加热器等设备。以天然气或轻油为原料，采用蒸汽转化法生产的合成氨厂，只需在废热锅炉后设一变换炉，就能满足一氧化碳中温变换的要求。而把合成、变换与铜洗构成一个换热网络，则更能合理利用热能。一般有两种模式。一是“汽流程”模式。即在合成塔设后置式废热锅炉或中置式锅炉，以产生蒸汽供变换用，变换工序则设置第二热水塔回收系统余热供精炼再生铜液用。二是“水流程”模式。即在合成塔后设置水加热器以热水形式向变换系统补充热能，并通过变换工序设置的两个饱和热水塔使自产蒸汽达到变换反应所需的汽气比。

2. 中温变换串低温变换工艺流程

低温变换的铜锌系催化剂对硫敏感，因此以煤或重油为原料制取的原料气，中温变换后，一般需经湿法脱硫、一次脱碳、氧化锌脱硫后，再进行低温变换，然后进行二次脱碳，故流程长、设备多、能耗大。而以天然气为原料制气的合成氨厂，因转化前脱硫已很彻底，且加入了过量蒸汽，所以中变后可直接进行低变，流程简单。如图5—4所示为中变换直接串低变工艺流程。

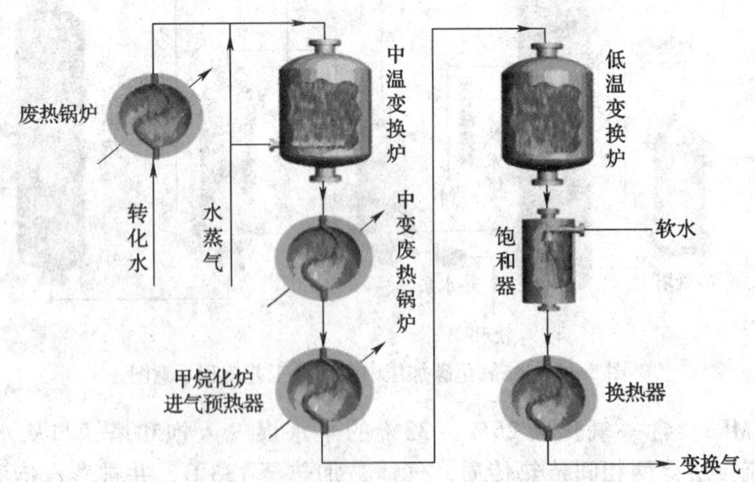

图5—4 中温变换串低温变换工艺流程示意图

压力为3 MPa、含一氧化碳13%～15%的转化气经废热锅炉降温后，温度370℃左右入中变炉，变换后气体中残余一氧化碳降至3%左右，温度420～440℃，入中变废热锅炉，产生 10 MPa 的饱和蒸汽，同时被冷却至 330℃左右，入甲烷化炉进气预热器，进一步冷却至 230℃后入低变炉，低变后残余一氧化碳含量降至 0.3% ~0.5%。过剩蒸汽经换热器进一步回收余热。为了提高传热效果，向气体中喷入少量软水，使其达到饱和状态，这样当气体进入脱碳贫液再沸器时，水蒸气很快冷凝，使传热系数增大。出换热器的变换气送脱碳工序。

3. 全低变工艺流程（见图 5—5）

全低变流程是指采用宽温钴钼系变换催化剂取代铁铬系中变催化剂，进行一氧化碳变换的工艺流程。国内自 1990 年实现工业化生产。

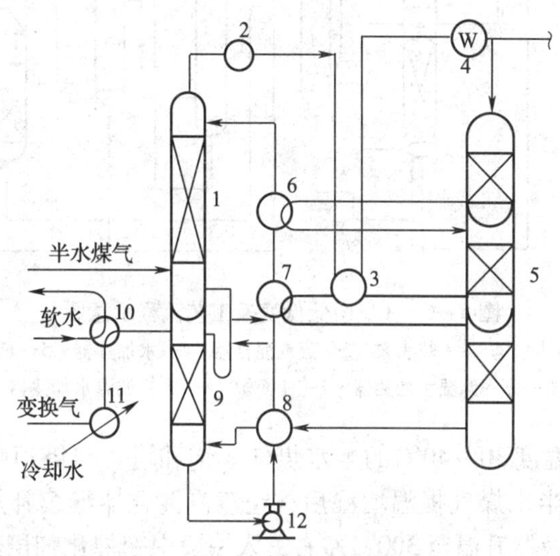

图 5—5　全低变工艺流程图

1—饱和塔　2—气液分离器　3—主热交换器　4—电加热器　5—变换炉　6—段间换热器
7—第二水加热器　8—第一水加热器　9—热水塔　10—水加热器　11—冷凝器　12—热水泵

半水煤气入饱和塔下部，与塔顶喷淋的热水逆流接触，使半水煤气提温增湿，出饱和塔后入气液分离器分离夹带的液滴，并补加来自主热交换器的蒸汽，使汽气比达到要求，温度升至 180℃左右入变换炉一段，反应后温度升至 350℃左右，引出在段间换热器与热水换热降温后，返回变换炉入二段催化剂层，反应后的气体经主热交换器与半水煤气换热后，又经水加热器降温后，入三段催化剂层，出炉变换气中一氧化碳含量降至 1% ~1.5%。依次经第一水加热器、热水塔、软水加热器回收热量后，入冷凝器冷却至常温，送往后工序。

全低变流程的特点：催化剂的初始活性温度低，变换炉入口温度及炉内热点温度均大大低于中变炉入口及热点温度，使变换系统在较低温度范围内操作，有利于提高一氧化碳的平衡变换率，在满足变换气中残余一氧化碳含量前提下，可大幅度降低入炉蒸汽量，故全低变流程蒸汽消耗比中变和中变串低变流程大大降低。且催化剂用量减半。因入炉原料气温度低，气体中的油污、杂质等易进入催化剂，使其活性下降，使用寿命缩短，此外饱和塔酸性腐蚀严重。

4. 中低低变换工艺流程（见图 5—6）

中低低工艺流程，在一段中变铁铬系催化剂后，串二段耐硫钴钼系催化剂。既利用了中温变换的高温而提高反应速率，又利用低变提高变换率，充分发挥了中变和低变催化剂的特点，达到了节能降耗、操作简便的理想效果。

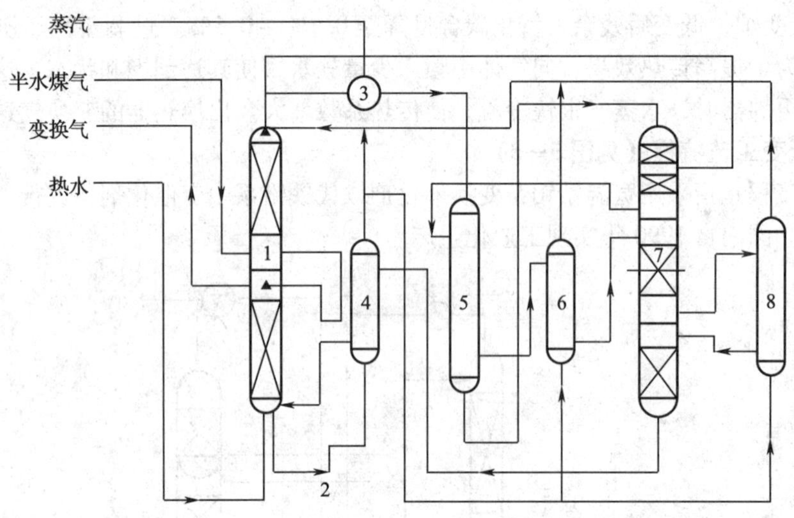

图 5—6　CO 中低低变换工艺流程示意图

1—饱和热水塔　2—热水泵　3—蒸汽混合器　4—水加热器　5—热交换器
6—第一调温水加热器　7—变换炉　8—第二调温水加热器

压力为 2.1 MPa，温度 30 ~ 40℃ 的半水煤气入饱和塔，与塔顶喷淋下来的热水逆流接触，通过传质传热，使半水煤气提温增湿后，经蒸汽混合器继续补加蒸汽，使汽气比达到 0.40 ~ 0.45，再经热交换器升温至 300℃ 左右，入一段中变催化剂层进行中温变换。为调节一段中变入口温度，热交换器上应设置副线。

经一段中变后的气体，温度升至 460 ~ 480℃，一氧化碳含量降至 5% ~ 15%，先后经热交换器、第一调温水加热器，温度降至 180 ~ 240℃，入二段耐硫催化剂层进行低温变换，反应后温度升至 260 ~ 300℃，再经第二调温水加热器，温度降至 180 ~ 220℃，入第三段耐硫低变催化剂层，反应后温度为 210 ~ 220℃，一氧化碳含量降至 0.5% 左右，经水加热器，热水塔回收热量后，送后工序。

自热水塔底部出来的热水，经热水泵送至水加热器加热后，一部分入饱和塔，另一部分经第一调温水加热器和第二调温水加热器后，入饱和塔。

中低低流程特点：先经中变铁铬系催化剂起到了过滤煤气中氧和油污的作用，保护了低变钴钼系耐硫催化剂，故中低低工艺操作比全低变操作更加稳定。

二、主要设备

1. 变换炉

变换炉的构造随工艺流程的不同而异，变换炉中应用最广泛的是绝热型。

中间间接冷却式变换炉如图 5—7 所示。壳体是用钢板焊制而成的立式圆筒，内以钢板隔成上、下两段。上段装两层催化剂，下段装一层催化剂。催化剂靠支架支承，支架上铺箅子板、铁丝网和耐火球，然后装填催化剂，上部再装一层耐火球。在催化剂层内设有热电偶，用以测量催化剂层的温度。为了降低炉壁温度和防止热损失，炉体内壁砌有耐热混凝土衬里，还有人孔和装卸催化剂口。

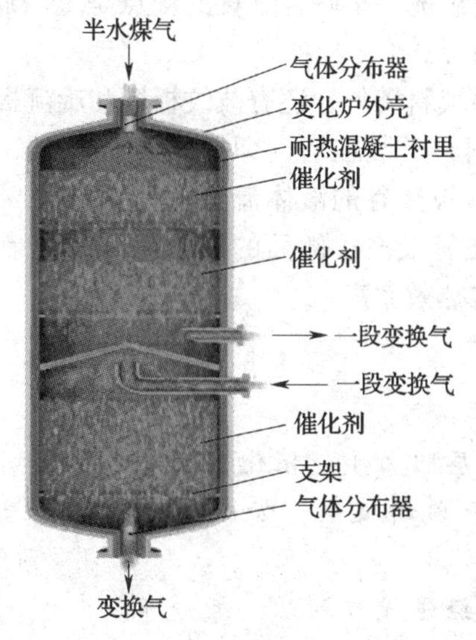

图 5—7　中间间接冷却式加压变换炉示意图

2. 饱和热水塔

饱和塔的作用是提高原料气的温度，增加原料气中水蒸气的含量以节省补充蒸汽量。热水塔的作用是回收变换气中的蒸汽和显热，提高热水温度，供饱和塔使用。

加压变换所用的饱和热水塔构造，如图 5—8 所示。整个塔体用钢板焊制而成，饱和塔在热水塔之上，并用钢板隔开，两塔结构基本相同。饱和塔内装有瓷质填料，有较好的传热传质效果。为防止塔出口气体带水，塔顶设有气水分离段和除沫器。饱和塔底部的热水经过水封流入热水塔。热水塔内装瓷质填料。在饱和塔和热水塔塔体上还设有人孔和卸料口，塔底设有液位计。

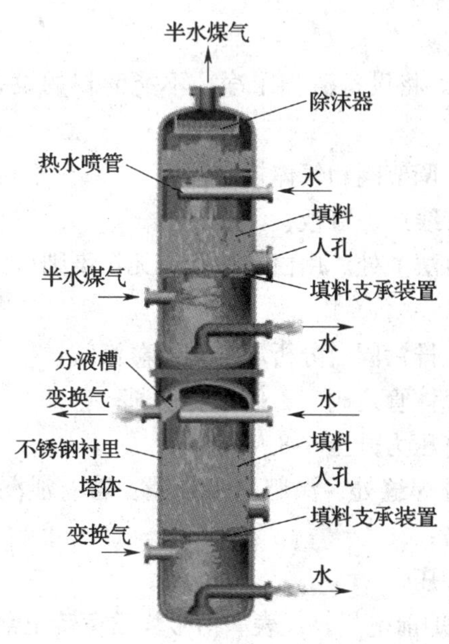

图 5—8　饱和热水塔示意图

工业上将饱和塔与热水塔组成一个联合装置的优点是上塔底部的热水可自动流入下塔，省去一台热水泵，节省动力消耗。

常用的饱和塔和热水塔除填料塔外，还有波纹板塔和旋流板塔。波纹板是将冲有筛孔的薄金属板压成波纹状替代填料，分装在塔内即构成波纹板塔。在波纹板塔内，上塔板波谷的液体流至下一塔板的泡沫层，气体则通过波峰及波纹侧面的孔以喷入液体中，故气液接触好，传热效率高。

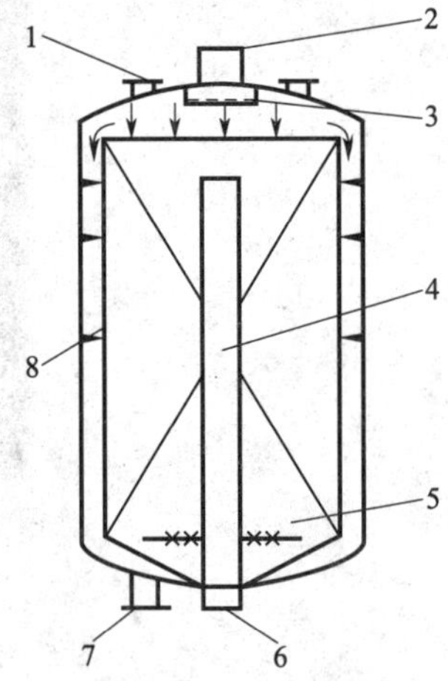

图 5—9　轴径向变换炉

1—人孔　2—进气口　3—分布器　4—内集气器　5、8—外集气器　6—出气口　7—卸料口

【知识链接】

新型轴径向变换炉

该炉的优点是催化剂床层阻力小，催化剂不易烧结，是目前广泛推广的一项新技术，如图 5—9 所示。

半水煤气与蒸汽混合气经进气口入炉，经分布器后，大部分气体自壳体外集气器径向通过催化剂，小部分气体自底部轴向进入催化剂层，两股气体反应后，一起经中心的内集气器出炉，炉底部是用钢丝固定的氧化铝球。外集气器和内集气器上的气流速度均大大高于传统的轴向线速，需要使用小颗粒高强度催化剂。

实训七　一氧化碳变换生产操作实训

一、中温变换系统生产操作

1. 冷态开车操作

（1）系统的吹扫与清洗。将设备清扫干净，不能清扫的设备、管线，用空气、氮气或水进行吹洗。

1）拆掉各流量计孔板、调节阀和气体控制阀；

2）拆开与设备相连的管线或加盲板；

3）吹净口选在设备入口法兰处。用白布检验，无污染则认为吹洗合格。

（2）气密试验

1）关闭各设备放空阀、排污阀、分析取样阀及蒸汽阀；

2）打开连接各设备的气体管道阀门，使系统连通；

3）送压缩空气，逐渐将压力升至 0. 8 MPa；

4）在所有法兰连接处及焊缝处，涂肥皂水查漏，若有泄漏，卸压处理。保压 1 h，当压力降小于 0. 05 MPa 为合格；

5）开冷凝塔后放空阀卸压。

（3）中变炉的烘炉。烘炉前电气、仪表、信号均已运转正常。

1）用空气或氮气作载热体，经加热炉加热后入中变炉，并经炉出口放空，以除掉衬里内的水分；

2）按照烘炉曲线，控制加热出口温度来控制烘炉速度。温度升至500℃时，恒温8 h，降至常温后可入炉检查。

（4）装填催化剂

1）在炉箅上铺好钢丝网和耐火球，并在炉壁上标明装填高度；

2）催化剂经过筛后，自上而下分层装填。

【注意】

装填时不允许集中倾倒再扒平，以免床层松紧不一，操作人员严禁踩踏催化剂，应踩在临时搭的木板上。

3）装满后，用木板刮平，上面铺一层钢丝网和耐火球；

4）封上人孔，紧好变换炉顶盖。

（5）催化剂的升温与还原。催化剂的升温还原，一般在较低压力下进行。中变催化剂可采用空气、过热蒸汽、氮气或惰性气体进行升温，也可用半水煤气循环升温。当采用半水煤气循环升温时，应加大循环量，控制放空量，保证循环气中一氧化碳不超过5%。

1）将空气加热后送入变换炉，120℃以下升温速率要缓慢，严格按照升温曲线控制升温速率；

2）当催化剂床层温度升至接近150℃时；切换成蒸汽加热，升温至起始还原温度；

3）当催化剂床层温度升至200℃时，可逐渐配入一氧化碳或氢进行还原。严格控制还原气中氢和一氧化碳的含量；

4）催化剂上部开始还原时应及时配入蒸汽；

5）控制床层温升速率小于20℃/h，若发生温升过快现象，应立即减少或完全停止送还原气，及时送入大量蒸汽，待催化剂床层温度恢复正常后，再继续送还原气；

6）还原结束后，即可调节温度、压力、汽气比等至正常操作指标。

2. 正常操作管理

（1）变换炉的正常操作管理。主要控制变换炉催化剂床层温度，即灵敏点温度，以此点温度为操作依据，及时发现温度变化趋势，采取预见措施。

在实际生产中，影响催化剂床层温度变化的主要因素有：系统的负荷变化；原料气成分的变化；水蒸气流量及压力的变化及原料气带液等。

（2）饱和塔与热水塔正常操作。主要控制适宜的热水循环量，以提高饱和塔出口气体温度，稳定饱和塔与热水塔的正常液位。饱和塔出口气体温度，主要取决于热水循环量的大小。实践证明，1 000 m^3半水煤气，用15 m^3左右的循环热水较适宜；一般饱和塔与热水塔的液位，控制在液位计高度的1/2～2/3处，经常从热水塔底排放部分污水，当液位降低时，及时补充新鲜软水或蒸汽冷凝水。

（3）异常现象及处理见表5—4。

3. 停车操作

（1）临时停车操作。因检修或故障所需的紧急停车。

1）切断原料气，关变换炉入口蒸汽阀和冷凝液阀，停冷凝液泵；

表 5—4　　异常现象及处理

序号	异常现象	常见原因	处理方法
1	催化剂床层温度急剧上升	（1）半水煤气中氧或 CO 含量增高 （2）蒸汽压力降低，蒸汽添加量过少 （3）半水煤气量增加 （4）冷激水中断 （5）热水泵跳闸或抽空 （6）罗茨鼓风机和压缩机抽负，将空气吸入系统	（1）适当加大蒸汽量和煤气副线量，或减负荷生产，联系造气工段，降低氧含量，若氧含量超过1%时，紧急停车 （2）提高蒸汽压力，加大蒸汽用量 （3）适当加大蒸汽和煤气副线量 （4）恢复冷激水供给 （5）检查热水泵，开备用泵 （6）与脱硫和压缩工段联系
2	催化剂床层温度下降	（1）蒸汽或冷激水添加过多 （2）蒸汽压力突然增加；蒸汽或煤气带水 （3）半水煤气减量，且 CO 含量降低 （4）热水泵出口阀开启过大，造成饱和塔液位过高，湿半水煤气温度下降带水入热交换器 （5）煤气副阀开启过大	（1）适当降低蒸汽或冷激水添加量 （2）适当减少蒸汽添加量，联系锅炉岗位，避免蒸汽带水；适当降低饱和塔液位；打开蒸汽混合器排污阀，放出积水 （3）联系造气工段，增加负荷，提高 CO 含量 （4）关小热水泵出口阀，调节热水循环量 （5）适当关小煤气副阀
3	变换气中 CO 含量突然升高	（1）蒸汽用量过小 （2）饱和塔液位低或热交换器内漏，引起半水煤气串入变换气系统 （3）催化剂层温度低 （4）热水泵抽空	（1）适当增大蒸汽用量 （2）提高饱和塔液位或停车检修 （3）适当提高操作温度 （4）加大蒸汽用量，并倒泵处理
4	系统阻力大	（1）设备堵塞 （2）催化剂表面结块或粉化 （3）饱和塔、热水塔或冷凝塔液位过高 （4）蒸汽带水或系统积水	（1）停车疏通 （2）停车过筛或更换催化剂 （3）适当降低有关液位 （4）联系锅炉工段，避免蒸汽带水，同时排除系统积水
5	热水泵打不上液	（1）进口管堵塞 （2）热水塔假液位或液位低 （3）泵内带气 （4）泵损坏 （5）电动机损坏	（1）倒泵疏通进口管 （2）检查处理，提高液位 （3）关闭泵出口阀排气 （4）倒泵检修 （5）倒泵，联系电工处理

2）关闭变换炉进、出口阀。对催化剂进行保温保压，若变换系统需要检修，应从冷凝塔后卸压，维持系统正压；

3）关闭循环泵和热水泵出口阀，并停泵；

4）保持热水塔及饱和塔的液位在正常液位。

短期停车后再次开车时，若炉温不低于300℃，可直接送入工艺气，在低空速下开车，若炉温较低，可用蒸汽、惰性气体或工艺气重新升温。

（2）正常停车操作

1）用蒸汽以50℃/h的降温速率，使催化剂降温；

2）当温度降至<200℃时，改用惰性气体，继续降至50℃以下；

3）配入少量空气，控制好催化剂的温升，加大空气量至降温结束；

4）自人孔进入炉内，检查或更换催化剂；

5）若催化剂需要钝化时，则用少量空气氧化降温。

①先送蒸汽降温至300℃。

②在蒸汽中配入少量空气，使催化剂钝化。密切关注温升，及时调节空气加入量。当炉温不再升高，变换炉进出口气体中氧含量基本不变时，钝化结束。

③以大量空气和蒸汽降温至200℃左右，改用空气继续降温至50℃以下，自人孔进入炉内检查。

二、低温变换系统生产操作

1. 低温变换系统的冷态开车操作

（1）低变系统的冷态开车及催化剂的装填同中变系统。

（2）催化剂的升温还原。低变催化剂的升温介质一般采用氮气。

1）点燃氮气加热炉，以15～20℃/h速度使催化剂升温至120℃，恒温6～8 h；

2）以10℃/h速度继续升温至160℃；

3）配入0.2%的氢气使催化剂进行还原。控制好催化剂床层温度不超过230℃，在温度波动不大的情况下，缓慢递增还原气中氢的浓度。当还原气中氢浓度升至10%～20%，整个催化剂床层温升不明显，且进出口氢浓度基本相同时，即还原结束。此时，可采取炉内保温并抽加盲板，转入正常生产。

2. 低温变换系统正常操作管理

（1）使操作温度控制在催化剂的活性温度范围内。使用初期，在满足工艺指标前提下，尽量降低温度，一般<210℃，随着催化剂活性的衰退，温度则逐渐提高。

（2）气体温度不能低于露点温度。催化剂床层温度主要依靠入炉气体温度进行调节，气体温度不能低于露点温度，以免蒸汽冷凝析水。在实际生产中，可通过提高中变炉出口汽气比来加快变换反应，但增大汽气比时也要注意露点温度的影响。

3. 低温变换系统停车操作

（1）临时停车操作

1）切断原料气和蒸汽；

2）停循环热水，关闭低变炉进、出口阀，对低变炉保温、保压即可。但要注意防止其他设备中的液体倒入低变炉。开车时应先检查排放管中的冷凝水，再导入工艺气转入正常生产。

（2）紧急停车

1）关闭系统进出口阀；

2）关低变进热水塔阀门，防止水倒溢。若低变炉进水，催化剂床层迅速降温，应切断水源，迅速排水；

3）用干煤气升温至200℃，保持数小时，直至把催化剂烘干。

（3）长期停车

1）将低变炉系统压力降至常压；

2）送入氮气或蒸汽将炉温降至150℃；

3）配入0.1%的氧气使催化剂进行钝化。在温升不大，最高温度不超过230℃情况下，逐渐增加氧的浓度，直至全部切换为空气，将催化剂降至常温；

4）自上而下分层卸出催化剂。

三、耐硫低温变换系统生产操作

1. 冷态开车操作

（1）开车前的准备工作。设备安装完毕后，按规定程序及方法进行检查、清扫吹除、气密试验、催化剂装填和系统置换。

（2）催化剂的升温硫化

1）给变换炉送入干半水煤气进行升温，入口温度200℃，催化剂床层温度升至180～200℃；

2）向系统添加浓度20～40 g/m^{3}的二硫化碳进行硫化，注意控制二硫化碳的加入量、电炉功率，避免催化剂床层温度暴涨；

3）使催化剂层各点温度均接近400℃，并保温2 h；

4）炉出口硫化氢浓度连续三次均在15 g/m^{3}以上时，停止加二硫化碳，硫化结束；

5）用半水煤气将床层温度降至300℃；

6）用变换气置换放空，至放空气中硫化氢浓度小于1 g/m^{3}时，可转入正常生产。

2. 正常操作管理

（1）催化剂床层温度的控制。将温度控制在催化剂活性温度范围内。使用初期，尽量控制在低限，以后逐渐提温不超过10℃/h。尤其在全低变及中低低流程中，最后一段床层入口温度应尽量控制在操作温度下限，且催化剂床层操作温度波动范围不超过±5℃/h。

（2）汽气比及硫化氢含量的控制。在保证变换率前提下，尽可能采用低的汽气比。气体中硫化氢含量应控制在最低限。

（3）入炉工艺气体中氧含量

1）控制氧含量<0.5%。特别是全低变流程，氧含量过高会引起催化剂床层温度上涨，此时，不能用增加蒸汽用量的方法降温，应开大半水煤气副阀或减量，避免低变反应加剧，催化剂层严重超温，出现反硫化。

2）加减量时要缓慢，大幅度减量或临时停车时，应立即减少蒸汽加入量，或切断蒸汽，防止反硫化反应。

3）保证工艺气清洁，防止水进入变换炉。

3. 异常现象及处理

（1）催化剂的硫酸盐化。因停车过程中空气进入低变炉内，使变换催化剂发生硫酸盐化而失活。应严防空气进入低炉内。

（2）催化剂的反硫化。若低变炉出口气体中硫化氢含量明显高于入口，可能发生反硫化现象。常见原因是：

1）低变炉进口温度过高；

2）热交换器泄漏，使低变炉进口一氧化碳含量达10%，床层温升过高；

3）汽气比过高；

4）入炉硫化氢含量过低；

5）操作不当，如停车动火以蒸汽置换低变炉，中变炉超温时以蒸汽降温等。

出现反硫化现象应重新硫化，以恢复催化剂活性。

（3）催化剂孔结构的改变。因催化剂吸附杂质或在长期高温下而发生孔结构改变，使比表面积缩小。

（4）催化剂结疤结块。多是因中变催化剂粉尘或上层宽温变换催化剂带冷凝水造成的。对结疤结块部分，若不能扒松，则更换新催化剂，硫化后使用。

（5）催化剂活性组分的变化

1）碱金属溶于水而流失。常见原因有：带冷凝水、热水塔倒水、硫化前催化剂装填过早等。

2）微晶烧结。催化剂在高温或工艺气长期作用下，发生烧结，使晶粒增大。

（6）低变系统进水。应迅速切断水源，排水后，以干半水煤气或氮气为介质，由电炉缓慢升温至高于露点温度20℃以上，保持数小时，待催化剂烘干后使用。

4. 停车操作

（1）临时停车操作

1）关闭低变系统进、出口阀及导淋阀、取样阀；

2）用干半水煤气或氮气吹扫系统，并保持正压，严防产生负压而漏入空气及水蒸气冷凝液；

3）注意热水塔液位及有关阀门，防止水倒入低变炉内；

4）短期停车后，若温度下降，可用电加热器或热变换气进行升温后转入正常生产。

（2）紧急停车操作。同短期停车操作。

（3）正常停车操作

1）先卸压，以干半水煤气或氮气吹扫、降温；

2）关闭进、出口阀，并添加盲板；

3）用惰性气体保持炉内微正压（100～200 Pa），严禁空气入炉内。

需要卸出催化剂时，用干半水煤气将低变炉降至常温、常压，用氮气吹扫后方可进行。卸出的催化剂用塑料袋或桶封存，24 h内不需要硫化，可直接使用。

思考练习题

1. 一氧化碳变换工序的任务是什么？

2. 什么是CO变换率？如何提高一氧化碳的变换率？

3. 什么是平衡变换率？影响平衡变换率的因素有哪些？

4. 中变铁铬系催化剂的主要成分是什么？各组分的作用？

5. 铁铬系催化剂催化剂在使用前为什么要进行还原？

6. 何谓最适宜温度？最适宜温度存在的原因是什么？

7. 何谓最适宜温度曲线？生产中为何要求变换反应按最适宜温度曲线进行？

8. 选择中温变换操作温度的主要原则是什么？工业上如何使变换反应温度接近最适宜温度？

9. 画出一氧化碳加压中温变换流程方框图和工艺流程图。

10. 饱和塔与热水塔的作用各是什么？

第六章　合成氨原料气中二氧化碳的脱除

学习目标

1. 了解原料气脱碳在合成氨生产中的意义。
2. 掌握典型脱碳方法的基本原理及吸收剂的组成。熟悉工艺操作条件的选择原则。
3. 熟悉典型脱碳方法的工艺流程及主要设备的结构与作用。

无论是以固体燃料还是以烃类蒸汽转化制得的原料气，经变换后气体中一般含约18%～35%的二氧化碳，它不仅能使氨合成催化剂中毒，且给清除少量一氧化碳的过程带来困难。如若采用铜洗法精制时，二氧化碳能与铜液中的氨生成碳酸铵结晶，堵塞设备及管道；若采用液氮洗涤法精制时，二氧化碳在低温下易固化为干冰，堵塞设备及管道；而采用甲烷化法精制时，二氧化碳与氢结合生成甲烷，而消耗有效成分氢。二氧化碳又是重要的化工原料，是用于生产尿素、纯碱、碳酸氢铵、干冰等产品的原料。故合成氨原料气中的二氧化碳必须清除，并回收利用。

脱除气体中二氧化碳的过程称为脱碳。脱碳的方法很多，多为溶液吸收法。根据所用吸收剂性质的不同，可分为物理吸收法、化学吸收法和物理化学吸收法。

物理吸收法是利用二氧化碳比氢、氮在某些溶剂中溶解度大的特性脱碳的。吸收二氧化碳后的吸收剂，再利用闪蒸解吸及气提法再生，解吸出二氧化碳。常用的方法有碳酸丙烯酯法、低温甲醇法和聚乙二醇二甲醚法（简称 NHD 法）等。

化学吸收法一般用碱性溶液作吸收剂，吸收酸性二氧化碳后，经加热再生，释放出吸收的二氧化碳。常用的方法有本菲尔法（即热钾碱法）。热钾碱法是用加有催化剂的碳酸钾溶液脱除原料气中的二氧化碳。当以二乙醇胺为催化剂时，又称本菲尔法。

物理化学吸收法兼有物理吸收和化学吸收的特点，常用的方法有环丁砜法、甲基二乙醇胺法（MDEA 法）等。

变压吸附法（PSA 法）是利用固体吸附剂在加压下吸附二氧化碳，再采用减压脱附解析出二氧化碳。此法属于纯物理过程。

常用脱碳方法优缺点比较见表6—1。

表 6—1　常用脱碳方法优缺点比较

脱碳方法		优点	缺点	适用场合
物理吸收法	碳酸丙烯酯法	吸收能力较强，无毒，无腐蚀性，性质稳定，工艺简单，常温即可吸收与再生，能耗低，解吸出的二氧化碳纯度高	碳酸丙烯酯价格较高，气体净化度低，二氧化碳回收率低，腐蚀设备	部分中小型氨厂采用

续表

脱碳方法		优点	缺点	适用场合
物理吸收法	低温甲醇法	吸收能力强，气体净化度高，甲醇性质稳定，不腐蚀设备	工艺流程长，再生复杂。甲醇毒性大，设备、管道需低温材料，投资较高	以煤或重油为原料的大中小型氨厂均采用
	聚乙二醇二甲醚法	吸收能力强，选择性高；气体净化度高；溶剂性质稳定，无毒无味，无污染；无腐蚀性。溶剂价格便宜。设备采用碳钢材料，投资少；操作时不起泡，操作方便，流程短，能耗低		用于以天然气为原料的大型氨厂，世界上已有多家厂采用
化学吸收法	本菲尔法	在吸收塔下部用温度较高的溶液吸收，既加快了吸收反应速度，又因是等温吸收、等温再生，节省了再生热耗；在吸收塔上部用温度及转化度均较低的溶液吸收，提高了气体净化度		我国以天然气或轻油为原料的大型及部分中型氨厂采用
物理化学吸收法		环丁砜法、甲基二乙醇胺法（MDEA 法）等		国内应用较少
变压吸附法		流程简单，操作方便，设备无腐蚀，能耗低，可同时脱除甲烷，减少储罐气放空量，环境污染小。气体净化度高，可采用甲烷化法精制，使有联醇工序的氨厂甲醇质量大大提高	变压吸附一次性投资比较大，有效气体损耗大	近年来迅速得到推广使用

第一节　物理吸收法

物理吸收法由于选择性较差，采用降压闪蒸进行再生，其能耗较化学吸收法低，但二氧化碳回收率也低，一般仅在二氧化碳过剩的合成氨厂采用。本节分别介绍碳酸丙烯酯法、低温甲醇法和聚乙二醇二甲醚法。

一、碳酸丙烯酯法

据不完全统计，国内现有 120 多套碳酸丙烯酯法脱碳装置在运转，还有一些在投建中。

1. 基本原理

碳酸丙烯酯是一种无色（或略带微黄色）、无毒、无腐蚀性、性质稳定的透明液体，分子式为 $C_4H_6O_3$，常压下沸点 238.4℃，冰点 −48.89℃，20℃时的相对密度为 1.204 7，30℃时的蒸汽压为 13.3MPa。是具有一定极性的有机溶剂。

碳酸丙烯酯脱碳是典型的物理吸收过程，二氧化碳、硫化氢等酸性气体在其中的溶解度很大，而氢、氮及一氧化碳等气体在其中的溶解度很小，见表6—2。

表6—2　　几种气体在碳酸丙烯酯中的溶解度（25℃，0.101 MPa）

气体	CO_2	H_2S	H_2	N_2	CO	CH_4	COS	C_2H_2
溶解度/（L/L）	3.47	12.0	0.03	0.02	0.5	0.3	5.0	8.6

由表6—2可知，二氧化碳在碳酸丙烯酯中的溶解度，比氢、氮气大100多倍。二氧化碳在碳酸丙烯酯中的溶解度，随压力的升高和温度的降低而增加。

故用碳酸丙烯酯可在常温、加压条件下从氢氮混合气中选择性地吸收二氧化碳，从而达到脱碳之目的。吸收二氧化碳后的富液，需再生后循环使用，常温下经减压解吸或采用鼓入空气的方法气提，即可获得再生。吸收与再生均在常温下进行，整个脱碳过程不需要消耗热量。

原料气中的烃类，在碳酸丙烯酯中的溶解度很大，故再生时应采用多级膨胀法再生，以回收被吸收的烃类。

碳酸丙烯酯有一定的吸水性，溶剂中的水对二氧化碳的吸收能力有一定影响。但通过再生气体可将水分带出。

因碳酸丙烯酯无腐蚀性，设备可用碳钢制作。溶剂的蒸汽压低，化学性质稳定，不产生降解反应，故溶剂损耗少。

2. 工艺操作条件的选择

（1）温度。随着温度的升高，二氧化碳及硫化氢等在碳酸丙烯酯中的溶解度下降，而氢氮气在其中的溶解度增加，增大了氢氮气的损失。故降低温度有利于二氧化碳的吸收，从而可减少溶剂循环量，降低贫液泵的电耗，减少氢氮气的损失。生产中一般采用循环水做冷却剂，夏季温度高一些，冬季温度低一些。

（2）压力。提高吸收压力，碳酸丙烯酯的吸收能力提高，溶剂的循环量减小，故压力高对吸收有利。但压力过高，设备投资增加，压缩机的功耗也相应增加。实际生产中，操作压力取决于原料气本身压力，一般为1.5～3 MPa。

（3）液气比。增加液气比，吸收剂用量大，可提高脱碳效率，但液气比过大，对脱碳效率影响并不显著，却增加了动力消耗。生产中液气比一般为25～33 L/m^3。

（4）二氧化碳含量。再生后的吸收剂中残余二氧化碳的量越少，循环使用时气体净化度则越高，一般要求残余二氧化碳含量小于0.35 m^3/m^3溶液。

（5）氢氮气回收压力。吸收过程中，溶剂中溶解了部分氢氮气，为了回收利用这些气体，并提高解吸气中二氧化碳的浓度，自吸收塔出来的富液，一般先入氢氮气回收罐，在一定压力下闪蒸出所吸收的氢氮气。该压力过大，氢氮气解吸不完全，但压力过低会有部分二氧化碳解吸出来。一般氢氮气回收压力控制在0.3～0.9 MPa为宜。

3. 工艺流程（见图6—1）

含二氧化碳35%左右的变换气，由吸收塔下部入塔，由下而上与塔顶喷淋下来的碳酸丙烯酯逆流接触，其二氧化碳被吸收脱除，含二氧化碳1%左右的净化气，由塔顶引出送往后工序。

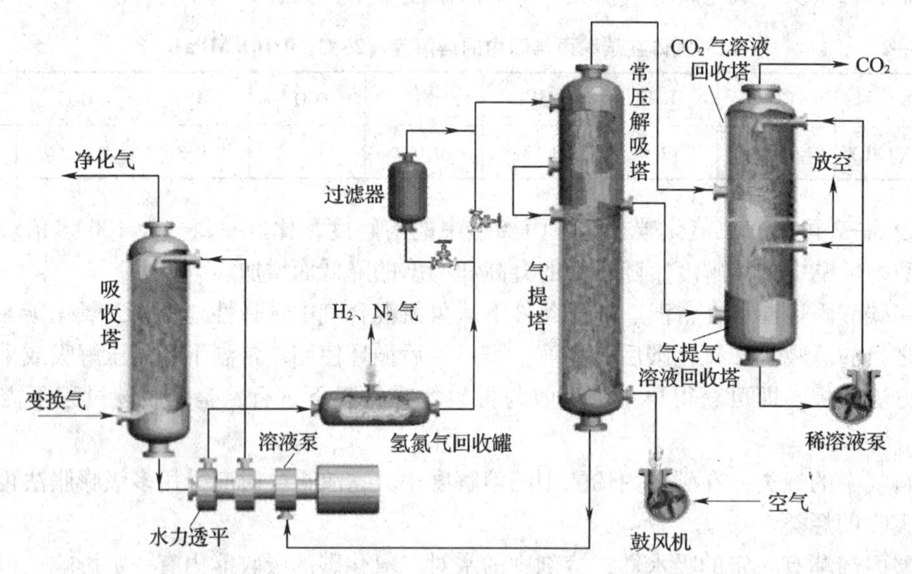

图 6—1　碳酸丙烯酯法脱碳工艺流程示意图

由吸收塔底出来的富液，经水力透平减压膨胀回收能量后，在氢氮气回收罐解吸出所溶解的氢氮气，再入常压解吸塔解吸出所吸收的二氧化碳，再经二氧化碳气溶液回收塔回收所夹带的吸收剂后送后工序。

解吸后的溶液入气提塔上部，自塔底鼓入空气进行气提再生后，用泵送往吸收塔顶循环使用。再生空气由气提塔顶部排出后经溶液回收塔回收所夹带的吸收剂后放空。回收塔循环使用的稀碳酸丙烯酯浓度超过 10% 时应抽出部分回收利用，同时补充相应的水量。当溶液中机械杂质含量多时，可经过滤器除去。

二、低温甲醇法

1. 基本原理

甲醇是一种无色透明液体，易挥发、易燃。沸点 64.7℃（0.1 MPa），凝固点 -97.08℃，在空气中自燃点 473℃，在氧气中 461℃，能与水以任何比例混溶。有毒，在空气中的允许浓度 50 mg/m^2。一种极性有机溶剂。

甲醇对二氧化碳、硫氧化碳等酸性气体有较大的溶解能力，而氢、氮、一氧化碳等气体在其中的溶解度甚微，故甲醇能选择性吸收二氧化碳、硫化氢等酸性气体，而氢氮的损失很小。

降低温度对气体的吸收有利。当温度从 20℃降到 -40℃时，二氧化碳的溶解度约增加 6 倍。而氢、氮、一氧化碳及甲烷的溶解度随温度变化很小。故此法适宜低温下操作，且硫化氢在甲醇中的溶解度比二氧化碳更大，脱碳的同时也能除去气体中的硫化氢等有机硫化物。

二氧化碳在甲醇中的溶解度也与吸收压力有关，不同温度和压力下，二氧化碳在甲醇中的溶解度，见表 6—3。

表 6—3　　不同温度和压力下 CO_2 在甲醇中的溶解度　　cm^3/g

P_{CO_2}/MPa	t/℃				P_{CO_2}/MPa	t/℃	
	-26	-36	-45	-60		-26	-36
0.101	17.6	23.7	35.9	68.0	0.912	223.0	444.0
0.203	36.2	49.8	72.6	159.0	1.013	268.0	610.0
0.304	55.0	77.4	117.0	321.4	1.165	343.0	
0.405	77.0	113.0	174.0	960.7	1.216	385.0	
0.507	106.0	150.0	250.0		1.317	468.0	
0.608	127.0	201.0	362.0		1.418	617.0	
0.709	155.0	262.0	570		1.520	1142.0	
0.831	192.0	355.0					

由表 6—3 可知，二氧化碳在甲醇中的溶解度随着压力的升高和温度的降低而急剧增大。故甲醇脱碳宜在高压和低温下进行。

二氧化碳在甲醇中的溶解度还与气体成分有关，当气体中含有氢时，由于氢的存在降低了二氧化碳在气相中的分压，会使二氧化碳在甲醇中的溶解度降低。

吸收了一定量的二氧化碳、硫化氢等气体后的甲醇，在减压加热条件下，解吸出所吸收的气体，使甲醇得到再生，循环使用。二氧化碳在甲醇中的的溶解度比氢、氮气大得多，故脱碳的同时，只有少量氢、氮气被甲醇吸收。当采用分级减压膨胀法进行再生时，氢氮气先从甲醇中解吸出来，回收利用。然后控制再生压力，使大量二氧化碳解吸出来而硫化氢仍留在溶液中，得到浓度大于 98% 的二氧化碳气体，以满足尿素生产的要求。最后再用减压、气提、蒸馏等方法使硫化氢解吸出来，得到硫化氢含量大于 25% 的气体，送往硫黄回收工序，加以回收。

2. 吸收操作条件选择

（1）温度。常温下甲醇的蒸气分压很大，为了减少操作中甲醇的损失，宜采用低温吸收。但是二氧化碳等气体在甲醇中的溶解热很大，在吸收过程中溶液的温度会不断升高，使吸收能力下降。为了维持吸收塔的操作温度，在吸收大量二氧化碳的部位设有一冷却器，或将甲醇溶液引出塔外进行冷却。在生产中，一般吸收温度为 -70 ~ -20℃。

（2）压力。由表 6—3 可知，降低温度、增加压力，可提高 CO_2 在甲醇中的溶解度，但操作压力过高，对设备强度和材质要求也高。故操作压力一般为 2 ~ 8 MPa。

经过低温甲醇洗涤后，要求原料气中 $CO_2 < 20\ cm^3/m^3$，$H_2S < 1\ cm^3/m^3$。

3. 工艺流程

低温甲醇洗脱碳工艺流程如图 6—2 所示。压力为 2.5 MPa 的原料气，在预冷器中被净化气及二氧化碳冷却至 -20℃后，入吸收塔下部，与塔中部加入的 -75℃甲醇半贫液逆流接触，大量二氧化碳被吸收。二氧化碳放出溶解热，使甲醇富液温度升至 -20℃由塔底排出，入闪蒸器解吸出的氢氮气，经补加压后返回原料气总管。甲醇溶液入再生塔上部，经一级常压再生，得到二氧化碳浓度 98% 以上的再生气，经预冷器与原料气换热升温后送尿素工序；甲醇溶液再经下塔二级 20 kPa 真空再生，二氧化碳大部分被解吸，得到温度 -75℃半贫液，经泵加压后返回吸收塔中部，循环使用。

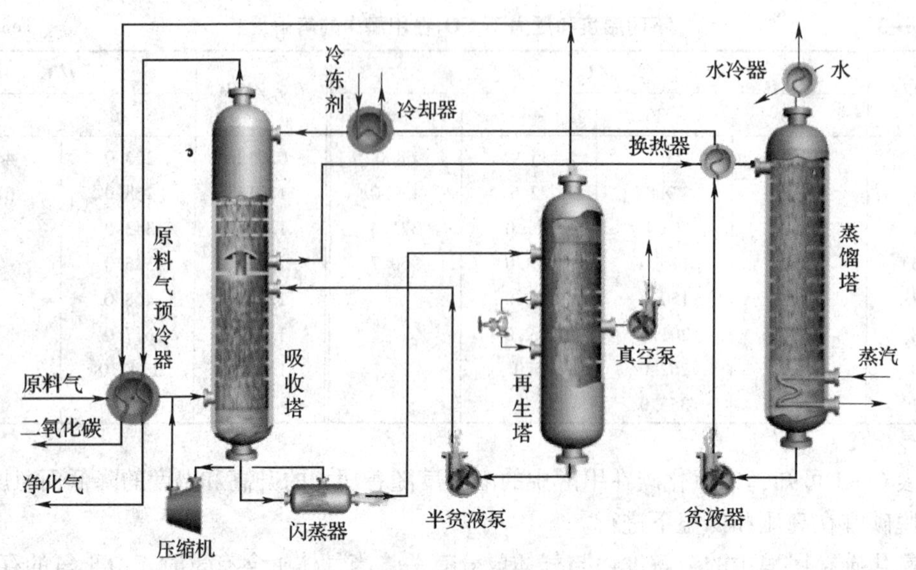

图 6—2　低温甲醇洗法脱碳工艺流程

在吸收塔下部除去大部分二氧化碳及杂质的气体，入塔与塔顶喷淋下来的甲醇贫液逆流接触，进一步脱除原料气中残余的二氧化碳，净化气自塔顶排出，与原料气换热后送后工序。

由上塔底排出的甲醇富液与蒸馏后的贫液换热后入蒸馏塔，用蒸汽加热蒸馏再生。自蒸馏塔底排出的甲醇贫液，温度 65℃左右，经换热器、冷却器被冷却至 -60℃后，送吸收塔顶部循环使用。

本流程吸收塔分上、下两段，下段主要作用是脱除大部分二氧化碳，上段主要提高气体净化度，进行精脱碳。

若有合适的气源（例液氮洗涤中的不纯氮）时，可采用气提法再生，则进一步降低生产成本。

三、聚乙二醇二甲醚法脱碳（简称 NHD 法）

1. 基本原理

NHD 溶剂是聚乙二醇二甲醚的混合物，是一种有机溶剂，其分子结构简式为 $CH_3—O—(C_2H_4O)_n—CH_3$，式中 $n=2\sim9$。平均分子量为 250～280，闪点为 151℃，燃点为 157℃，蒸汽压（25℃）为 0.093 Pa，密度（25℃）为 1.031 g/L，黏度（25℃）为 5.8×10^{-3} Pa·s，凝固点为 -29～-22℃。

聚乙二醇二甲醚能选择性的吸收原料气中的二氧化碳及硫化氢。是纯物理吸收过程，几种气体在聚乙二醇二甲醚溶剂中的溶解度，如图 6—3 所示。

由图 6—3 可知，NHD 溶剂对硫化氢、硫氧化碳等各种气体均有较强的溶解能力，二氧化碳的溶解度低于硫化氢等的溶解度。故用 NHD 溶液脱碳，可同时脱除原料气中的硫化氢、硫氧化碳及硫醇。

不同温度下二氧化碳在 NHD 溶剂中的溶解度如图 6—4 所示。由图可知，低温有利于二氧化碳的吸收。由于二氧化碳在 NHD 溶剂中的溶解度随压力升高、温度降低而增大，故 NHD 法脱碳通常在低温、高压下进行。

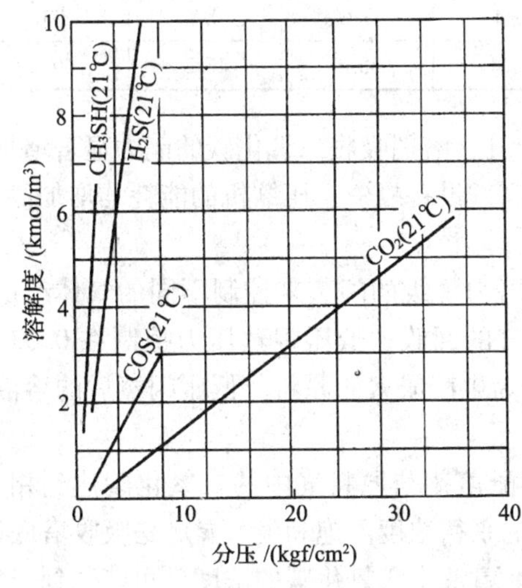

图 6—3 几种气体在 NHD 溶剂中的溶解度

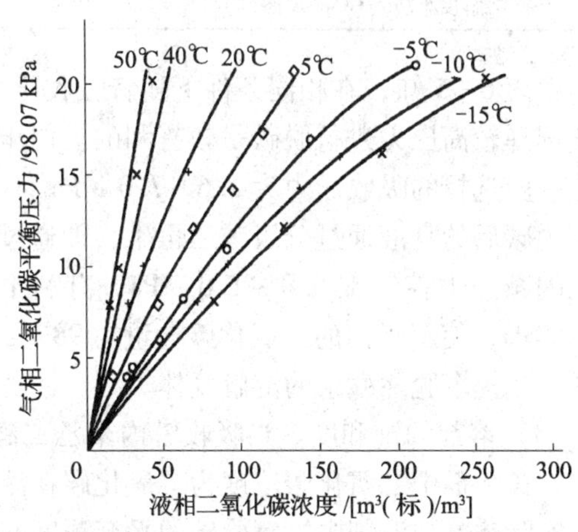

图 6—4 CO_2 在 NHD 溶剂中的溶解度

当系统降低压力、升高温度时，溶解的气体则释放出来，使溶液得到再生。通常再生采用减压和气提法。

2. 工艺条件的选择

（1）操作温度。温度对各种气体在 NHD 溶剂中的溶解度影响较大。降低吸收温度，二氧化碳、硫化氢等气体的溶解度增大，而氢、氮气溶解度随温度的降低而减小。故降低温度，既提高气体净化度，又可减少氢、氮气的溶解损失。不同温度下二氧化碳在 NHD 溶剂中的平衡溶解度见表 6—4。

表 6—4　　不同温度下 CO_2 在 NHD 溶剂中的平衡溶解度

温度/℃	-10	-5	5	20	40
平衡溶解度/（m^3 CO_2/m^3溶剂）	37	28	21	16	10.5

由表 6—4 可见，当二氧化碳分压一定时，操作温度升高会使二氧化碳在 NHD 溶剂中的溶解度下降，对吸收不利。同时，温度高，气体中饱和水蒸气多，带入脱碳系统的水分增加，溶剂脱碳能力和气体的净化度降低。因此，在条件允许的情况下，应尽可能降低吸收过程的温度。生产中变换气温度为 6～8℃，NHD 溶剂温度为 -5～-2℃。

由于再生与吸收是两个相反的过程，因此提高温度，会使二氧化碳等酸性气体更容易解吸出来，从而使溶液得到再生。而且在常温下再生，几乎不损耗能量，因此再生过程的温度主要取决于吸收塔出口富液的温度。

在实际操作中，吸收温度不可过低，只要能满足对二氧化碳净化度的要求即可，否则，溶液再生消耗的能量较高。

（2）操作压力。脱碳操作压力越大，越有利于二氧化碳等酸性气体的溶解。以吸收温度为 5℃，变换气中二氧化碳为 28% 为例，不同压力下，NHD 溶剂中二氧化碳的平衡溶解度见表 6—5。

表 6—5　　不同压力下 CO_2 在 NHD 溶剂中的平衡溶解度（温度为 5℃）

CO_2 分压/MPa	0.2	0.4	0.6	0.8	1.0
平衡溶解度/（m^3 CO_2/m^3 溶剂）	10.1	21.1	33.4	46.2	60.2

由表 6—5 知，在相同条件下随着吸收压力的上升，溶剂吸收二氧化碳的能力显著增加。因此选择较高压力进行脱碳是较有利的。但压力过高，设备投资、压缩机的能耗均增加。工业上一般选择的吸收压力为 1.6～7.0 MPa。

脱碳后的富液通过分级减压再生，即通过不同压力等级的闪蒸来控制不同的气体组成。高压闪蒸压力控制在 0.8～1.0 MPa，有利于氢氮气的回收；低压闪蒸压力控制在 0.03～0.05 MPa，使解吸出的二氧化碳含量达 98%，可作为生产尿素的原料。低压闪蒸后的溶液，再进入气提塔脱除残余的溶解气体。

（3）溶剂的饱和度。当吸收塔内聚乙二醇二甲醚溶剂与原料气中的二氧化碳达到相平衡时，该溶剂中二氧化碳浓度为二氧化碳在液相中的平衡浓度。饱和度（R）是吸收塔底富液的实际浓度与溶剂中二氧化碳的平衡浓度的比值。富液中二氧化碳的浓度不可能达到二氧化碳在液相的平衡浓度，故 $R \leqslant 1$。

饱和度的大小对溶剂循环量和吸收塔高度都有较大影响。对填料塔而言，增大气液两相的接触面积，可以提高吸收饱和度。要增大气液两相的接触面积，一方面可选用适当的填料，另一方面主要是通过增大填料体积，即增加塔的高度来实现。但塔高增大，投资增大，而且输送溶剂和气体的能耗增大。所以工业上吸收饱和度一般在 75%～85% 之间。

（4）气液比。吸收的气液比是指单位时间内进吸收塔的原料气体积（标准状态）与进塔溶剂体积之比。由于单位体积溶剂在一定条件下，所吸收的酸性气体量基本上为一定值，若其他条件不变，净化气中二氧化碳的净化度明显随着气液比的降低而提高。当处理一定量的原料气时，若气液比增大，所需的溶剂量减少，输送溶剂的能耗就降低。对于一定的脱碳塔，吸收气液比增大后，净化气中二氧化碳的含量增大，净化气的质量变差。生产中应根据净化气中二氧化碳的质量要求调节吸收气液比至适宜值。

气提的气液比是指气提单位溶剂所需惰性气体的体积。气提的气液比主要是控制溶剂的贫度。溶剂贫度是指二氧化碳在贫液中的含量。气提气液比越大，即气提单位体积溶剂所用惰性气体体积越大，则溶剂的贫度值越小，气体净化度越高。但气提气液比过大，风机电耗增大，气耗增多，随气提气带走的溶剂损耗增大。一般气提气液比控制在 6～15 之间。

3. NHD 法工艺流程

NHD 法工艺流程如图 6—5 所示，由压缩工序来的变换气入气—气换热器 1，被低压闪蒸气和净化气冷却后，经气水分离器 2 分离冷凝水后入脱碳塔 3。气体在塔内由下向上流动过程中，与塔顶喷淋下来的 NHD 溶剂逆流接触，二氧化碳被吸收，净化气自塔顶引出，分离掉液滴后，经气－气换热器 1 加热后送往后工序。

吸收了二氧化碳的富液自塔底流出，经水力透平 5 减压至 0.8 MPa 左右，回收能量后，送往高压闪蒸槽 6，闪蒸出溶解的大部分氢、氮气，返回变换工序。

从高压闪蒸槽 6 出来的含大量二氧化碳的富液，入低压闪蒸槽 7，闪蒸出浓度 >98% 的二氧化碳气。经气－气换热器 1 加热后送往尿素工序。

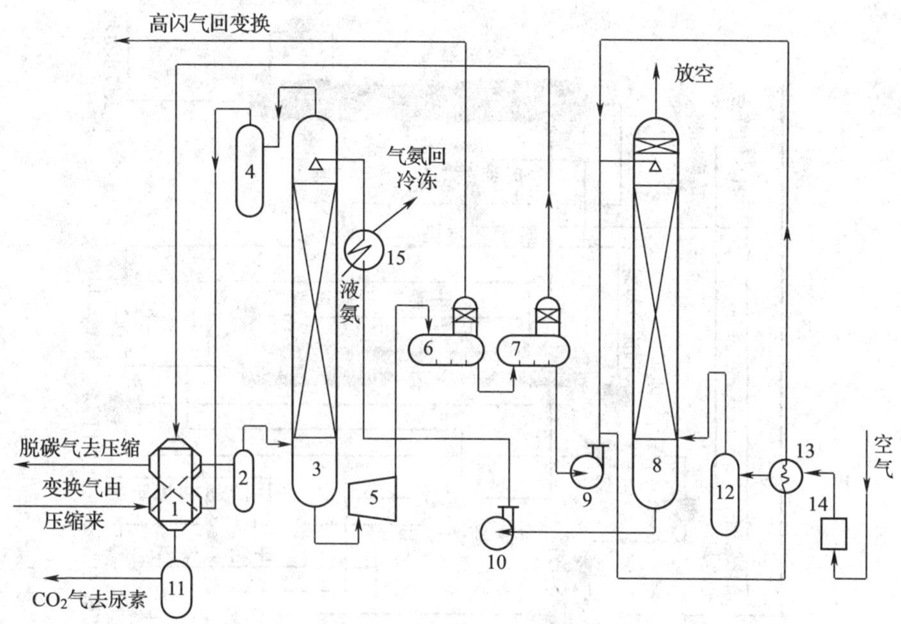

图 6—5　NHD 法脱碳工艺流程

1—气－气换热器　2—气水分离器　3—脱碳塔　4—气液分离器　5—水力透平　6—高压闪蒸槽　7—低压闪蒸槽　8—再生塔　9—富液泵　10—贫液泵　11—二氧化碳气液分离器　12—空气水分离器　13—空气冷却器　14—空气鼓风机　15—氨冷器

从低压闪蒸槽 7 流出的溶剂，还残留少量二氧化碳，用富液泵 9 加压后送往再生塔 8，用氮气或空气进行气提，气提后的贫液经贫液泵 10 加压、氨冷器 15 冷却后，返回脱碳塔 3 顶部循环使用。

【知识链接】

一、同时脱除硫化氢和二氧化碳的低温甲醇流程（见图 6—6）

我国以渣油为原料的大型合成氨厂，采用此法可同时脱除原料气中的硫化氢和二氧化碳，从而省去脱硫工序。净化气中的二氧化碳含量小于 20 cm^3/m^3，硫化氢含量小于 1 cm^3/m^3。

为确保出塔气体的净化度，该流程中洗涤塔分为上塔和下塔两部分。上塔的作用是脱除二氧化碳，又分为三段，从上往下分别是精洗、主洗和初洗；下塔的作用是脱除少量的硫化物和少量的二氧化碳，由一段组成。吸收过二氧化碳和硫化氢的富液经解吸，可得到纯度大于 98% 的二氧化碳，作为生产尿素的原料，解吸出来硫化物，也可回收得到硫黄。

甲醇溶剂在低温下对二氧化碳、硫化氢、硫氧化碳等酸性气体吸收能力极强，溶液循环量小，功耗少，溶剂不氧化、不降解、不起泡、有很好的化学和热稳定性、廉价易得。而且净化气质量好，净化度高，能有选择性吸收硫化氢、硫氧化碳和二氧化碳，可分开脱除和再生。低温甲醇法可作为液氮法脱除少量一氧化碳的预冷阶段，因此将低温甲醇洗和液氮洗工艺结合在一起使用，特别经济。

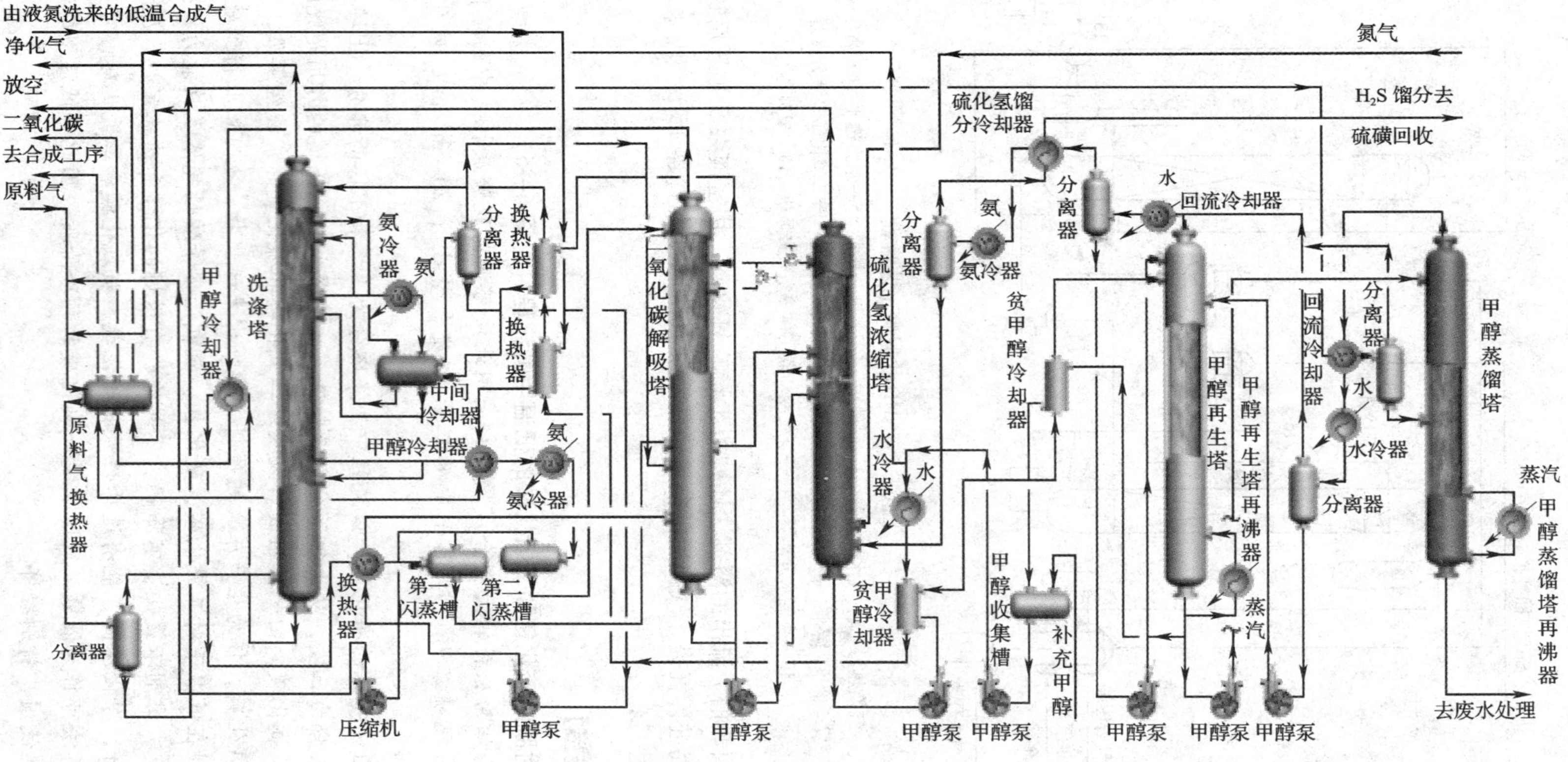

图 6—6　同时脱除 H_2S 和 CO_2 的低温甲醇洗涤工艺流程

二、同时脱除硫化氢和二氧化碳的NHD法流程（见图6—7）

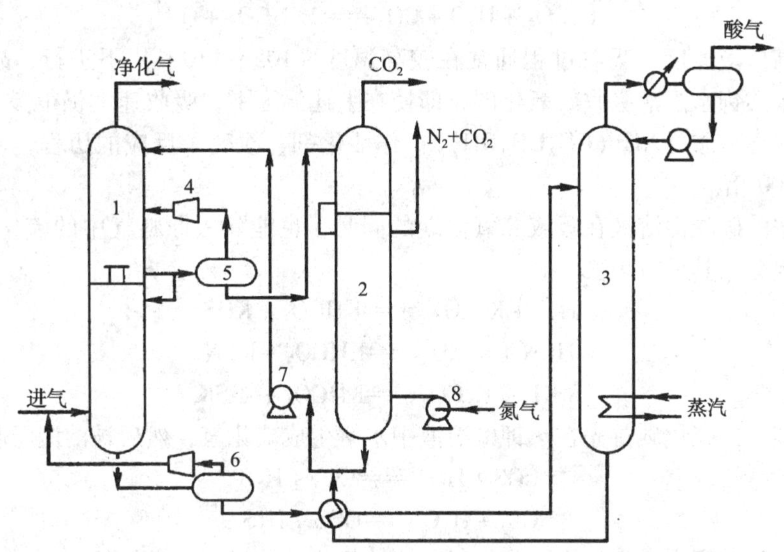

图6—7　同时脱除硫化氢和二氧化碳的NHD法流程

1—吸收塔　2—气提塔　3—热再生塔　4—压缩机　5、6—闪蒸器　7—泵　8—鼓风机

吸收塔分为上、下两段，上塔为脱碳段，下塔为脱硫段。气体与自吸收塔顶喷淋下来的NHD溶剂逆流接触，二氧化碳被吸收。富液一部分流入下塔继续吸收硫化氢，另一部分经闪蒸和常压解吸后送气提塔，在气提塔下部通入氮气进行气提，气提后的溶液经泵返回吸收塔顶部。

自吸收塔底部排出的含硫化氢和二氧化碳的富液，经闪蒸及换热器加热后，入热再生塔再生，再生后的贫液经换热器降温后，经泵返回吸收塔顶部。闪蒸出的气体中主要成分是氢、氮气，分别经压缩机压缩后送回吸收塔。

第二节　化学吸收法

化学吸收法脱碳具有选择性好、净化度高、回收的二氧化碳纯度高等优点，尤其是以有机胺为吸收剂时，吸收效果好，能耗低。本节重点介绍本菲尔法和甲基二乙醇胺法。

一、本菲尔法

1. 基本原理

在碳酸钾溶液中添加活化剂二乙醇胺作为吸收剂时称为本菲尔法。

（1）吸收原理。碳酸钾水溶液吸收二氧化碳为气液相反应，其吸收过程分四个步骤：

1）气相中的二氧化碳扩散到溶液界面；

2）二氧化碳溶解于界面溶液中；

3）溶解的二氧化碳在界面液层中与碳酸钾发生化学反应；

4）反应产物向液相主体扩散。在吸收过程中，化学反应速度最慢，为吸收过程的控制步骤。

碳酸钾水溶液具有弱碱性，与二氧化碳反应为：

$$K_2CO_3 + H_2O + CO_2 \rightleftharpoons 2KHCO_3 + Q \qquad (6\text{—}1)$$

为了提高反应速度，吸收过程通常在较高温度（105 ~ 110℃）下进行，故称为热钾碱法。但用纯碳酸钾水溶液吸收二氧化碳，即使在上述温度下，吸收速度仍很慢。当在碳酸钾溶液中加入二乙醇胺［$NH(CH_2CH_2OH)_2$］作活化剂，改变了反应的历程，使反应速度可加快 10 ~ 1 000 倍。

含有机胺的碳酸钾溶液在吸收二氧化碳的同时，也能除去原料气中的硫化氢、氰化氢、硫醇等酸性组分，其反应为：

$$H_2S + K_2CO_3 \rightleftharpoons KHCO_3 + KHS \qquad (6\text{—}2)$$

$$HCN + K_2CO_3 \rightleftharpoons KHCO_3 + KCN \qquad (6\text{—}3)$$

$$RSH + K_2CO_3 \rightleftharpoons KHCO_3 + RSK \qquad (6\text{—}4)$$

硫氧化碳、二硫化碳首先在热钾碱溶液中水解生成硫化氢，然后被溶液吸收。

$$COS + H_2O \rightleftharpoons CO_2 + H_2S \qquad (6\text{—}5)$$

$$CS_2 + H_2O \rightleftharpoons COS + H_2S \qquad (6\text{—}6)$$

二硫化碳需经两步水解生成硫化氢后才能被吸收，故吸收效率较低。

（2）溶液的再生。碳酸钾溶液吸收二氧化碳后，碳酸钾转变为碳酸氢钾，溶液的 pH 值减小，活性下降，故需要将溶液进行再生，逐出二氧化碳，使溶液恢复吸收能力，循环使用。再生反应为：

$$2KHCO_3 \rightleftharpoons K_2CO_3 + H_2O + CO_2\uparrow + Q \qquad (6\text{—}7)$$

压力越低，温度越高，越有利于碳酸氢钾的分解。为了使 CO_2 更完全地从溶液中解吸出来，可向溶液中通入惰性气体进行气提，使溶液湍动并降低二氧化碳在气相中的分压。

生产中一般采用下部设置再沸器的再生塔，即用间接加热法将溶液加热至沸点，使大量水蒸气从溶液中蒸发出来，水蒸气沿再生塔向上流动过程中与溶液逆流接触，降低了气相中二氧化碳的分压，增加了解吸的推动力，同时加大了液相中的湍动程度和解吸面积，从而使溶液更好的得到再生。

通常用转化度（F_c）或再生度（I_c）表示溶液中碳酸钾吸收或再生的程度。

其定义式为：

$$F_c = \frac{\text{转化为 } KHCO_3 \text{ 的 } M_{K_2CO_3}}{\text{溶液中总 } M_{K_2CO_3}} \qquad (6\text{—}8)$$

或为：

$$I_c = \frac{\text{溶液中总 } M_{CO_2}}{\text{总 } M_{K_2O}} \qquad (6\text{—}9)$$

转化度和再生度的关系为：

$$I_c = F_c + 1 \qquad (6\text{—}10)$$

对纯碳酸钾而言，$F_c = 0$，$I_c = 1$；对纯碳酸氢钾而言，$F_c = 1$，$I_c = 2$。再生后溶液的转化度越接近于0，或再生度越接近于1，表示溶液中碳酸氢钾含量越少，溶液再生则越完全。

2. 工艺操作条件的选择

（1）溶液的组成

1）碳酸钾的浓度。提高碳酸钾的浓度，可提高溶液的吸收能力，加快反应速度，从而减少溶液循环量和提高气体净化度。但碳酸钾浓度越高，在高温下对设备的腐蚀越大，在低温时易析出碳酸氢钾结晶，堵塞设备，造成操作困难。故碳酸钾的浓度一般为 25% ~ 30%

（质量分数），最高40%。

2）活化剂二乙醇胺的浓度。增加溶液中活化剂二乙醇胺的浓度，可加快溶液吸收二氧化碳的速度，降低净化气中残余二氧化碳的含量。但当二乙醇胺浓度超过5%时，活化作用则不显著了，而二乙醇胺的损失增大。故生产中，二乙醇胺的浓度一般为2.5%～5%为宜。

3）缓蚀剂的浓度。热的碳酸钾溶液和潮湿的二氧化碳对碳钢有较强的腐蚀作用，在溶液中加入缓蚀剂偏钒酸钾（KVO_3）或五氧化二钒（V_2O_5），可起到一定防腐作用。

偏钒酸钾是一种强氧化剂，能与铁作用，在设备表面形成一层氧化铁保护膜，从而保护设备免受腐蚀。若加五氧化二钒为缓蚀剂，则在碳酸钾溶液中按下式转变：

$$V_2O_5 + K_2CO_3 = KVO_3 + CO_2 \tag{6—11}$$

通常溶液中偏钒酸钾的浓度为0.6%～0.9%（质量分数）。

4）消泡剂。在生产过程中，碳酸钾溶液易起泡，从而影响溶液的吸收与再生效率，严重时会造成气体带液而影响生产。故工业上常向溶液中加入消泡剂以避免或减弱起泡现象。

消泡剂是一种表面活性大，表面张力很小的一类物质，能迅速扩散至泡沫表面并造成泡沫表面张力的不均，而使泡沫迅速破灭或不易形成。目前常用的消泡剂有硅酮类、聚醚类以及高级醇类等。消泡剂的浓度一般为3～30 mg/kg。

（2）吸收压力。提高吸收压力，可增加吸收推动力，从而加快吸收速度，提高气体净化度，减小吸收设备的尺寸。但当压力提高到一定程度后，上述影响则不明显了。使动力消耗增大，故吸收压力不可过高。实际生产中，吸收压力主要取决于合成氨的工艺流程。如在天然气、轻油为原料的蒸汽转化法制取合成氨流程中，吸收压力多为2.74～2.8 MPa，以煤、焦为原料制取合成氨的流程中，吸收压力一般为1.8～2.0 MPa。

（3）吸收温度。提高吸收温度，可加快吸收反应速度，节省再生的耗热量。但吸收温度高，溶液上方二氧化碳平衡分压也随之增大，降低了吸收推动力，因而降低了气体净化度，故温度对吸收过程产生两种相互矛盾的影响。为此，生产中普遍采用两段吸收、两段再生流程，即吸收塔和再生塔均分为两段。自再生塔上段取出占溶液总量2/3～3/4的半贫液，温度为105～110℃。不经冷却直接入吸收塔下段，这样不仅可加快吸收反应速度，使大部分二氧化碳在吸收塔下段被吸收，且吸收温度接近再生温度，可节省再生的耗热量。而由再生塔下段引出的占总量1/4～1/3的贫液，冷却至65～80℃入吸收塔上段。由于贫液的转化度较低，且在较低温度下吸收，因此能达到较高的净化度，使出塔气中二氧化碳降至0.2%以下。

（4）再生温度及再生压力。提高再生温度和降低再生压力，可加快碳酸氢钾分解速度。为了简化流程和便于将再生过程中解吸出的二氧化碳输送到后工序，再生压力（绝对）应略高于大气压，一般为0.11～0.14 MPa。而再生温度为该压力下溶液的沸点，故再生温度一般为105～115℃。

（5）溶液的转化度。再生后贫液和半贫液的转化度大小是再生好坏的标志。从吸收角度而言，溶液的转化度越小，吸收速度越快，气体净化度越高。但对再生而言，为了达到较低的转化度就要消耗更多的能量，再生塔和再沸器的尺寸也要相应增大。在两段吸收、两段再生流程中，贫液的转化度一般为0.15～0.25，半贫液的转化度为0.35～0.45为宜。

（6）再生塔顶水气比。生产中多用塔顶出口气体中的H_2O/CO_2来判断再沸器供热是否充足。由再生塔顶排放的气体中，水气比H_2O/CO_2越大，说明再沸器提供的热量越多，从溶液中蒸发出来的水分则越多，此时塔内各点气相中二氧化碳分压相应降低，再生速度必然加快。而再沸器向溶液提供的热量越多，意味着再生过程耗热量增加，实践证明，当 H_2O/CO_2为 1.8 ~2.2（摩尔比）时，可得到满意的再生效果。

3. 工艺流程

用碳酸钾溶液脱除二氧化碳的流程很多，有一段吸收一段再生、二段吸收一段再生、二段吸收二段再生、三段吸收三段再生。目前工业上常用二段吸收二段再生流程。

传统本菲尔二段吸收二段再生工艺流程如图 6—8 所示。

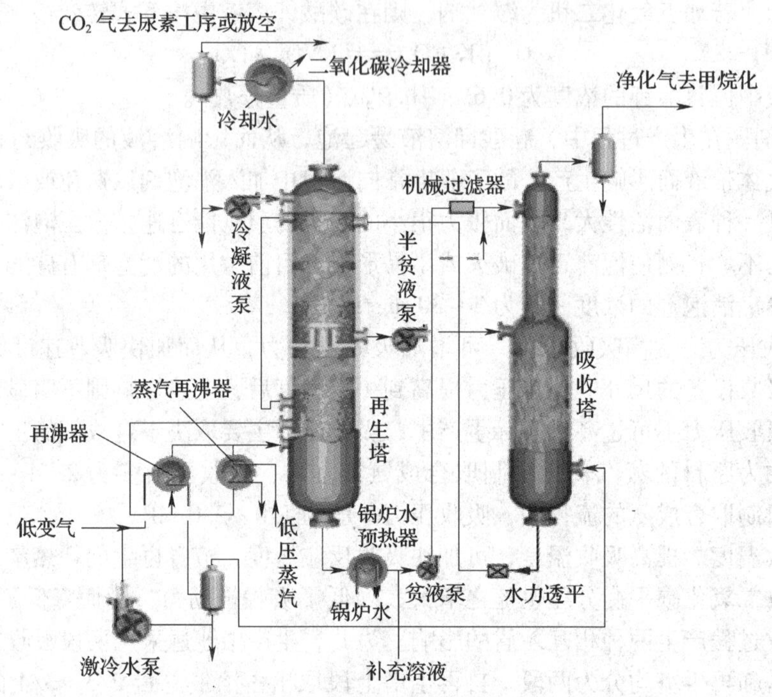

图 6—8　传统本菲尔二段吸收二段再生脱碳工艺流程

含二氧化碳 18% 左右的低温变换气，在压力 2.6 MPa、温度 250℃下，用水冷却至饱和温度后，入再生塔底再沸器，放出大量冷凝热作为再生热源，自身冷却至 127℃左右。自再沸器出来的变换气经分离器分离出冷凝水，入吸收塔底部。在塔内分别用 110℃左右的半贫液和 70℃左右的贫液进行洗涤，气体中二氧化碳被吸收。出塔净化气温度约 70℃，二氧化碳含量 0.1% 以下，经分离器除去夹带的液滴后，送往甲烷化工序。

由吸收塔底排出的富液，经水力透平减压膨胀、回收能量后，借助自身残余的压力流到再生塔顶部，闪蒸出部分二氧化碳和水蒸气后沿塔流下，自上而下与由再沸器加热产生的上升蒸汽逆流接触，溶液被加热至沸点，并解吸出所吸收的二氧化碳。由塔中部引出的半贫液，温度为 112℃左右，转化度约为 0.4，占溶液总量 3/4，经半贫液泵加压后送至吸收塔中部。由再生塔底排出的贫液，温度为 120℃左右，转化度约为 0.2，占溶液总量 1/4，在锅炉给水预热器中冷却至 70℃左右，经贫液泵加压、过滤后送往吸收塔顶部。

再生塔顶部排出的高纯度二氧化碳再生气，温度为 100 ~105℃，H_2O/CO_2为 1.8 ~2.2，经冷却器冷却至 40℃左右，分离出冷凝水后送往尿素工序。

由于入吸收系统的变换气为 127℃左右，出吸收系统的净化气为 70℃左右，出系统的再生气温度为40℃左右，故由变换气带入系统的蒸汽量多于由净化气和再生气带出系统的蒸汽量，其冷凝水会使溶液稀释，降低吸收能力。为了维持系统的水平衡，应将再生气分离器内分离出的部分冷凝水（约10 t/h）排出系统，其余大部分返回再生塔顶部。

再生过程所需热量大部分由低变气供给，不足的由蒸汽再沸器补充。

低变炉出口气体温度约250～260℃，为防止高温气体损坏再沸器和引起溶液中有机胺的降解，同时减少热碱液对再沸器的腐蚀，需要先喷入冷凝水使其达到饱和温度（约175℃），入再沸器。

4. 主要设备

脱碳工序的主要设备是吸收塔和再生塔，有填料塔和筛板塔。填料塔虽然生产强度较低，填料体积庞大，但操作稳定可靠，故多数厂均采用填料塔。有碳钢、不锈钢、聚丙烯或陶瓷填料，但热钾碱溶液对普通陶瓷有腐蚀性，而某些塑料则可造成溶液起泡或局部过热时发生软化变形，因此工业上对吸收塔和再生塔所用陶瓷或塑料填料均有特殊要求。

（1）吸收塔。其结构如图6—9所示。

吸收塔是承压设备。分为上塔和下塔。入上塔的溶液仅为全部溶液量的1/4左右，同时气体中大部分二氧化碳在下塔被吸收，故吸收塔设计成上小下大的异径塔。上塔内径2.5 m，下塔内径3.5 m，塔高42 m。

整个塔内装有填料，上下塔填料各分为两层。为使溶液能均匀润湿填料表面，除上塔装有液体分布管外，每层中间也设有液体分布器。填料置于支承板上，支承板呈波纹状，气体由波纹上面和侧面小孔入填料层，而液体由波纹下部的小孔流下。气体分布均匀，不易液泛，且刚性好，承载重量大。下塔底部设有消泡器。为了防止溶液产生漩涡将气体带至再生塔内，在吸收塔下部富液出口管上装有防涡流挡板。

（2）再生塔。其结构如图6—10所示。

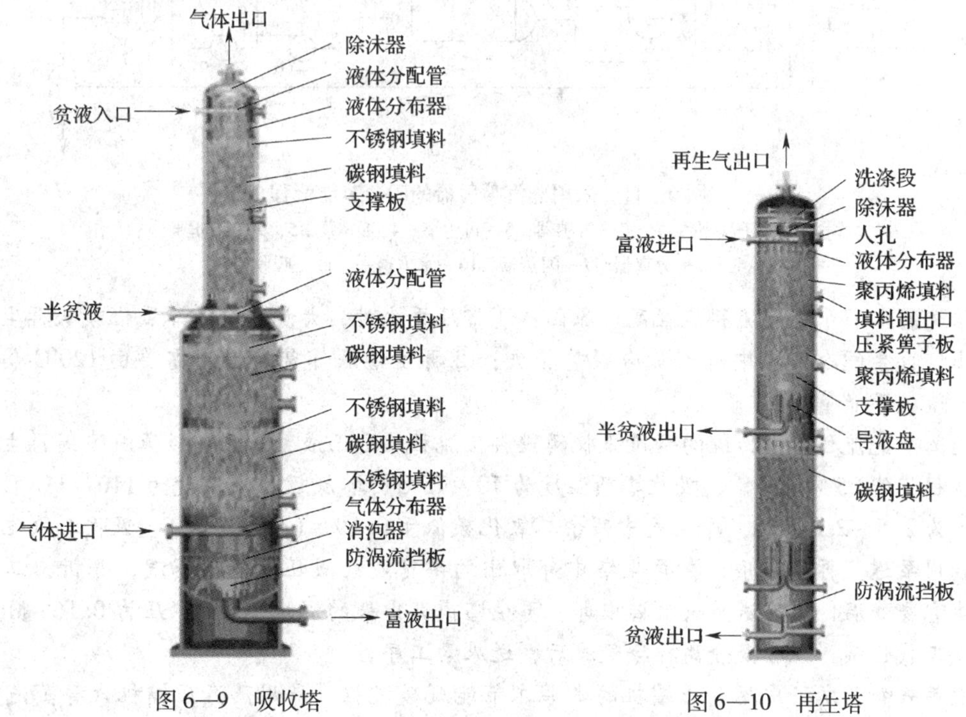

图6—9　吸收塔　　　　图6—10　再生塔

再生塔分上、下两段，下塔溶液流量小，塔内径为4.27 m，塔高49 m。

塔内装有填料，上塔填料装成两层，中间设有液体分布器，下塔填料装成一层。在上塔与下塔之间装有导液盘，由下塔蒸发出的水蒸气和二氧化碳，经盘上气窗进入上塔，而上塔经过再生后的溶液大部分由导液盘引出，经半贫液泵，引出塔外。另一部分溶液流入下塔进一步再生，贫液由塔底引出。

再生塔的填料采用鲍尔环或阶梯环。上塔用增强聚丙烯填料，下塔用碳钢填料。上塔填料层上部设有丝网除沫器，以分离再生器中夹带的液沫。丝网除沫器以上设三层泡罩组成的洗涤段，在此用再生器分离下来的冷凝液来洗涤再生气，进一步清除其中夹带的碱液，并回收部分热量。洗涤水作为再生塔补充水加到塔的下部。

【知识链接】

本菲尔节能脱碳工艺流程（见图6—11）

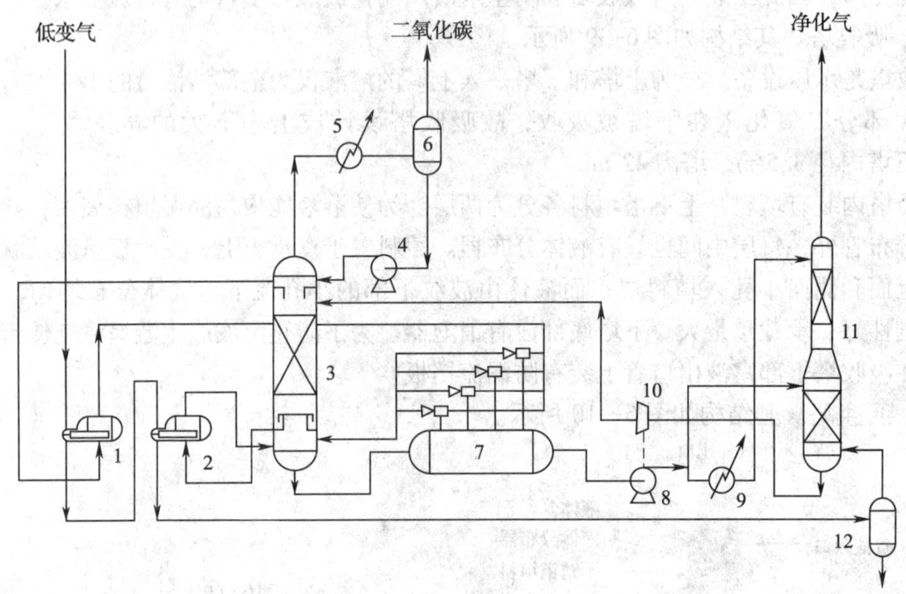

图6—11　采用蒸汽喷射器的闪蒸节能流程

1—低压蒸汽锅炉　2—再沸器　3—再生塔　4，8—泵　5，9—冷却器
6，12—分离器　7—闪蒸槽　10—水力透平　11—吸收塔

传统的本菲尔脱碳流程能耗高。原因：①常压再生时，大量蒸汽随二氧化碳从再生塔顶部带出，再生气冷凝器中有大量冷凝热损失；②再生塔底部贫液温度需要由120℃冷却至70℃，造成了能量损失。

闪蒸节能流程是由传统的两段吸收两段再生流程改进而成，采用四级蒸汽喷射再生，比传统流程节能25%～50%。吸收塔顶温度为70～75℃，塔底吸收液温度为110～118℃，操作压力为2.5～2.8 MPa，净化气中残余二氧化碳低于0.1%（体积分数）。吸收二氧化碳后的富液用泵送至再生塔顶，在再生塔中部取出的半贫液经减压闪蒸出蒸汽，并析出二氧化碳，使溶液降温，然后送至吸收塔中部。再生塔顶部出来的温度100℃、压力0.165 MPa的再生气二氧化碳，经冷凝分离掉冷凝液后，送尿素工序。

近年来新开发了用蒸汽压缩机的本菲尔节能脱碳流程。采用蒸汽压缩机代替蒸汽喷射器，将蒸汽加压后送至再生塔，可取得比闪蒸更好的效果。此流程比传统的本菲尔脱碳流程能耗下降60%左右。但采用蒸汽压缩机后，设备投资大大增加。

二、甲基二乙醇胺法（MDEA法）

甲基二乙醇胺法（MDEA法）是德国的BASF公司开发的一种脱碳方法，1971年开始用于工业生产。该法吸收效果好，能使净化气中二氧化碳含量降至100 mL/m^{3}以下，溶液稳定性好，腐蚀性小，不降解，流程简单，氢氮气损耗少，吸收压力范围广，尤其是该法能耗低，比低能耗的蒸汽喷射本菲尔法降低42%左右，目前世界上已有几十家大型氨厂采用。

1. 基本原理

MDEA的化学名称为N—甲基乙二醇胺，分子式$C_5H_{11}NO_2$，结构简式为$(CH_2CHOH)_2NCH_3$，简写为R_2CH_3N。分子量为119.17，密度（20℃）为1.039 g/cm^3，凝固点为 -21℃，沸点为246℃（102 kPa），闪点为126.7℃，黏度（20℃）为101×10^{-3} Pa·s，蒸汽压<1 Pa（20℃）。

其吸收剂是45%~50%的N—甲基二乙醇胺水溶液，并添加少量活化剂。

MDEA吸收二氧化碳的总反应式为：

$$R_2CH_3N + CO_2 + H_2O \rightleftharpoons R_2CH_3NH^+ + HCO_3^- \qquad (6\text{—}12)$$

纯MDEA溶液吸收二氧化碳速率较慢，在溶液中加入1%~3%的活化剂（仲胺或伯胺）后，改变了吸收反应历程，加快了吸收与再生速率。

MDEA溶液兼有化学吸收和物理吸收的特点，故本法属于物理化学吸收法。

吸收了二氧化碳的MDEA液可采用与物理吸收法相同的闪蒸法进行再生。

2. 工艺操作条件选择

（1）溶液组成。溶液的主要成分是N-甲基二乙醇胺（MDEA），此外还加入1~2种活化剂。常用活化剂有二乙醇胺、甲基一乙醇胺、哌嗪等。不同活化剂有不同的作用，有的可提高吸收速率，有的可提高净化度。加入活化剂哌嗪不仅可加快吸收速率，还可增加溶液对二氧化碳的吸收量。不同浓度的MDEA溶液与二氧化碳溶解度的关系见表6—6。

表6—6　不同浓度的MDEA溶液与二氧化碳的关系　70℃、0.5 MPa（绝）

MDEA溶液浓度/%	CO_2溶解度/[m^3/m^3（标）]	MDEA溶液浓度/%	CO_2溶解度/[m^3/m^3（标）]
20	30.4	50	57.0
30	40.4	60	62.8
40	49.2		

由表6—6可知，溶液中MDEA浓度增加，二氧化碳溶解度增大，相对吸收速率增加，但浓度超过50%后，后两者增加则不明显。而溶液浓度过大，其黏度上升过快，故一般选用MDEA浓度为50%，活化剂浓度为3%左右。

（2）吸收温度。进吸收塔贫液温度低，有利于提高二氧化碳的净化度，但增加热能消耗。因此吸收温度随二氧化碳的净化度要求而变动。当净化气中二氧化碳要求降至0.01%时，贫液温度一般为50~55℃，半贫液温度由闪蒸后的溶液温度决定，一般为75~78℃。

（3）吸收压力。MDEA法脱碳压力适应范围较广，且可达到较高的气体净化度。当二氧化碳分压高时，溶液吸收能力大，特别是物理吸收二氧化碳部分的比例大，化学吸收二氧化碳部分比例小，热量消耗小。而在二氧化碳分压低时，要达到相同的气体净化度，热耗增大。故此法适用于二氧化碳分压较高时的脱碳。如合成氨变换气中二氧化碳含量为20% ~ 28%，MDEA 法脱碳适宜的压力应大于 1.8 MPa（绝压）。

（4）贫液与半贫液的比例。进吸收塔的贫液与半贫液比例受原料气中二氧化碳的分压、溶液吸收能力及填料高度等因素的影响，可在 1∶3 ~ 1∶6 范围内选择。

（5）闪蒸压力。MDEA 溶液吸收二氧化碳时，氢、氮、甲烷等气体不发生化学反应，仅以物理形式溶解于溶液中。吸收时氢、氮分压高，则以物理形式溶解氢、氮的量也大，在减压再生时与二氧化碳一并弛放出来，造成损失，并使再生气体纯度不高。因此当吸收压力≥1.8 MPa 时，需要在吸收塔和再生塔之间加一闪蒸罐，使吸收塔底来的富液在此减压闪蒸，闪蒸压力一般为 0.4 ~ 0.6 MPa，释放出溶解的大部分氢。

3. 工艺流程

MDEA 法的工艺流程有一段吸收流程和两段吸收流程，其典型工艺流程为两段吸收流程，如图 6—12 所示。

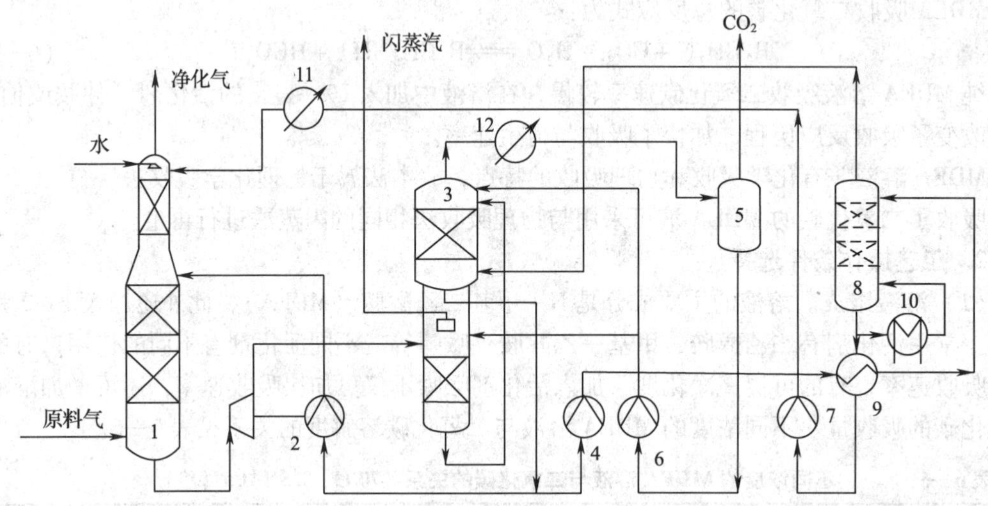

图 6—12　MDEA 法脱除二氧化碳二段吸收工艺流程

1—吸收塔　2—半贫液泵　3—闪蒸塔　4—碱液泵　5—分离器　6—冷凝液泵　7—贫液泵　8—再生塔　9—换热器　10—煮沸器　11—冷却器　12—冷凝器

原料气进入两段吸收塔底部，在下段与半贫液逆流接触后，升至上塔，CO_2大部分在下段被吸收。吸收塔上段加入流量较小但再生较完全的贫液，将气体洗涤至要求的净化度，净化气经回收夹带的雾沫后自塔顶引出。

自吸收塔底排出的富液，经水力透平回收能量，用于驱动半贫液泵，入闪蒸塔进行二级闪蒸，高压闪蒸放出的闪蒸汽中含有较多的氢、氮气，可回收利用，低压闪蒸出的二氧化碳经冷却、分离后浓度可达99%左右，送尿素工序。闪蒸再生后的半贫液大部分用泵打回吸收塔下段，小部分送至再生塔用蒸汽气提，进一步再生为贫液后，经换热器、水冷器冷却后送吸收塔顶。气提再生塔顶部出来的气体入低压闪蒸段下部，用以提高溶液温度，以利于二氧化碳气体的弛放。

实训八　本菲尔法脱碳生产操作实训

一、系统冷态开车操作

1. 开车前的准备工作

系统安装好后，按要求进行检查、清理、单体试车、系统吹扫、气密试验，并装填好催化剂。

2. 系统的清洗

分为水洗、碱洗、脱盐水洗三个阶段。

（1）水洗

1）用软水循环清洗系统，不断排出污水，并补充新鲜水，当排出水不脏时为止。

2）用再沸器将水加热至 90～98℃，用热水对系统进行循环洗涤至洗水干净为止。

（2）碱洗

1）用 3%～4% 的氢氧化钠溶液循环洗涤，温度维持在 85～95℃，洗涤 48 h；

2）更换碱液进行二次碱洗，洗涤 48 h；

3）改用脱盐水清洗 8～12 h，取洗水进行泡沫试验，不起泡为合格，合格后碱洗结束。否则继续碱洗，直至合格。

（3）脱盐水洗。用脱盐水洗涤 12～14 h，当排放水与脱盐水 pH 值相同时，洗涤合格。

3. 设备内表面钝化

（1）钝化液的制备。在溶液制备槽内，用脱盐水制备含碳酸钾 27% 左右，偏钒酸钾 0.7%～0.9% 的钝化液，用泵打入储槽待用。

（2）系统置换。钝化前，先用氮气或变换气置换系统，使系统内氧含量小于 0.5%。

（3）钝化操作

1）用泵将钝化液送至再生塔底，充满再沸器，把溶液加热至 100～105℃，静置钝化 36 h；

2）用氮气向吸收塔充压至 2 MPa，使吸收塔和再生塔建立起正常液位；

3）启动贫液泵和半贫液泵，使钝化液在系统内按正常生产流程循环钝化，一般需要 4～5天，其间控制钒含量，出现减少及时补充。当钝化液中钒含量不再下降，铁含量不再增加时，钝化结束，把系统内钝化液放回溶液制备槽。

4. 开车

（1）向钾碱溶液中添加二乙醇胺溶液，将钾碱溶液中各组分浓度调至正常操作指标后，送入系统，使吸收塔和再生塔内建立起正常液位；

（2）将工艺气送入吸收塔，充压至 1～1.3 MPa 时，开钾碱液泵进行溶液循环，并逐渐加量至正常负荷。

二、正常操作管理

1. 溶液温度的控制

包括吸收塔溶液的温度控制和再生塔溶液的温度控制。

（1）吸收塔溶液的温度，主要改变贫液与半贫液量和温度来调节，应控制在规定指标内，不能过高或过低。

（2）再生塔溶液的温度，即塔底压力下溶液的沸点温度，取决于再生压力和溶液的组成，一般控制在110℃左右。

2. 钾碱溶液浓度的控制

溶液的浓度通过系统的水平衡来调节，操作中应尽量保持溶液浓度的稳定。若带入系统的水量大于带出系统的水量，应加大再生气冷凝液的排放量；反之，应减少冷凝液的排放量。

3. 钾碱溶液循环量的控制

溶液循环量的大小应根据原料气中二氧化碳的含量、气体负荷、溶液浓度等因素来调节，生产中在保证气体净化度的前提下，尽量减少溶液循环量。

4. 液位的控制

液位恒定是吸收塔稳定操作的关键。吸收塔的液位主要由溶液出口自动调节阀调节，操作中应严加关注，并及时调节。

再生塔液位一般维持在液位计高度的60%～70%。

5. 压差的控制

当溶液循环量和入塔气量增大时，溶液严重发泡及填料（或筛板孔眼）被堵，均会引起塔阻力上升，使压差增大。当吸收塔压差突然上升或有上升趋势时，应迅速采取措施，如减少溶液循环量，降低气体负荷，直至停车检修，以防事故扩大。

6. 溶液起泡

脱碳液中含有灰尘、油污、铁锈等杂质，或因压力、流量波动过大，均会引起溶液起泡。生产中防止溶液起泡的措施主要有：

（1）开工前系统彻底清洗、除锈、脱脂和钝化；

（2）配制溶液的原料所含杂质必须低于规定指标，并防止灰尘、油污等杂质进入脱碳系统；

（3）气流速度不能过高，不能超负荷运行，加量时不可过猛；

（4）采用过滤器；

（5）添加消泡剂。

三、正常操作工艺指标

本菲尔法脱碳正常操作工艺指标见表6—7。

表6—7　本菲尔法脱碳正常工艺操作指标

<table>
<tr><td rowspan="4">溶液组成（质量分数）/%</td><td>碳酸钾</td><td>27</td><td rowspan="4">入吸收塔气体</td><td rowspan="4">压力/MPa
温度/℃
CO_2（湿基）/%</td><td rowspan="4">2.66
127
16.2</td></tr>
<tr><td>二乙醇胺</td><td>3</td></tr>
<tr><td>五氧化二钒</td><td>0.5</td></tr>
<tr><td>贫液与总循环量之比</td><td>0.25</td></tr>
<tr><td rowspan="5">溶液温度/℃</td><td>贫液出再生塔</td><td>120</td><td rowspan="5">吸收塔出口气体</td><td rowspan="5">压力/MPa
温度/℃
CO_2（干基）/%</td><td rowspan="5">2.63
71
0.1</td></tr>
<tr><td>贫液入吸收塔</td><td>71</td></tr>
<tr><td>半贫液入再生塔</td><td>112</td></tr>
<tr><td>半贫液入吸收塔</td><td>112</td></tr>
<tr><td>富液入吸收塔</td><td>118</td></tr>
</table>

续表

溶液再生度 $\frac{CO_2}{K_2O}$	贫液 半贫液 富液	1.25 1.42 1.83	再生塔出口气体	压力/MPa 温度/℃ CO_2（干基）/% 溶液吸收强度/（m^3/m^3） 再生耗热/（kJ/m^3）	20 40 99.1 24.4 5 146

四、异常现象及处理（见表6—8）

表6—8　异常现象及处理

序号	现象	常见原因	处理方法
1	净化气中二氧化碳超标	（1）溶液量少，或上下段流量比例不当 （2）溶液浓度低 （3）溶液温度高 （4）溶液再生不好 （5）填料堵塞 （6）溶液杂质多	（1）加大溶液量，或调节上下段比例 （2）提高溶液浓度 （3）降低溶液温度 （4）提高再生效率 （5）停车清洗或更换 （6）加强过滤
2	吸收塔带液	（1）原料气量过大 （2）溶液量过大 （3）塔液位过高 （4）系统压力波动大 （5）填料或分配板堵塞 （6）溶液脏，泡沫多	（1）适当减少原料气量 （2）适当减少溶液量 （3）降低液位 （4）稳定系统压力 （5）停车清洗或煮塔 （6）加强过滤，加消泡剂
3	吸收塔液面波动大	（1）吸收塔带液 （2）塔压力波动大 （3）入塔溶液量波动大 （4）液面自动调节器失灵	（1）查明原因，及时处理 （2）稳定塔压 （3）稳定溶液流量 （4）改手动操作，并检修仪表
4	再生塔拦液	（1）填料和分配板堵塞 （2）溶液脏，泡沫多 （3）原料气量过大 （4）溶液量过大 （5）液位过高	（1）停车清洗或更换 （2）加强过滤，并加消泡剂 （3）减少原料气量 （4）减少溶液量 （5）适当降低液位
5	溶液再生不好	（1）再生温度低 （2）再生塔顶压力高 （3）溶液循环量过大 （4）填料或再沸器堵塞	（1）提高再生温度 （2）降低塔顶压力 （3）适当降低循环量 （4）停车清洗
6	再生塔液位突然下降	（1）再生塔拦液 （2）吸收塔大量带液 （3）液面指示失灵，造成假液面	（1）处理拦液 （2）减负荷，处理带液 （3）修理登记表，或疏理液面计

续表

序号	现象	常见原因	处理方法
7	吸收塔阻力大	（1）吸收塔带液 （2）入塔气液量波动大，或塔液面高 （3）溶液脏 （4）填料堵塞	（1）立即减气量或溶液量 （2）稳定操作，降低液面 （3）加强过滤 （4）停车清洗
8	溶液成分降低	（1）工艺气带水分过多 （2）回流水量过多 （3）溶液泵密封水泄漏过多	（1）加强气液分离 （2）减少回流水量 （3）换泵检修
9	溶液泵打不上液	（1）泵内有气 （2）叶轮损坏 （3）泵入口阀未开或出故障 （4）泵出口阀出故障 （5）泵入口设备液面太低	（1）排气，补液或补水 （2）换泵检修 （3）打开入口阀，或换泵检修 （4）换泵检修 （5）提高液面或补液
10	溶液泵有异声	（1）叶轮损坏 （2）泵内有硬物 （3）机组安装不好	（1）停泵检修 （2）换泵检修 （3）换泵检修

五、停车操作

1. 临时停车操作

指系统发生突然断电、断水、断气、着火、爆炸及二氧化碳严重超标无法控制时的停车，或短时间内为了检修设备的停车。停车时首先关闭吸收塔原料气进出口阀，停贫液泵、半贫液泵，关闭泵出口阀，保持塔内压力和液位，并做好开车准备。

2. 正常停车操作

切断工艺气后钾碱液再循环几小时，并保持塔压。停泵后吸收塔内溶液可压入再生塔内用蒸汽煮沸保温，也可把溶液排至地下槽、脱碳液贮槽。若系统需要检修，在卸压、排液后，需进行系统置换，合格后方可进行检修。

第三节　变压吸附法脱碳

变压吸附法（简称 PSA 法）为干法脱碳，是近几十年来发展起来的一项新型气体分离与净化技术。20 世纪 60 年代初，美国联合碳化物公司首次实现了变压吸附工艺技术的工业化。我国在 20 世纪 70 年代引进此技术，广泛应用于石油化工、冶金、轻工及环保等领域。该技术较湿法脱碳优越，在全国范围内迅速推广，目前有 60 多套 PSA 法脱碳设备投入运行。

一、基本原理

1. 吸附原理

具有吸附作用的物质（一般为密度相对较大的多孔固体）称为吸附剂，被吸附的物质

（一般为密度相对较小的气体或液体）称为吸附质。

变压吸附中的吸附过程主要为物理吸附，是依靠吸附剂与吸附质分子间的分子力（包括范德华力和电磁力）进行吸附的。其特点是吸附过程中没有化学反应，吸附过程进行的极快，参与吸附的各相物质间的动态平衡在瞬间即可完成，且吸附是完全可逆的。

变压吸附法脱碳是利用吸附剂对二氧化碳等吸附质吸附能力很强，而对氢、氮及一氧化碳的吸附能力较弱的特性进行脱碳的。在压力0.7～1.5 MPa下进行吸附，使原料气中二氧化碳含量降至0.2%以下，而在常压或真空状态下脱附再生。

在一定压力下，合成氨原料气通过装满吸附剂的吸附床层，吸附剂优先吸附其中的二氧化碳，而难吸附的氢、氮混合气作为净化气从吸附塔出口排出。在吸附剂减压再生过程中，残留于塔内的少量氢、氮气作为解吸气排出，在常压下用真空泵在吸附塔入口将二氧化碳从吸附剂中抽出，使吸附剂获得再生。再生后的吸附剂再进入下轮的吸附——再生循环。

单一的固定吸附床操作，由于吸附剂需要再生，吸附是间歇式的。因此，工业上均采用两个或更多的吸附床，使吸附床的吸附和再生交替（或依次循环）进行，保证整个吸附过程的连续进行。

2. 吸附剂

变压吸附脱碳的专用吸附剂为硅胶和活性炭。

为了达到要求的分离效果，实现经济有效运行，除要求吸附剂有良好的吸附性能外，吸附剂的再生方法也很关键。吸附剂的再生程度决定产品的纯度，并影响吸附剂的吸附能力。吸附剂的再生时间，决定吸附循环周期的长短，也决定吸附剂用量的多少。而在塔数、真空压力一定条件下，吸附循环时间决定着处理气量的大小和气体回收率的高低。吸附循环时间越长，气体回收率则越高。

二、变压吸附脱碳装置

因用途不同，变压吸附脱碳装置可分三种类型：单纯脱除二氧化碳获得净化气的装置；脱除变换气中的二氧化碳并联产食品级液体二氧化碳的装置；同时制取脱碳净化气和纯度为98%的气体二氧化碳的装置。

1. 单纯脱除二氧化碳装置

目前中小型氨厂采用最多的是单纯脱除二氧化碳获得净化气的PSA装置，以替代传统的湿法脱碳。根据氨厂的不同需要又分两种工艺：一是替代碳化以增产液氨为目的的脱碳工艺。变换气经PSA脱碳后净化气中二氧化碳含量小于0.2%，直接进入精制工序；二是用于与联醇装置配套的工艺。

2. 脱碳并联产液体二氧化碳装置

将来自PSA脱碳装置的解吸气，在常压下进入压缩机，加压至一定压力后，首先进行预处理，除去解吸气中所含的各类硫化物、微量的砷、氟、氯及饱和水，以满足食品级二氧化碳的要求。预处理后的气体冷却到0℃以下，使解吸气的二氧化碳成为液体，然后入提纯塔使二氧化碳与其他气体分离，最后在提纯塔底部得到纯度为99.5%～99.999%的食品级液体二氧化碳产品。

3. 脱碳并同时制取纯二氧化碳装置

该装置由提纯系统和净化系统两部分组成，两系统均采用多塔PSA工艺。变换气通过提纯系统将二氧化碳浓度富集到98.5%以上，供尿素工序使用。出提纯系统的中间气入净化系统，进一步将中间气中的二氧化碳降至0.2%以下，以保证合成氨生产需要。

思考练习题

1. 合成氨原料气为什么要进行脱碳？常用的脱碳方法有哪些？
2. 画出碳酸丙烯酯脱碳工艺流程图。
3. 画出低温甲醇洗脱碳工艺流程图。
4. 画出NHD法脱碳工艺流程图。
5. 本菲尔法脱碳的基本原理是什么？
6. 何谓转化度和再生度？
7. MDEA法脱碳的基本原理是什么？
8. MDEA法脱碳时，脱碳塔为什么要分为上、下两段？
9. 何谓变压吸附？变压吸附常用的吸附剂有哪些？
10. 变压吸附法脱碳有何特点？

第七章　合成氨原料气的精制

学习目标

1. 了解原料气的精制在合成氨生产中的意义；

2. 熟悉铜氨液洗涤法、甲烷化法、液氮洗涤法及双甲精制法的基本原理，工艺操作条件的选择，工艺流程和操作要点；

3. 熟悉甲烷化催化剂的组成及使用条件。

经变换和脱碳后的原料气，其主要成分是氢气和氮气，残余的有害气体一氧化碳约0.3% ~3%，二氧化碳约0.1% ~0.3%，氧约0.1% ~0.2%及微量硫化氢等，仍会使氨合成催化剂中毒。故原料气在送往合成工序之前，必须设置一个最后的净化工序，即原料气的精制。一般大型合成氨厂要求入合成系统的原料气中一氧化碳与二氧化碳之和（通常称为微量）的质量分数小于10×10^{-6}，中、小型厂要求小于25×10^{-6}。

由于一氧化碳既不是酸性，也不是碱性气体，在各种无机、有机溶剂中的溶解度又很小，因而要脱除少量一氧化碳并不容易。目前常用的方法有：

1. 铜氨液洗涤法

铜氨液洗涤法属于化学法。在高压低温下，采用含有铜盐的氨溶液吸收原料气中少量的一氧化碳、二氧化碳、硫化氢及氧。在低压，加热下再生。通常简称“铜洗”或“精炼”。

2. 甲烷化法

甲烷化法属于化学法。即在适当温度和有催化剂存在条件下，使一氧化碳、二氧化碳分别与氢作用生成甲烷，从而达到精制气体的目的。由于反应消耗了有效成分氢气，而生成了氨合成的惰性气体甲烷，故此法只适用于微量小于0.7%原料气的精制。故用甲烷化法精制时，必须采用中温变换串低温变换的流程。

3. 液氮洗涤法

液氮洗涤法属于物理法。是在低温下用液氮作洗涤剂，使一氧化碳含量降至10×10^{-6}以下，同时除去甲烷，从而制得纯度更高的氢氮气。

4. 双甲精制法

在适当温度和催化剂的作用下，少量一氧化碳和二氧化碳分别与氢作用生成甲醇，分离出甲醇后的原料气，再进行甲烷化法精制的过程。

表7—1　　几种精制方法比较

	铜氨液洗涤法	甲烷化法	液氮洗涤法	双甲精制法
特点	可将微量降至10×10^{-6}以下，成本较高	可使微量降至10×10^{-6}以下。流程简单、操作方便、费用低等	可将微量降至10×10^{-6}以下。可制得比铜洗纯度更高的氢氮气	新技术，可将微量降至几个$\times10^{-6}$以下，同时副产甲醇

续表

	铜氨液洗涤法	甲烷化法	液氮洗涤法	双甲精制法
适用	目前我国部分中型氨厂采用	以气态烃及轻油为原料的大型氨厂及部分中型氨厂多采用	以重油部分氧化及煤与富氧空气气化的大型氨厂多采用	中型氨厂广泛采用

第一节　铜氨液洗涤法

一、铜氨液的组成及性质

铜氨液简称“铜液”。目前生产中采用的铜氨液有碳酸铜氨液、蚁酸铜氨液和醋酸铜氨液。其中碳酸铜氨液吸收能力差，而蚁酸铜氨液吸收一氧化碳的能力较强，但蚁酸价格昂贵，因而使用受到限制。醋酸铜氨液的吸收能力与蚁酸铜氨液接近，故我国多采用醋酸铜氨液，而国外多采用蚁酸铜氨液。

在国内，铜氨液是由醋酸、氨、铜和水经化学反应后制成的一种溶液。新制备铜液的主要成分有醋酸二氨合亚铜［$Cu(NH_3)_2Ac$］、醋酸四氨合铜［$Cu(NH_3)_4Ac_2$］、醋酸铵（NH_4Ac）和游离氨。当铜氨液接触空气或原料气后，吸收了其中的二氧化碳，使铜氨液中增加了碳酸氢铵及碳酸铵等成分。铜在铜液中有两种存在形态。氨在铜液中有三种存在形态。铜与氨在铜液中的存在形态及作用见表 7—2。

表 7—2　　铜与氨在铜氨液中的存在形态及作用

组分	存在形态	性质及作用	有关名词
铜	低价铜离子（Cu^+）	无色，不稳定，易被氧化成为高价铜。具有吸收能力	低价铜离子与高价铜离子浓度之比称为铜比 低价铜离子与高价铜离子浓度之和称为总铜
	高价铜离子（Cu^{2+}）	蓝色，无吸收能力，起稳定低价铜离子的作用	
氨	配合氨	与低价铜，高价铜形成铜氨配离子，起稳定铜离子的作用	铜氨配离子中的氨
	固定氨	起稳定醋酸的作用	以铵根形态存在的氨
	游离氨	参与吸收一氧化碳、二氧化碳、氧和硫化氢的反应	为物理溶解状态的氨 三种氨浓度之和称为总氨

由表 7—2 可知，铜氨液呈蓝色。铜液中高价铜离子越多，蓝色则越深。

铜液的吸收能力除决定于低价铜离子浓度外，与其他组分的含量也有很大关系。常用铜氨液各中组分含量见表 7—3。

表 7—3 醋酸铜氨液中各组分的含量

组分	总铜	低价铜	高价铜	铜比	总氨	醋酸	二氧化碳
浓度/（mol/L）	2.0~2.5	1.9~2.2	0.3~0.4	5~7	9~13	2.4~3.4	<1.5

铜液呈弱碱性，pH 值为 9~10，有腐蚀性，特别是对人的眼睛有强烈的伤害，操作时应严加防护，黏度较大。

二、吸收原理

1. 吸收一氧化碳原理

在有游离氨存在条件下，醋酸二氨合亚铜与 CO 作用，生成一氧化碳醋酸三氨合亚铜。反应式为：

$$Cu(NH_3)_2Ac + CO + NH_3 \rightleftharpoons [Cu(NH_3)_3 \cdot CO]Ac + Q \quad (7\text{—}1)$$

反应特点：可逆的、气体体积缩小的放热反应。故降低温度、提高压力、增加铜氨液中低价铜及游离氨的浓度，均有利于吸收反应的进行。反之，降低压力，升高温度，反应（7—1）则向左移动，解吸出一氧化碳。实际生产中，根据这一特点，在加压和低温下，用铜氨液吸收原料气中残余的一氧化碳，而在减压和加热条件下再生，解吸出 CO。

单位体积铜氨液吸收一氧化碳的体积称为铜氨液的吸收能力。由吸收反应可知，每吸收一分子的一氧化碳，需要消耗一个低价铜离子，故 63.5 kg 的低价铜可吸收 22.4 Nm^3 的一氧化碳。但实际生产中，由于化学平衡的限制及气液接触时间等因素的影响，铜液中仅有 45%~55% 的低价铜参加吸收 CO 的反应，因此铜液的实际吸收能力，仅为理论吸收能力的 45%~55%。降低温度，提高压力，增加低价铜离子浓度及增大气液接触面积，均可提高铜液吸收能力。

2. 铜氨液吸收二氧化碳、氧和硫化氢的原理

（1）吸收二氧化碳。依靠铜液中的游离氨吸收二氧化碳生成碳酸铵，碳酸铵继续吸收二氧化碳生成碳酸氢铵。

反应式：

$$2NH_3 + CO_2 + H_2O \rightleftharpoons (NH_4)_2CO_3 + Q \quad (7\text{—}2)$$

$$(NH_4)_2CO_3 + CO_2 + H_2O \rightleftharpoons 2NH_4HCO_3 + Q \quad (7\text{—}3)$$

由上述反应知，铜液吸收二氧化碳的反应均是放热的，能使铜液温度升高，而影响吸收能力，同时生成的碳酸铵与碳酸氢铵，在低温时易于结晶，甚至当醋酸和氨不足时，还会生成碳酸铜沉淀，故进入铜洗系统的原料气中的二氧化碳含量不能过高。

（2）吸收氧。铜液是依靠低价铜离子吸收氧的，其反应式：

$$2Cu(NH_3)_2Ac + 4NH_3 + 2HAc + \frac{1}{2}O_2 = 2Cu(NH_3)_4Ac_2 + H_2O + Q \quad (7\text{—}4)$$

铜液吸收氧后，使低价铜氧化成高价铜，降低了铜氨液的吸收能力，如果入铜洗塔的气体中氧含量达到 2%，则几乎使全部低价铜离子被氧化成高价铜，使铜氨液失去吸收能力。因此必须严格控制入铜洗系统原料气中氧的含量。

（3）吸收硫化氢。铜氨液吸收硫化氢是借助游离氨的作用进行吸收的。

$$2NH_3 \cdot H_2O + H_2S \rightleftharpoons (NH_4)_2S + H_2O + Q \quad (7\text{—}5)$$

同时硫化氢还能与低价铜反应生成硫化亚铜沉淀。

$$2Cu(NH_3)_2Ac + H_2S = Cu_2S\downarrow + 2NH_4Ac + 2NH_3 \quad (7\text{—}6)$$

铜液吸收硫化氢后，生成了不能再生的硫化亚铜沉淀，不仅易堵塞设备，降低总铜含

量，增加铜耗，影响铜液吸收能力，且使铜氨液变黑，黏度增大，易造成气体带液事故。因而入铜洗系统的原料气中硫化氢含量越低越好。

三、铜洗工艺操作条件的选择

1. 温度

降低铜洗温度，铜液吸收能力增强，铜液吸收能力与温度的关系如图 7—1 和图 7—2 所示。由图可知，铜液温度在 10℃以下时，吸收能力较强；若超过 15℃，吸收能力则迅速下降。但温度过低，铜液黏度增大，影响吸收速度，并易析出碳酸铵结晶，堵塞设备，导致系统阻力增加，还易发生气体带液事故。故铜洗温度不可过低，一般为 8～15℃为宜。

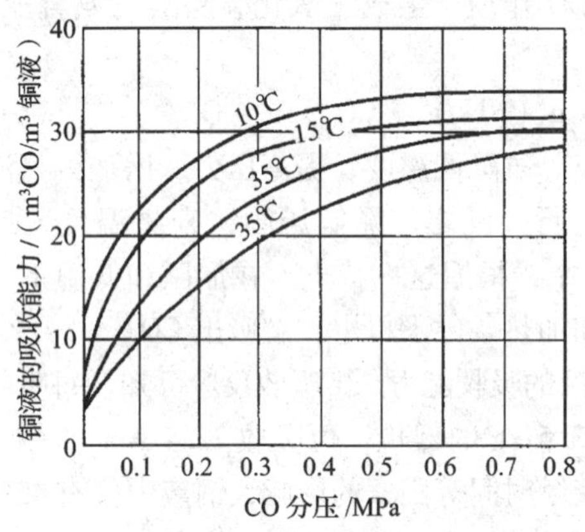

图 7—1　温度、压力对铜液吸收能力影响

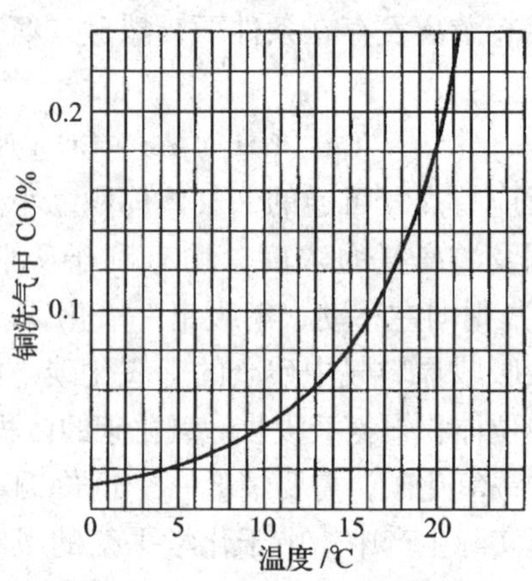

图 7—2　铜洗温度与残余 CO 的关系

2. 铜洗压力

提高铜洗压力，铜液吸收能力增大。铜液吸收能力与 CO 分压关系如图 7—1 所示。由图知，在一定温度下，吸收能力随压力的增加而增大，当压力提高到一定限度后，吸收能力随压力升高而增大的效果已不显著，却增加了动力消耗，同时对设备强度的要求也更高，不经济。故生产中铜洗压力一般控制在 12～15 MPa 为宜。即一氧化碳分压为 0.3～0.5 MPa。

3. 铜液的组成

（1）总铜与铜比。在铜比一定时，增加总铜含量，低价铜和高价铜离子浓度均增大。即铜液吸收能力增加。但总铜过高，铜液黏度增大，阻力增加，既增加了动力消耗，又易造成气体带液事故。故一般总铜含量控制在 2.0～2.5 mol/L 为宜。

在总铜含量不变情况下，提高铜比，即提高了低价铜含量，从而提高铜液的吸收能力，减少铜液用量。但铜比过高，易析出金属铜沉淀。

$$2Cu(NH_3)_2Ac \rightleftharpoons Cu(NH_3)_4Ac_2 + Cu\downarrow \qquad (7—7)$$

使铜液中总铜含量减少，吸收能力下降，还易堵塞设备和管道，妨碍生产。故实际生产中，为了使铜液既具有较高的吸收能力，又要防止析出金属铜，铜比一般控制在 5～7 为宜。

（2）铜液中氨含量。氨在铜液中有三种存在形态，配合氨与固定氨随铜离子及醋酸根而定，故总氨增加，游离氨也增加，铜液吸收能力增大。当生产中若遇到原料气中一氧化碳、二氧化碳含量增高时，也常采用增加氨含量的方法来补救。当铜液中游离氨不足时，易析出金属铜沉淀。此外，还会发生醋酸二氨合亚铜的分解，生成醋酸亚铜及碳酸铜沉淀。

$$Cu(NH_3)_2Ac \rightleftharpoons CuAc\downarrow + 2NH_3 \tag{7—8}$$

从而使铜液中铜氨配离子减少，降低吸收能力，严重时易造成设备堵塞。但氨含量过高，再生时氨的挥发损失增加，使再生压力升高，影响铜液再生。故铜液中总氨含量一般控制在 9 ~ 13 mol/L 为宜。

（3）醋酸的含量。醋酸在铜液中主要存于 $Cu(NH_3)_2Ac$ 和 $Cu(NH_3)_4Ac_2$ 中，稳定铜液，并参与吸收氧的反应。

当铜液中醋酸含量不足时，易生成碳酸铜氨盐，降低铜液吸收能力，同时生成的碳酸铜沉淀，影响生产，故醋酸含量不宜过高。因铜液再生温度较高，醋酸易受热分解而损失。通常醋酸含量以超过总铜含量的 10% ~15% 为宜，一般为 2.2 ~3.0 mol/L。

（4）再生后铜液中残余一氧化碳和二氧化碳的含量。为了保证铜洗效果，要求再生后的铜液中 CO <5 ml/L，CO_2 <1.5 mol/L。

四、铜液再生

铜液吸收一氧化碳、二氧化碳、氧和硫化氢后，吸收能力下降，甚至失去吸收能力。为恢复其吸收能力，需进行再生，循环使用。

再生目的如下：①使铜液吸收的一氧化碳、二氧化碳及硫化氢在减压、加热条件下解吸出来；②使高价铜还原成低价铜，调节铜比；③补充铜洗过程中所消耗的氨、铜及醋酸。

1. 再生原理

在减压及加热条件下，首先解吸出所吸收的一氧化碳、二氧化碳及硫化氢。解吸反应是吸收反应的逆过程，其反应：

$$[Cu(NH_3)_3 \cdot CO]Ac \rightleftharpoons Cu(NH_3)_2Ac + CO\uparrow + NH_3\uparrow - Q \tag{7—9}$$

$$NH_4HCO_3 \rightleftharpoons NH_3\uparrow + CO_2\uparrow + H_2O - Q \tag{7—10}$$

$$(NH_4)_2S \rightleftharpoons H_2S + 2NH_3 - Q \tag{7—11}$$

解吸是吸热的，体积增大的反应，故降低压力、升高温度有利于解吸过程的进行。再生气中除含有一氧化碳、二氧化碳、氨等气体外，还含有少量被铜液夹带的氢、氮气，应予以回收利用。

再生过程中，还伴有高价铜的还原反应，但它不是低价铜氧化的逆过程。而是铜液中溶解状态的 CO 与高价铜离子作用。

$$2Cu(NH_3)_4Ac_2 + CO + H_2O \rightleftharpoons 2Cu(NH_3)_2Ac + CO_2\uparrow + 2NH_4Ac + 2NH_3 - Q \tag{7—12}$$

高价铜还原成低价铜，铜比升高，而一氧化碳则氧化成二氧化碳。后者与一氧化碳的燃烧反应类似，故又称为湿法燃烧。

湿法燃烧的意义：既能调节铜比，又能使溶解状态的一氧化碳转化为易于解吸的二氧化碳。在 80℃以下，单凭可逆的分解反应不能将吸收的 CO 彻底解吸，而湿法燃烧反应在75 ~ 80℃时则进行很快，使再生比较完全。

由此可知，再生过程中铜比的提高，是依靠一氧化碳的还原作用。若还原时，铜液中一氧化碳解吸过早，则还原作用减弱，铜比达不到要求。反之，铜比过高，会析出金属铜沉淀。故维持铜液中一定浓度的高价铜，无论对 CO 的彻底清除，或保持铜液稳定，防止金属铜析出都是必要的。当高价铜还原过度，铜比过高时，可在还原器底部通入适量空气，将部分低价铜直接氧化为高价铜。

2. 再生操作条件选择

（1）再生温度。铜液再生温度必须同时满足气体的解吸、高价铜的还原和残余一氧化碳氧化三者的要求。提高温度有利于解吸反应的进行，但温度过高，CO 解析过快，使还原作用减弱。反之，温度过低，对还原有利，但解吸不完全，再生后铜液中残余 CO 含量增加，影响吸收能力。为解决这一矛盾，生产中通常采用分段控温的方法进行再生，使气体的解吸、高价铜的还原及残余 CO 氧化分段进行。

首先，在回流塔中，温度控制在 45 ~ 55℃，使大部分一氧化碳及二氧化碳解吸；然后在还原器中，将温度控制在 60 ~ 68℃，进行高价铜的还原；最后在再生器中，将温度提高到 75 ~ 78℃，使残余 CO 氧化。再生器温度不能超过 80℃，否则氨与醋酸损失大，严重时将破坏铜液的稳定，析出金属铜。

（2）再生压力。再生压力低，有利于一氧化碳和二氧化碳的解吸。但再生压力过低，会使一氧化碳过早解吸，不利于高价铜的还原，铜比不易升高，反而降低了铜氨液的吸收能力。同时，使再生气能够克服管道和设备阻力，顺利送到回收系统，故再生压力一般维持在 0. 3 ~ 0. 8 kPa。

（3）再生时间。铜液再生时间越长，则一氧化碳与二氧化碳解吸则越完全，再生后铜液吸收能力越强。实践证明，铜液在再生器内停留 25 min 左右，才能使一氧化碳解吸较完全。为保证铜液再生完全，生产中一般使铜液在再生器内停留 30 ~ 40 min。

（4）氨的加入量。加氨的目的是补充铜液在生产过程中损失的氨，以维持总氨含量。若补充氨过多，再生时蒸发损失的氨也多，则再生气中 CO 的分压相应降低，使铜液中的 CO 易解吸，还原作用削弱，铜比则下降。故加氨量多，再生完全，可避免铜比偏高。当铜比偏低时，不易及时调整和纠正。当加氨量不足时，会使铜液吸收能力下降。故适宜的加氨量对稳定操作是十分重要的。一般每生产 1 t 氨需向铜洗系统补加 7 ~ 10 t 氨。

（5）再生空气加入量。当高价铜还原过度、铜比过高时，可采用加入空气使部分低价铜氧化为高价铜，以降低铜比。但空气的加入，相应提高了再生压力，同时，带入的氮气使再生的 CO 纯度降低，降低了回收价值，故生产中应尽量少用加空气的办法调节铜比。

五、工艺流程

工艺流程

铜洗与再生工艺流程方框图如图 7—3 所示，工艺流程图如图 7—4 所示。

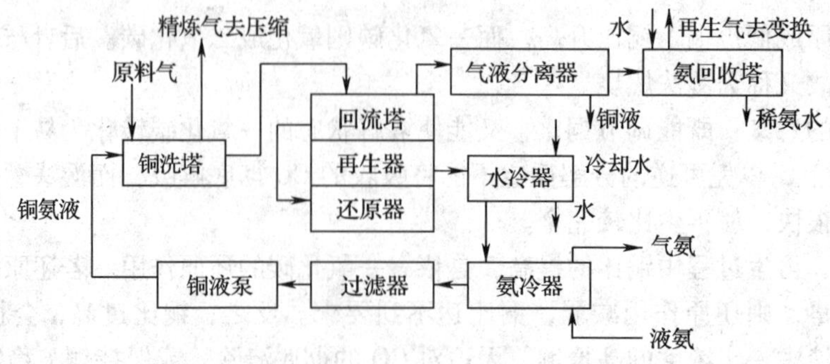

图 7—3　铜洗与再生工艺流程方框图

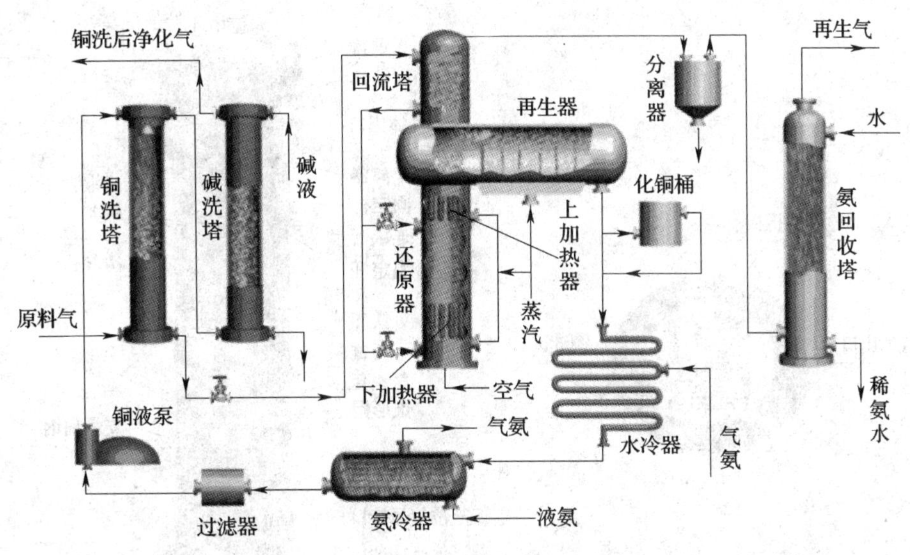

图 7—4　铜洗与再生工艺流程示意图

脱碳后的原料气，经压缩工段加压至 12 MPa 以上入铜洗塔，在塔内与塔顶喷淋下来的铜液逆流接触，一氧化碳、二氧化碳、氧及硫化氢被铜液吸收。出铜洗塔的气体中微量降至 10×10^{-6}以下，送往合成工序。

吸收了 CO 等杂质后的铜液，温度升至 28℃左右，由铜洗塔底部排出经膨胀阀减压后，依靠本身的内能，上升到回流塔顶部。在回流塔内被再生器来的再生气加热，温度升至 45 ~ 55℃，使大部分一氧化碳和二氧化碳解吸。铜液自回流塔下侧排出，根据铜比的高低，进入还原器的下加热器底部（主线）或上加热器底部（副线），铜液在下加热器被加热至 60 ~ 68℃，使高价铜还原为低价铜，调节铜比，再经上加热器加热至 70 ~ 75℃入再生器。继续被加热，温度升至 78℃左右，使高价铜氧化残余一氧化碳的湿法燃烧反应进行完全。若铜比过高，可在还原器底部加入适量空气调节。

再生后的铜液由再生器下侧排出，依据总铜含量的高低，决定流动路线。若总铜含量低，则经化铜桶溶解部分金属铜，提高总铜含量后入水冷器。若总铜符合要求，铜液可直接入水冷器。并在水冷器中部补加气氨（也可在水冷器后加液氨），铜液经水冷后，再入氨冷器，利用液氨蒸发吸热，使铜液温度降至 8 ~ 15℃，再经过滤器除去机械杂质，经铜液泵补充压力后，送往铜洗塔循环使用。从回流塔上部出来的再生气，经氨吸收塔回收氨后，送变换系统回收利用。

【知识链接】

一、铜洗主要设备

1. 铜洗塔

在塔内铜液与原料气逆流接触，吸收其中少量有害成分一氧化碳、二氧化碳、氧及硫化氢，达到精制气体之目的。铜洗塔是高压容器，承压强度一般为 12 ~ 15 MPa，直径为 700 mm 和 1 000 mm。常用的铜洗塔有填料塔和筛板塔。填料式铜洗塔的结构，如图 7—5 所示。

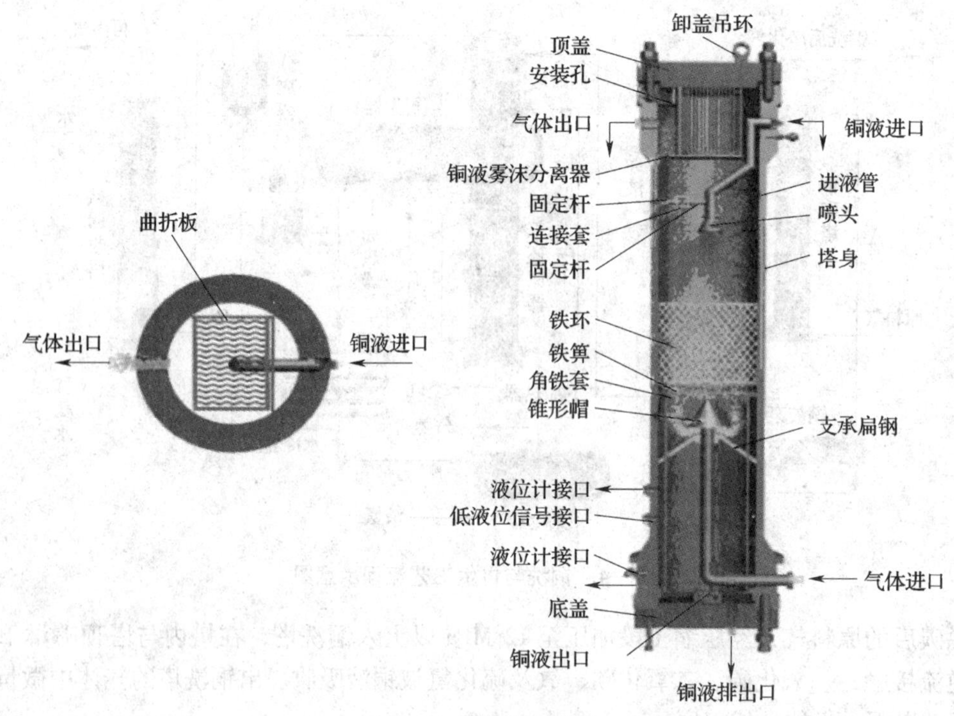

图 7—5 铜洗塔示意图

塔体由多层钢板卷焊而成，上下两端较厚，便于开孔和安装螺钉，而不至于降低其承压强度。塔顶盖、底盖均用双头螺栓固定在塔体上。塔内装有铁制拉西环或钢制鲍尔环填料。塔下部有气体进口，气体经升气管入塔，升气管顶端有帽盖，帽盖与升气管间有环隙，气体经环隙均匀入填料层。帽盖上有用铁架支承的铁栅，铁栅上面堆放填料。塔上部装有方形的铜液雾沫分离器。是由若干曲折铁板构成的铁箱，两板之间是气体通道。被气体夹带的铜液雾沫碰到铁板的曲折面则会下降，从而被分离。气体由塔上部出塔。

铜液由塔上部入塔，由铜液管经喷头喷到到填料上，与上升的气体逆流接触。塔下部装有液位计。

2. 再生塔

铜液再生塔是由回流塔、还原器、再生器三部分组成。外壳均为用钢板卷焊而成的圆筒体。

(1) 回流塔。其作用是用铜液回收再生气中的氨及热量，预热铜液，使部分一氧化碳及二氧化碳解吸。结构如图 7—6 所示，塔内装铁环或钢环填料。塔上部有蒸汽夹层，气体出口管处设有蒸汽喷嘴，经常通入蒸汽以防碳酸铵盐结晶堵塞气体通道。气体出口前有分离挡板，用以分离气体夹带的铜液雾沫。塔外壳包有石棉保温层，以减少热

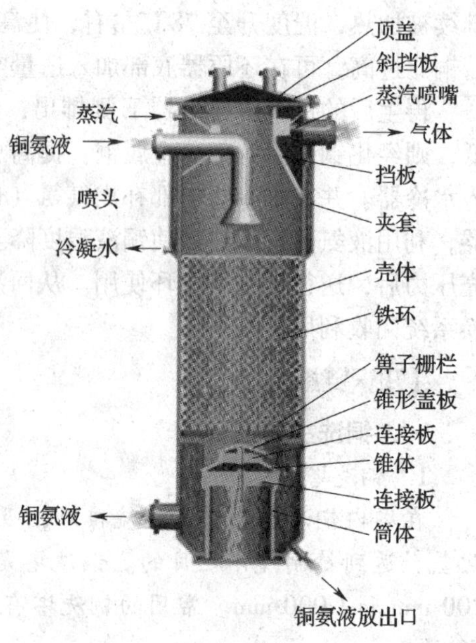

图 7—6 回流塔

损失。

(2) 还原器。其作用是加热铜液，使高价铜还原为低价铜，调节铜比。

结构如图7—7所示，还原器上部和下部均装有列管式加热器。两加热器间有七层带孔的折流板，以防止铜液的对流。铜液在还原器内充分还原，提高铜比后由还原器顶部入再生器。由于再生器在还原器之上，还原器内的铜液受到一定的静压力，使CO不易解吸，有利于高价铜的还原。还原器底部有空气入口，必要时可通入压缩空气，将低价铜氧化成高价铜，以降低铜比。

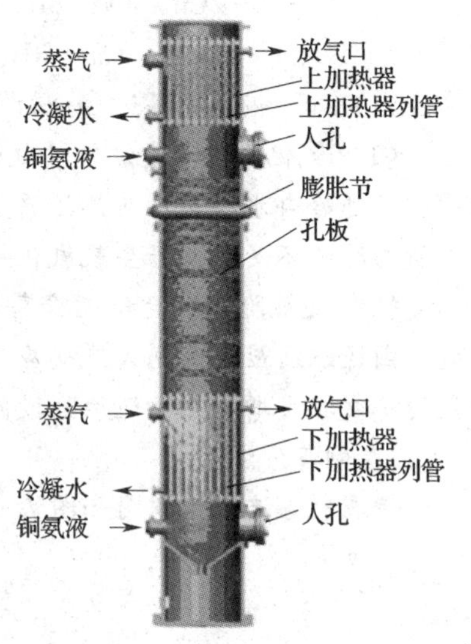

图7—7　还原器示意图

(3) 再生器。其作用是在一定温度及充分停留时间条件下，使铜液中碳酸铵、硫化铵及低价铜氨与一氧化碳的配合物完全分解，残余微量一氧化碳充分氧化，以恢复铜液的吸收能力。

再生器有卧式和立式两种。卧式再生器结构简单，容积较大，可保证铜液循环量大时的再生时间，如图7—8所示。大中型厂多采用卧式再生器。卧式再生器外壳包有绝热层，以防热损失。器内装有与中心线垂直的折流板数块，板的上下有液体通道，且前后交错，以迫使铜液按弯曲路线流动。这样既可防止再生前后的铜液相混合，又可防止解吸气体夹带铜液。外壳下面有蒸汽夹套，用来加热铜液。铜液进出口设在再生器下部，再生气出口则设在一端的上部。内径2.4 m,全长约12 m。

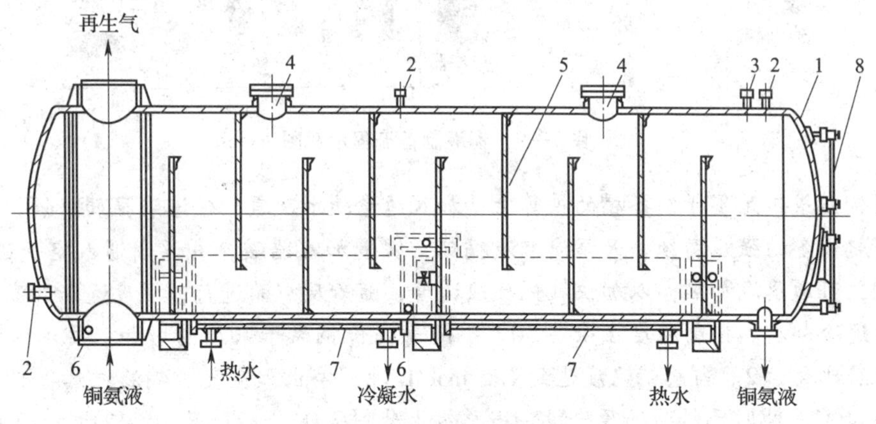

图7—8　卧式再生器

1—壳体　2—温度计接口　3—压力计接口　4—人孔　5—挡板
6—分析取样口　7—蒸汽夹套　8—液位计

二、铜氨液的制备

1. 制备原理

在有醋酸和氨存在条件下，金属铜能被空气中氧迅速氧化，生成可溶性的高价铜氨配合物，高价铜再与金属铜发生氧化还原反应，生成低价铜氨配合物。随着反应的进行，铜则不断溶解转入溶液。直至总铜含量达到要求为止。在制备过程中，主要化学反应：

$$NH_3 \cdot H_2O + HAc \rightleftharpoons NH_4Ac + H_2O + Q \quad (7—13)$$

$$2Cu + 4NH_4Ac + 4NH_3 + O_2 = 2Cu(NH_3)_4Ac_2 + 2H_2O + Q \quad (7—14)$$

$$Cu(NH_3)_4Ac_2 + Cu \rightleftharpoons 2Cu(NH_3)_2Ac + Q \quad (7—15)$$

由反应可知，铜液制备过程分为氧化和还原两个阶段。

（1）氧化阶段。金属铜被氧化生成高价铜，使溶液中总铜不断增加。氧化阶段是放热的，可通冷却水移出反应热，将反应温度控制在40～50℃。同时保持氨和醋酸的浓度，防止氨与醋酸不足时，产生氢氧化铜、碳酸铜等沉淀。

（2）还原阶段。金属铜将高价铜还原为低价铜，铜比升高，并继续提高铜液中总铜含量。因还原反应是可逆吸热反应，提高温度，有利于还原反应的进行。但温度过高，醋酸与氨的挥发损失增加，故还原阶段的温度一般控制在60～65℃为宜。

2. 制备方法

铜液制备流程示意图如图7—9所示。

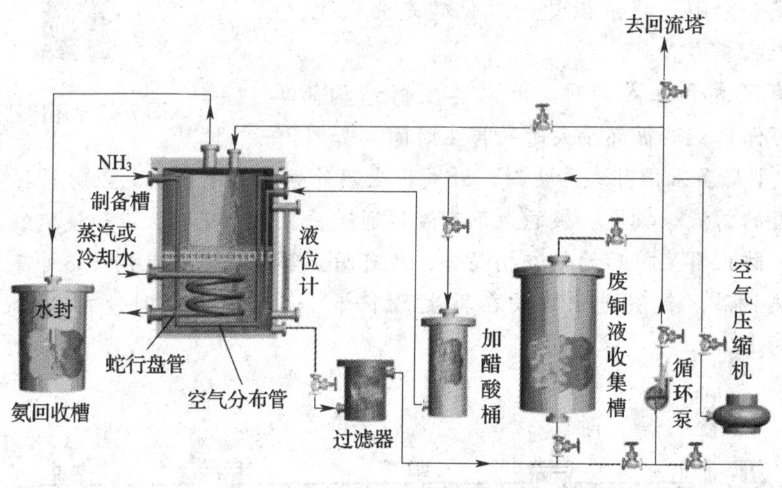

图7—9　铜液制备流程示意图

将紫铜丝或铜片置于制备槽的铁箅上，加入适量软水及氨，使溶液呈弱碱性，以防止加醋酸后引起设备的强烈腐蚀。开泵使溶液循环，缓慢加入醋酸，并逐渐通入空气进行氧化。反应初期，可通蒸汽加热，以加快氧化反应速度，随着反应的进行，温度逐渐升高，停止通蒸汽，改通冷却水。控制温度在45～50℃。随着高价铜离子浓度的增加，要不断补加氨和醋酸，氨酸比大于2。当总铜浓度达到1.5 mol/L时，停止加空气。铜液继续循环，维持温度在55～65℃。此时已转为还原阶段。当总铜上升到2.0～2.5 mol/L，铜比5～7时，将铜液冷却至常温，并调节氨与醋酸含量达到工艺指标合格结束。

实训九　铜洗与再生生产操作实训

一、冷态开车

1. 开车前准备

设备安装好后，按要求进行检查、单体试车、系统吹净及清洗。

2. 铜洗系统气密试验及置换

(1) 给铜洗系统送入压缩空气，逐渐升压至 10 MPa，所有焊缝及连接处，涂肥皂水查漏，直至无泄漏，保压 30 min，压力不降低为合格。开放空阀逐渐卸压；

(2) 用惰性气体或氮气置换系统，当放空气体中氧含量 <0.5% 时为合格；

(3) 用脱碳后的原料气对系统进行置换，至进出口气体成分不变；

(4) 将压力升至 15 MPa，再次进行气密试验，保压 30 min，压力不降低为合格，然后放空卸压。

3. 再生系统试漏

(1) 启动低压铜泵，按流程依次向各设备加清水，当设备放空管有水溢出时，关闭放空阀，系统升压至 0.2 MPa；

(2) 焊缝及各连接处，涂肥皂水查漏，直至无泄漏为止；

(3) 打开各设备排污阀，将水排净。

4. 开车

(1) 调整好各阀门开、关位置；

(2) 启动低压铜液泵，将铜液打入再生系统。铜液由回流塔加入，经下加热器底部上升至再生器。当再生器液位稳定在液位计 1/2 左右时，停低压铜液泵；

(3) 向蒸汽系统送蒸汽暖管；

(4) 开导淋阀，排净管内冷凝水；

(5) 开加热蒸汽阀，缓慢加热铜液；

(6) 当再生塔温度升至 60 ~ 70℃时，联系压缩岗位送原料气充压；

(7) 当气体入口总管压力略高于系统压力后，开铜洗塔气体进口阀；

(8) 待铜洗塔压力升至大于 5 MPa 时，启动铜液泵，调节好铜洗塔液位；

(9) 开铜液水冷器入口阀送冷却水；

(10) 开氨冷器液氨入口阀和气氨出口阀，调节好氨冷器液位；

(11) 开回流塔夹套蒸汽阀，将再生系统各点铜液温度调至正常工艺指标；

(12) 向铜液中补加液氨，调节好铜液组成，使铜比控制在 5 ~ 7；

(13) 将铜洗压力升至操作压力，气体经塔后放空阀放空；

(14) 当铜洗塔出口气体中一氧化碳和二氧化碳含量达工艺指标后，与压缩和合成工序联系，给合成工序送气；

(15) 开铜洗塔气体出口阀，关闭放空阀；

(16) 系统运行正常后，开再生气回收阀，关闭回流塔放空阀，回收再生气。

二、正常操作管理

1. 铜液质量控制

根据铜液组成，及时补加铜、氨、醋酸、稀铜液或软水。及时调节铜液还原器副线阀或空气添加量，控制总铜含量和铜比，保证铜液组成符合工艺指标。

加氨时不能过快，以免造成铜液泵抽空，加醋酸要少而勤。

2. 保证铜洗净化气中一氧化碳和二氧化碳指标合格

无论什么原因造成铜洗净化气不合格，均应减少向后工序送气量或暂停送气，分析原因，对症处理，消除故障，气体指标合格后，才能恢复给后工序送气。

3. 防止铜洗塔阻力增大

铜洗塔阻力是指气体经铜洗后压力的降低。可从铜洗塔出、入口气体的压力差观察。出入口压差大，则铜洗塔阻力增大。说明塔内填料或进、出口管道被堵塞，应及时清洗。

4. 防止铜洗塔出口气体带液

因原料气与铜液在铜洗塔内逆流接触，当气流速度达到某一范围时，气体则将铜液带至塔外，导致生产不能正常进行。带液现象有两种：一是间歇性的；二是连续性的。连续性带液主要因工艺条件控制不当，使塔内堵塞所造成。而间歇性带液多是因操作不当所致。

当发生带液现象时，会出现铜洗塔液位突然下降；铜洗塔压差增大；回流塔进口铜液温度突然上升；铜洗气取样管中气体突然中断或有铜液滴出；铜液分离器内排出较多的铜液。

5. 再生温度的控制

温度是影响铜液再生的重要条件。在操作中，主要控制回流塔、还原器和再生器温度。

回流塔温度过高，氨和醋酸的挥发损失增大，同时使铜液中 CO 过早地大量解吸，从而还原作用减弱，使铜比下降。

还原器温度高，还原反应速度快，铜比上升快。但温度过高，会使铜液中 CO 过早解吸，还原反应减弱。

还原器温度主要由下加热器进行调节。当温度低时，开大冷凝水出口阀，使加热器内冷凝水液位降低，或开大蒸汽阀，提高铜液温度。当冷凝水出口阀及蒸汽阀全开时，再生温度仍不能提高，说明蒸汽用量不足，此时应提高蒸汽压力。

提高下加热器温度，则使铜比上升；而提高上加热器温度时，则铜比下降。原因是提高上加热器温度后，会导致再生器温度升高，再生气带入回流塔的热量增加，使回流塔温度升高，CO 过早解吸，入还原器的铜液中 CO 减少，还原作用减弱，使铜比下降。

再生器温度是决定铜液再生是否完全的重要因素之一。因再生反应均是吸热的，故提高再生温度，可加快再生反应速度，同时，一氧化碳及二氧化碳解吸速度加快，使再生较完全。但温度过高，氨与醋酸损失增大，当温度高于 80℃时，因氨的挥发损失使溶液中氨含量降低，导致金属铜析出。若再生器温度低于 70℃时，铜液则再生不完全，再生后的铜液中残留 CO 高，使再生后的铜液吸收能力差。

6. 再生压力的调节

再生压力过高，使铜液再生不完全，且铜比增大。但压力过低，则再生气送出困难，故再生应控制在稍正压下进行，使再生气能克服管道阻力到回收系统。

7. 铜比的调节

在铜洗过程中，铜液吸收氧气后，部分低价铜被氧化成高价铜，使铜比下降，再生过程中必须将其进行还原，恢复铜比。调节铜比的方法：

（1）调节铜液的流动路线。铜比的提高是依靠 CO 的还原作用。铜液自下加热器底部入还原器时，停留时间长，则还原作用强，铜比升高。而用副阀调节时，铜液自上加热器底部进入，还原时间短，铜比则降低。此方法调节铜比是最经济最方便的，故使用较多。

（2）控制还原温度。开大加热器蒸汽进口阀，还原器内铜液温度则升高，还原速度加快，铜比上升。

（3）控制再生压力。在保证精炼气中一氧化碳和二氧化碳含量不超指标条件下，适当提高再生压力，可使铜液中 CO 不易解吸，还原作用增强，铜比则升高。

（4）加入再生空气。若铜液还原作用过强，造成铜比过高时，可自还原器底部通入空气，使低价铜氧化成高价铜，而降低铜比。但该法会使再生压力上升，并降低了再生气的质量。

8．防止回流塔喷液

回流塔再生气出口管喷铜液，轻时浪费铜液，重时使铜液大量损失而影响生产。

9．防止铜液泵抽空

当铜液泵入口压力下降时，使铜液泵入口流量减少或中断，造成铜液泵抽空，导致铜洗气中 CO 和 CO_2 含量超标。

10．正常操作控制指标（见表7—4）

表7—4　　铜洗工序正常操作控制指标

显示变量		正常值	显示变量	正常值
铜洗塔压力		10～15 MPa	铜洗塔铜液进、出口温度差	15～20℃
铜洗塔压力降		<0.5 MPa	铜洗塔液位高度	1/2～2/3 液位计高度
铜液入铜洗塔温度		8～15℃	铜洗气中（$CO+CO_2$）含量	<25 mg/kg
铜液成分	总铜	2.0～2.5 mol/L;	回流塔铜液出口温度	45～55℃
	总氨	9～13 mol/L;	再生器铜液停留时间	30～40 min
	醋酸	2.4～3.4 mol/L;	下加热器铜液出口温度	60～68℃
	铜比	5～7	再生器铜液液位	1/2～2/3 液位计高度
低压蒸汽压力		>0.1 MPa	上加热器铜液出口温度	72～75℃
再生空气压力		0.2～0.3 MPa	再生器铜液出口温度	75～78℃
再生器压力		<780 Pa	生产 1 t 氨铜洗过程液氨消耗	7～10 kg/t

三、不正常现象及处理方法（见表7—5）

表7—5　　不正常现象及处理方法

序号	现象	原　因	处理方法
1	铜洗气中 CO 及 CO_2 含量升高	（1）原料气中 CO 及 CO_2 含量高或原料气负荷增大 （2）铜液循环量少 （3）铜液再生不完全或铜液总铜量降低，铜比下降或醋酸及总氨降低 （4）铜洗塔进口铜液温度高，造成吸收效率低 （5）铜洗塔喷头或填料堵塞，使气液接触不良	（1）要求变换或碳化工序控制 CO 及 CO_2 指标；通知压缩岗位减负荷；增加铜液循环量或降低铜液入塔温度 （2）增加铜液循环量 （3）及时调节再生系统各点温度，保证铜液再生完全；增加铜液中氨的补加量，控制再生操作，使铜液成分恢复正常 （4）提高水冷器或氨冷器冷却效率 （5）分析原因，对症处理，消除故障
2	铜洗塔阻力增加	（1）碳酸铵盐、硫化亚铜沉淀或油污使塔内填料层、塔上部雾沫分离器或塔进、出口管道堵塞 （2）若铜洗塔阻力突然增大，则是带液的征兆	（1）铜液入塔温度不宜过低；尽量降低入塔气体中二氧化碳、氧及硫化氢含量，加强压缩机出口的除油操作；用蒸汽在管外加热，使碳酸铵盐溶化 （2）立即分析查明原因，对症处理

续表

序号	现象	原 因	处理方法
3	铜洗塔出口气体带液	(1) 进塔气体或铜液流量过大 (2) 塔内液位太高或产生假液位 (3) 填料严重堵塞，使阻力增大 (4) 原料气中二氧化碳和硫化氢增高，铜液变脏，黏度增大，发泡性能增强 (5) 铜液中混有大量油污杂质，起泡带液 (6) 铜液温度过低，黏度增加	(1) 降低负荷 (2) 降低塔内液位，防止产生假液位 (3) 加强脱碳和脱硫操作，避免原料气中二氧化碳和硫化氢增高 (4) 加强对杂质的沉淀过滤，减少铜液中的油污杂物；严格控制铜氨液的成分和温度 (5) 若带液少，可在铜液分离器放掉；若带液严重，通知压缩岗位减负荷，通知合成注意，然后分析原因，采取相应措施，进行处理 (6) 提高铜液温度
4	再生压力的增高	(1) 碳酸铵结晶堵塞回流塔内填料层或气体出口管线 (2) 再生温度过高 (3) 还原器底部空气加入过多 (4) 再生气分离器及分离器后管道中积水过多	(1) 向回流塔夹层和喷嘴处通入蒸汽，使碳酸铵受热分解 (2) 应适当降低上加热器出口铜液温度 (3) 不影响铜比前提下，适当减少空气加入量 (4) 放掉积水
5	回流塔出气口喷铜液	(1) 回流塔填料局部堵塞 (2) 铜洗塔液位太低，高压气体窜入回流塔内或减压阀增开过猛 (3) 原料气中 CO、CO_2 含量过高 (4) 回流塔液位过高 (5) 再生空气加入过多 (6) 回流塔内填料装得过高 (7) 回流塔铜液喷头或管道腐蚀	(1) 适当提高温度，开回流塔夹套及蒸汽喷嘴 (2) 提高铜洗塔液位，或迅速关闭减压阀 (3) 与脱碳及变换工序联系，降低原料气中 CO、CO_2 含量，提高脱硫效率 (4) 降低回流塔液位 (5) 减少再生空气加入量 (6) 查明原因，及时处理 (7) 查明原因，及时处理
6	铜液泵抽空	(1) 铜液中夹带气体 (2) 再生系统的化铜桶、铜液过滤器和铜液氨冷器堵塞	(1) 立即通知压缩岗位，视情况部分或全部切断送往合成系统的气体，以免合成催化剂中毒 (2) 关小或关闭铜洗塔减压阀，防止铜洗塔液位过低，高压气体窜入低压系统。查明原因，及时处理

四、停车操作

1. 正常停车操作

(1) 停车前 1 h，开回流塔放空阀，关闭再生气回收阀，逐渐关闭氨冷器加氨阀；

（2）关闭铜洗塔气体进、出口阀，铜洗塔内保持一定压力；

（3）关闭上、下加热器、再生器蒸汽阀，待铜液温度降至30～35℃时，停铜液泵。利用余压使铜洗塔内铜液全部压入再生系统，开铜洗塔放空阀，系统卸压；

（4）关闭水冷器冷却水阀；

（5）用蒸汽置换铜洗系统，然后再用空气吹净，当排放气中氧含量大于20%为合格；

（6）将再生系统内铜液全部排入铜液制备槽；

（7）用低压铜泵送2～3 m^3清水冲洗再生系统，并将冲洗液回收；

（8）用清水冲洗再生系统，洗涤水由排污管排净；

（9）用空气吹净再生系统，当气体中氧含量大于20%为合格。

2. 临时停车操作

因停车时间较短，停车后系统仍处于保压状况。

（1）与压缩、合成工序联系切断气源；

（2）关闭铜洗塔气体进、出口阀，铜洗塔内保压，铜液继续循环；

（3）调节铜洗塔铜液减压阀，使液位控制在液位计高度1/2～2/3处；

（4）开回流塔放空阀，关闭再生气回收阀，停止再生气回收；

（5）关闭氨冷器加氨阀；

（6）关闭再生系统加氨阀；

（7）关闭再生塔加空气阀；

（8）若停车时间较长时，停铜液泵，关闭铜液减压阀、蒸汽总阀和水冷器冷却水阀。

第二节　甲烷化法精制

甲烷化法属于化学法，是在适当温度和有催化剂存在下，使少量一氧化碳、二氧化碳分别与氢作用生成甲烷的过程。

一、甲烷化基本原理

在270～400℃及催化剂作用下，少量一氧化碳和二氧化碳分别与氢反应，生成甲烷。

主要反应

$$CO + 3H_2 \rightleftharpoons CH_4 + H_2O_{(g)} + 206\ kJ \quad (7—16)$$

$$CO_2 + 4H_2 \rightleftharpoons CH_4 + 2H_2O_{(g)} + 165\ kJ \quad (7—17)$$

副反应

$$2CO \rightleftharpoons CO_2 + C\downarrow - 172.5\ kJ$$

$$Ni + 4CO \rightleftharpoons Ni(CO)_4 \quad (7—18)$$

反应特点：主反应为可逆的、放热的、气体体积减小的反应，反应速度较慢，但在催化剂作用下，反应速度相当快。故降低温度，提高压力，均有利于甲烷化反应平衡向右移动。

1. 反应热效应

甲烷化反应是强烈的放热反应，在绝热情况下，原料气中有0.1%的一氧化碳转化成甲烷时，原料气的温度则升高7.3℃；有0.1%二氧化碳转化成甲烷时，原料气的温度则升高6℃左右；若有0.1%的氧时，则会造成16.5℃的温升，反应热效应随温度的升高而增大。不同温度下的反应热效应见表7—6。

表 7—6　　不同温度下一氧化碳、二氧化碳甲烷化反应的热效应及平衡常数

温度/℃	$CO+3H_2 \rightleftharpoons CH_4+H_2O_{(g)}$		$CO_2+4H_2 \rightleftharpoons CH_4+2H_2O_{(g)}$	
	热效应 /（kJ/mol）	$K_{p1}=\frac{P_{CH_4}+P_{H_2O}}{P_{CO}+P_{H_2}^2}$	热效应/（kJ/mol）	$K_{p2}=\frac{P_{CH_4}+P_{H_2O}^2}{P_{CO_2}+P_{H_2}^4}$
400	210.6	4.0×10^{15}	169.3	2.71×10^{12}
500	214.7	1.6×10^{9}	174.8	8.69×10^{7}
600	218.0	1.98×10^{6}	179.1	7.30×10^{4}
700	220.6	3.27×10^{3}	182.8	4.13×10^{2}
800	222.8	3.21×10	185.9	7.936
900	224.5	7.66×10^{-1}	188.6	3.51×10^{-1}
1000	225.6	3.78×10^{-2}	190.9	2.74×10^{-2}

2. 化学平衡

因甲烷化是可逆反应，当反应达到平衡时其平衡常数可用下式表示：

$$K_{p(CO)}=\frac{P_{CO}\times P_{H_2}}{P_{CH_4}+P_{H_2O}} \qquad K_{p(CO_2)}=\frac{P_{CO_2}\times P_{H_2}}{P_{CH_4}+P_{H_2O}}$$

（1）压力对化学平衡的影响。因甲烷化反应是气体体积减小的反应，提高压力，可使甲烷化反应平衡向右移动。但原料气中氢的浓度比一氧化碳、二氧化碳大 70 倍以上，既使在压力不太高的条件下，也能达到满意效果，故压力对甲烷化平衡的影响并不重要。

（2）温度的影响。因甲烷化反应是放热反应，温度对化学平衡有着显著的影响。不同温度下甲烷化反应平衡常数值见表 7—6。

由表 7—6 可知，甲烷化反应的平衡常数值随温度的升高而降低。当温度较低时，如 300 ~400℃，平衡常数值很大，甲烷化反应向右进行，故要求甲烷化后气体中一氧化碳与二氧化碳含量之和小于 10×10^{-6}。是很容易的。当反应温度升至 600 ~ 800℃时，则反应则向左进行，变为甲烷蒸汽转化反应，故温度对甲烷化反应的化学平衡影响较大。

3. 甲烷化反应速度

在通常情况下，甲烷化反应速度很慢，但在镍催化剂作用下，反应速度相当快。甲烷化反应速度与空间速度、一氧化碳和二氧化碳的进出口浓度成正比，同时，增加压力，升高温度，可加快反应速度。

而扩散过程对甲烷化反应速度也有显著影响。当一氧化碳含量在高于 0.25% 时，反应属于内扩散控制；而低于 0.25% 时，属于外扩散控制。故在实际操作中，减小催化剂粒度、提高气流速度均能提高甲烷化反应速度。

4. 析碳反应

在甲烷化过程中，当操作温度超过 500℃时，会发生析碳的副反应。当温度低于 200℃时，可能有生成羰基镍的副反应发生。在甲烷化正常操作条件下，这些反应均不易发生。但在升温或降温过程中，或事故的停车时，甲烷化温度低于 200℃时，若遇到含一氧化碳的原料气，则会生成羰基镍。羰基镍在空气中的最高允许浓度为 0.001 mg/Nm³，实际生产中必须采取措施加以防范。

二、甲烷化催化剂

1. 甲烷化催化剂的组成及性能

目前常用甲烷化催化剂的主要成分为氧化镍，对甲烷化反应起催化作用的活性组分为金属镍，耐热载体为氧化铝、促进剂为氧化镁或三氧化二铬。一般镍含量为15% ~35%。国产甲烷化催化剂有J101型、J103H型和J105型，与J101型相比，J103H型和J105型的共同特点是耐热性能好，活性高。

几种国产甲烷化催化剂的组成及性能见表7—7。

表7—7　　国产甲烷化催化剂的组成及性能

型　号		J101	J103	J105
化学组成/%	Ni	≥21.0	≥12	≥21.0
	Al_2O_3	42 ~46	余量	29.0 ~30.5
	MgO	—	—	10.5 ~14.5
	Re_2O_3（稀土氧化物）	—	—	7.5 ~10.0
物理性质	外观	灰黑色圆柱体	黑色条状	灰黑色圆柱体
	尺寸/mm	$\phi5\times5$	$\phi6\times(5\sim8)$	$\phi5\times5$
	堆密度/（kg/L）	0.9 ~1.2	0.8 ~0.9	1.0 ~1.2
	比表面积/（m^2/g）	约250	130 ~170	约100
使用温度/℃		270 ~400	280 ~500	270 ~450

2. 甲烷化催化剂的使用条件

（1）使用前需要还原。因主要成分氧化镍，对甲烷化反应无催化活性，使用前必须将其还原为金属镍，才具有催化活性。一般用氢气或脱碳后的原料气作还原剂。反应式：

$$NiO + H_2 \rightleftharpoons Ni + H_2O + 1.26\ kJ \qquad (7—19)$$

$$NiO + CO \rightleftharpoons Ni + CO_2 + 38.5\ kJ \qquad (7—20)$$

还原过程分升温和还原两个阶段。一般常温300℃为升温阶段，300 ~400℃为还原阶段。升温阶段的目的在于脱除催化剂中的水分。虽然上述还原反应的热效应不大，但一经还原，就有活性。生成的金属镍，立即可使一氧化碳及二氧化碳进行甲烷化反应，放出大量热，使催化剂床层温度迅速升高。故要求还原所用原料气中一氧化碳与二氧化碳之和小于1%。

还原后的镍催化剂，在180℃以下与一氧化碳接触能生成羰基镍。见反应式（7—18）

羰基镍不仅对催化剂有毒害，而且对人体的毒害也很大。故催化剂降温至180℃时，必须停止使用含一氧化碳的工艺气，改用氢气或氮气。

（2）还原后的镍催化剂与空气接触前要钝化。还原后的金属镍，易自燃，能与氧发生激烈氧化反应，生成氧化镍，而放出大量热。

$$2Ni + O_2 \rightleftharpoons 2NiO + 481.4\ kJ \qquad (7—21)$$

若与大量空气接触，放出的反应热会使催化剂超温烧结，因而，还原后的镍催化剂需要与空气接触前，首先向催化剂层通入含有少量氧气的蒸汽，使催化剂钝化。钝化后再与空气接触。

3. 防中毒

能使甲烷化镍催化剂中毒的物质有羰基镍、硫化物、砷化物等。即使微量上述元素，也能大大降低镍催化剂的活性及使用寿命。硫对镍催化剂的毒害是积累的，当催化剂吸收了0.5%的硫，或吸收了0.1%的砷时，活性均会完全丧失。故应严格控制入甲烷化系统原料气中的硫含量。如在甲烷化炉前设置脱硫槽，或在镍催化剂层上面放一些氧化锌脱硫剂，从而达到精细脱硫之目的。同时，防止含氯的水或蒸汽入甲烷化炉。

三、工艺条件的选择

1. 温度

由于甲烷化反应是可逆的放热反应，提高操作温度，可加快反应速度，节省催化剂用量。但对化学平衡不利，并易发生析碳现象。而温度过低，反应速度慢，当温度低于180℃时，易生成羰基镍，故温度不能低于260℃。在生产中，一般温度控制在280～420℃为宜。

2. 压力

因甲烷化反应是气体体积减小的反应，提高压力，对化学平衡有利。且反应速度加快，从而提高设备和催化剂的生产能力。实际生产中，甲烷化操作压力取决于前后工序的压力，1～3 MPa均可。

3. 原料气的成分

甲烷化反应是强烈的放热反应，若原料气中一氧化碳和二氧化碳含量高，易造成催化剂超温事故，同时，使入合成系统的惰性气体甲烷含量增加。故必须严格控制原料气中一氧化碳与二氧化碳含量，一般要求小于0.7%。原料气中的水蒸气，对甲烷化反应是不利的，并对催化剂的活性有一定的影响，故原料气中水蒸气含量越少越好。

四、工艺流程及主要设备

1. 工艺流程

甲烷化工艺流程有两种，如图7—10所示。

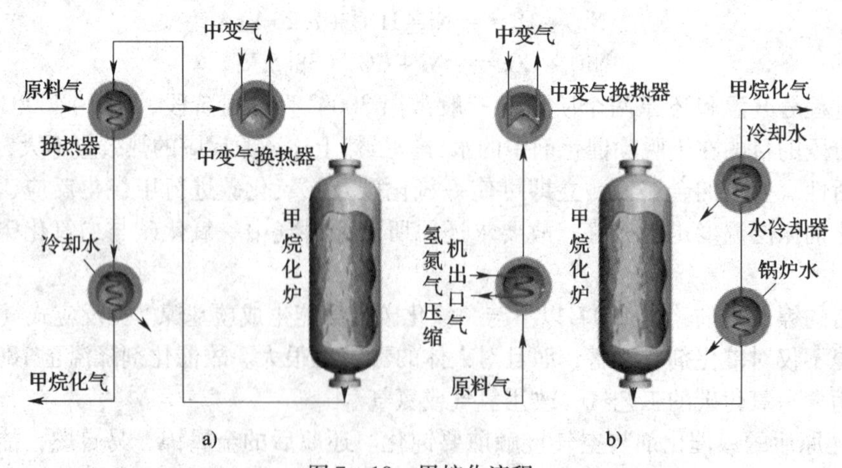

图7—10 甲烷化流程

a) A型 b) B型

(1) A流程。来自脱碳工序的1.8MPa，65℃的原料气，首先入甲烷化气换热器管间，被甲烷化气加热，温度升至250℃左右，再入中变气换热器，继续被中变气加热，温度升至300℃左右，由炉顶入甲烷化炉，进行甲烷化反应。使气体中（$CO+CO_2$）$<10\times10^{-6}$，由

炉底排出的甲烷化气，温度350℃左右，入甲烷化气换热器管内，加热管间的冷原料气，温度降至110℃左右，再入水冷器，冷却至40℃左右，经加压后送合成工序。

(2) B流程。温度约70℃的原料气，入压缩机低压缸段间冷却器，预热至110℃左右，入中变气换热器，加热到310～320℃入甲烷化炉。反应后的气体，温度为363℃左右，经锅炉给水预热器，温度降至150℃左右，再入水冷器，冷却到40℃左右，加压后送合成工序。

2. 主要设备

甲烷化工艺主要采用甲烷化炉，它是立式圆筒形设备。因甲烷化气中氢的分压较大，氢腐蚀较严重，故采用低合金钢制作。催化剂层的最低高度与直径之比一般为1∶1。催化剂层和气体进出口都设有热电偶，以测定炉温。大型厂甲烷化炉内径约3 m，高5 m，内装催化剂20 m^3。中型厂甲烷炉内径约2.2 m，高约6.6 m。内装催化剂10 m^3。

实训十　甲烷化生产操作实训

一、冷态开车

1. 开车前准备

(1) 按照规定程序及方法，对系统的设备、管道、阀门进行检查；

(2) 对系统的设备及管道进行吹除、清洗、试漏；

(3) 对一氧化碳和二氧化碳微量分析仪、温度、压力、流量等仪表检测调试。

2. 烘炉

甲烷化炉内衬轻质耐热混凝土，开车前需要烘炉，除去衬里内所含水分，防止生产中受热膨胀或水分急速蒸发，造成衬里破裂。

(1) 空气经加热炉加热后，入甲烷化炉进行烘炉后放空；

(2) 烘炉结束后，甲烷化炉以小于20℃/h降温速度自然降温；

(3) 降至常温后，打开人孔进行检查。

3. 甲烷化炉烘炉操作指标（见表7—8）

表7—8　　甲烷化炉烘炉操作指标

温度/℃	升温速度/℃·h^{-1}	时间/h	累计时间/h
常温～120	10	10	10
120	恒温	10	20
120～260	12～15	11	31

4. 催化剂的装填

(1) 在炉内画出催化剂及耐火球装填高度，在箅子板上铺铁丝网；

(2) 装填耐火球后，将过筛后的催化剂，用帆布袋装入炉内，达到要求高度后，将催化剂扒平；

(3) 铺上铁丝网，再装一层耐火球，盖上人孔盖。

5. 气密试验

(1) 向系统通入压缩空气，使压力逐渐升至操作压力；

（2）进行查漏，在 30 min 内压力不下降为合格。

6. 系统置换

用氮气或惰性气体置换系统内的空气，使系统中 $O_2<0.5\%$，（$CO+H_2$）$<0.5\%$。

7. 催化剂的升温还原

（1）氮气经加热炉加热后，入甲烷化炉，当温度升至300℃时，有二氧化碳放出，最高达4%左右（可能是催化剂中残留 $NiCO_3$分解的结果），此时，应加大循环气排放量，使 $CO_2<1\%$。待二氧化碳放完，即可配入氢气或脱碳气还原。

（2）给氮气中配入氢气或氢氮混合气，使催化剂进行还原（无纯氮气的工厂，也可用脱碳气进行升温还原，要严格控制脱碳气中一氧化碳及二氧化碳含量，以防伴随甲烷化反应而引起超温）。

1）甲烷化催化剂升温还原操作指标见表7—9。

表7—9　　甲烷化催化剂升温还原操作指标

阶段	催化剂层温度/℃	升温速度/℃·h^{-1}	时间/h	累计时间/h
升温	常温～120	10	10	10
	120	恒温	6	16
	120～300	15	12	28
还原	300～400	15	7	35
	400	恒温	15	50
	400～430	10	3	53
	430～340	－30	3	56

2）控制还原起始氢浓度小于3%，以15℃/h的升温速度，使催化剂床层温度升至400℃；

3）逐渐将氢浓度增加至60%。为了使催化剂还原彻底，在末期把温度升至430℃；

4）降温至正常操作温度，还原过程氢耗不明显，一般控制一定的还原时间。

5）在升温还原过程中，要及时排放反应过程生成的水，应严格控制气体成分，防止二氧化碳及一氧化碳含量过高，引起超温事故。若催化剂超温，停止配氢，降低加热炉温度，加大氮气放空量和补加量，将热量带出。

8. 导气生产

（1）当催化剂还原结束后，停止通氮气，将脱碳气缓慢送入甲烷化炉；

（2）当甲烷化炉压力升至操作压力时，开出口阀，将炉温控制在290～300℃；

（3）当甲烷化炉出口气体中（$CO+CO_2$）$<10\times10^{-6}$时，将气体送入后系统，转入正常生产。

当临时停车后开车，若催化剂层温度在180℃以下时，不允许含一氧化碳的原料气入甲烷化炉，以防生成羰基镍。必须用氮气将炉温升至250℃以上，再将脱碳气送入炉内，充压、升温、导气生产。

二、正常操作管理

甲烷化炉的正常操作以控制炉温为中心，保证出口气体中 CO 和 CO_2之和小于 10×10^{-6}，甲烷化催化剂的适宜操作温度为270～400℃。使用初期，催化剂活性高，在保证出口气体 CO 和 CO_2 含量合格前提下，尽量在低温下操作。使用后期，适当提高操作温度，以保证气体净化度。

甲烷化本身的操作是平稳可靠的，事故一般来自前工序。若系统生产负荷增加，入甲烷化炉的 CO 和 CO_2 含量则增加，反应热增大，故温度随之上涨。由生产负荷变化而引起的炉温波动一般是缓慢的，通常调节入口气体温度，就能恢复正常。若生产负荷增加过猛，炉温剧烈升高时，应减负荷，情况严重时，按紧急停车处理。

原料气中 CO 和 CO_2 含量变化是引起炉温波动的主要原因，可使炉温突然上涨或下降。当入炉气体中 CO 和 CO_2 增加，致使炉温迅速升高时，应加大入炉气量，降低入炉气体温度，并降低含量，从而制止炉温继续上涨。若以上措施无效，炉温继续上升，则应降低负荷或紧急停车；若原料气中 CO 和 CO_2 含量过低，使反应热减少，则炉温下降，催化剂活性随之下降，会使出口气体中 CO 和 CO_2 含量增加。此时，应提高入炉气体温度，以提高炉温，确保甲烷化炉出口气体的净化度。

当原料气中含有硫和砷等有毒物质时，能使催化剂中毒而失去活性，引起炉温下降，此时，设法消除使催化剂中毒的因素，提高反应温度以恢复催化剂活性。

三、停车操作

1. 正常停车操作

是指停后要检修甲烷化炉，催化剂与空气接触的停车。

（1）停原料气，向甲烷化炉送入氮气进行置换，使（$CO + H_2$）$<0.3\%$，使催化剂床层温度降至 200℃；

（2）给氮气中配入 0.3% 的氧，使催化剂钝化；

（3）在催化剂床层温度不超过 300℃情况下，逐渐增加氧含量至 3%，使催化剂继续钝化，当甲烷化炉进、出口气体氧含量均为 3% 时，用氮气将催化剂层温度降至常温，不断增加氧含量，直至完全送入空气，无明显温升，钝化结束。

（4）卸出催化剂，对甲烷化炉进行检修。

2. 临时停车操作

（1）关闭甲烷化炉进、出口阀，炉内保温、保压即可；

（2）密切关注催化剂床层温度下降情况，若温度有可能降至 180℃以下时，需用氮气或氢氮气置换甲烷化炉，并维持正压，严防空气及含 CO 的气体入炉。

第三节　液氮洗涤法

液氮洗涤法属于深冷技术，既能有效地脱除原料气中残余的 CO，同时又能脱除甲烷和氩，从而制得纯度更高的合成氨原料气。故减少了合成循环气的排放量，降低了氢氮损失，提高了合成催化剂的生产能力。由于此法需要液体氮，必须与设有空分离装置的制气工艺配套，才比较经济。故实际生产中，液氮洗涤法一般与空气液化分离、低温甲醇法脱碳组成联合装置，使得冷量合理利用，原料气的净化流程简单。

一、基本原理

液氮洗法精制属于纯物理过程，利用原料气中各组分沸点的不同进行的。以煤为原料，以氧和水蒸气为气化剂制得的原料气，经脱硫、变换及脱碳后，主要成分是氢，其次含有少量氮、一氧化碳、甲烷和氩等。这些气体在不同压力下的沸点及蒸发热见表7—10。

表7—10　　在不同压力下原料气中各组分的沸点及蒸发热

气体	绝对压力下的沸点/℃				0.1 MPa下的蒸发热/（kJ/kg）
	0.101 MPa	1.01 MPa	2.03 MPa	3.04 MPa	
氢气	-252.8	-244	-238	-235	456.36
氮气	-195.8	-175	-158	-150	199.71
一氧化碳	-191.5	-166	-149	-142	216.04
氩	-185.8	-156	-143	-135	152.42
氧	-182.9	-153	-140	-131	212.9
甲烷	-161.4	-129	-107	-95	244.51

由表7—10知，各组分的沸点（即冷凝温度）相差较大，其中氢的沸点最低，氮的沸点比一氧化碳、氩、氧及甲烷低。

由于一氧化碳的沸点比氮气高，且CO能溶解在液态氮中，故在洗涤塔中，液态氮与原料气接触时，一氧化碳、甲烷、氩及氧等杂质被吸收下来，从而与氢气分离，使原料气得到净化，同时部分液氮蒸发。从塔顶得到一氧化碳含量小于10×10^{-6}、惰性气体含量小于100×10^{-6}的纯氢氮气。而一氧化碳、甲烷等杂质与液氮一起从洗涤塔底排出，称为含CO馏分。因原料气中CO含量较少，且氮的蒸发热与CO的溶解热相差很小，故洗涤过程可视为恒温、恒压过程。

通过对液氮洗涤塔的物料衡算，可确定液氮的用量。在洗涤过程中，原料气由塔底进入，纯液氮由塔顶部加入，在塔内气液两相逆流接触，洗涤后的纯氢氮气自塔顶排出。实际生产中，液氮用量必须大于理论用量，一般每生产1 t氨，所需液氮量约为500～700 m^3。

二、工艺操作条件的选择

1. 氮的纯度

氮由空分装置提供。为满足合成氨原料气对氧含量的要求，液氮中氧含量应小于20×10^{-6}。

2. 原料气成分

在低温下，水及二氧化碳会凝结为固体，影响传热效率，且堵塞设备及管道，故入液氮洗系统的原料气中，必须不含水蒸气和二氧化碳。原料气中的氮氧化物与不饱和烃在低温下形成的沉积物，易发生爆炸，也必须彻底除去。一般设置分子筛或活性吸附剂进行脱除，以确保生产安全。

3. 温度

为了彻底清除原料气中的一氧化碳，需将原料气温度降至一氧化碳沸点以下。一般最低操作温度为-192℃。

生产中需要回收出系统的冷量。但在开车初期冷却设备及补充正常操作时的冷量损失，还需要向系统提供冷量。提供冷量的方法：①高压氮气经节流膨胀获得冷量；②高压氮气通过膨胀机制冷；③由空分装置直接将液氮送入氮洗塔，提供冷量。

4. 压力

提高压力，一氧化碳的冷凝温度升高。但冷凝温度的升高并不与压力成正比，且压力越大，对设备结构要求越高，氢在液氮中的溶解损失也越大。故一般操作压力为 2.0 ~ 8.0 MPa为宜。

三、工艺流程

液氮洗工艺流程因操作压力、冷源的补充方式及是否与空分、低温甲醇洗联合而各有差异。无论采用哪种流程，一般包括以下工艺步骤：①除去来自低温甲醇洗工序的原料气中的微量甲醇及二氧化碳；②原料气在冷却器内，被洗涤后的气体冷却至液氮洗涤温度；③甲烷富液的分离；④高压氮气经冷却器被冷凝为液态氮；⑤冷量的补充；⑥在洗涤后的净化气中加入氮气，使原料气中氢氮比达到氨合成要求。

我国以煤及重油为原料的合成氨厂，采用低温甲醇洗脱碳，液氮洗工艺流程如图 7—11 所示。

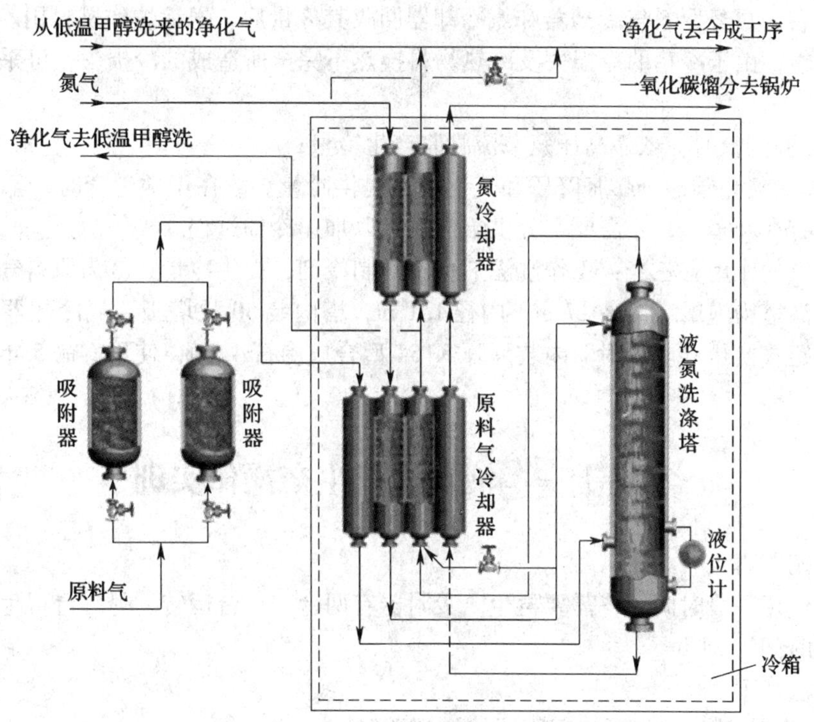

图 7—11　液氮洗工艺流程示意图

1. 原料气的预处理及冷却

来自低温甲醇洗工序的原料气，压力为 7.7 MPa 左右，温度 −57℃，组成为 H_2 95.2%、CO 3.73%，N_2 0.23%，Ar 0.53%，CH_4 0.25% 及微量甲醇和二氧化碳。入分子筛吸附器，除去微量甲醇及二氧化碳等杂质后，入冷箱。在原料气冷却器内，与洗涤塔顶来的洗涤气及洗涤塔底来的液氮，逆流接触换热，被冷却至 −188℃后，入液氮洗涤塔。

2. 洗涤及配氢

在塔内，原料气中的一氧化碳、甲烷及氩等组分，被塔顶加入的过冷液氮所吸收。自塔顶排出的净化气，含氢 91%，含氮 9%，温度约 −192℃，与温度 −188℃的液氮混合（第一次配氮）后，入原料气冷却器，以冷却将要入洗涤塔的原料气。然后分两路。大部分送低温甲醇洗进一步回收冷量，少部分入氮气冷却器，使空分工序来的氮气冷却并液化，而本身被加热至常温，与从低温甲醇洗返回的净化气汇合，再配入氮气（第二次配氮），调整氢氮比合格后送合成工序。出系统的净化气组成为：H_2 74.99%，N_2 25.1%，CO 5×10^{-6}，Ar 41×10^{-6}，CH_4 1×10^{-6}。

3. 高压氮气的液化

来自空分工序的高压氮气，温度40℃，压力7.7 MPa，经氮冷却器及原料气冷却器，被来自洗涤塔的净化气冷却并液化，温度降至 -188℃。其中小部分与净化气混合作配氮用，大部分入洗涤塔作洗涤剂。

4. 一氧化碳冷量的回收

自塔底排出的一氧化碳馏分，温度约 -191℃，压力7.6 MPa左右，组成为：CO 45.19%、N_2 31.8%、H_2 13.29%、Ar 6.74%、CH_4 2.80%，经节流阀膨胀，压力降至0.15 MPa左右，再经原料气冷却器和氮冷却器回收其冷量后，送锅炉作燃料用。

在生产中，由于冷箱的冷损失及冷热物料换热不完全所造成的冷损失，可采用两种办法加以补偿。

1）在低温配氮时，依靠高压氮节流膨胀产生冷量；

2）依靠一氧化碳馏分膨胀降压和气化吸热提供冷量。故在正常生产时，不需要外界补充冷量，只有在开车时，才需要空分供给液氮，以加速冷却过程。

流程中氮的作用有三个：①作洗涤剂；②作制冷剂，提供冷量；③为原料气补充氮气。

液氮洗涤塔为泡罩塔，高17 m，内径1.1 m，塔内装50块塔板。氮冷却器和原料气冷却器均为板翅式换热器。吸附器内装拜耳K154型合成沸石4.1 t，使用寿命5年，每年更换20% ~25%的沸石。

实训十一　液氮洗涤生产操作实训

一、吸附剂再生

吸附剂使用一段时间后，需要再生。吸附器有两台，一台运转，另一台再生，定期切换使用，切换时间为24 h。

再生方法如下：

1. 0.45 MPa的氮气将再生吸附器加热到常温；

2. 氮气经加热器加热后入再生吸附器，将吸附器加热到250℃。解吸的二氧化碳及甲醇蒸汽等杂质被氮气带出，使吸附剂得到再生；

3. 再生后的吸附剂合成沸石，先用氮气冷却至接近常温；

4. 给再生后吸附剂送入少量原料气，冷却到接近操作温度 -35℃备用；

5. 再生气经冷却器用水冷却至40℃左右，送往低温甲醇洗工序作为气提气使用。

二、开车操作

用空分提供的液氮作冷源，最高用量为1 000 kg/h。

1. 当低温甲醇洗工序后的净化气中二氧化碳浓度达到正常指标后，先给液氮洗系统送入少量净化气，并经合成工序前的气体排放管逐渐排入火炬中。使系统内压力提高到接近操作压力；

2. 将液氮送入原料气冷却器和氮冷器；

3. 将空分来的高压氮气送入氮冷器和原料气冷却器使之液化；

4. 当液氮洗涤塔温度降低后，再送入液氮；

5. 当塔底液面达到足够高度，即开始抽出液体；

6. 待系统温度达到操作指标时，增加原料气量，逐渐减少作为补充冷量用的液氮量，以至最后停止；

7. 增加高压氮量，并调节净化气的氢氮比，达到正常工艺指标后，将净化气送往合成工序。

三、不正常现象及处理（见表7—11）

表7—11　不正常现象及处理

序号	现　象	主要原因	处理方法
1	液氮洗涤塔液泛	（1）气体负荷过大，造成液悬 （2）洗涤剂液氮用量过大 （3）洗涤塔内液位过高	（1）减负荷操作 （2）调整液氮用量 （3）降低洗涤塔液位
2	系统阻力增大	（1）分子筛吸附器故障，造成二氧化碳和甲醇带入系统 （2）冷箱换热器过冷，使甲烷冻结堵塞通道	（1）停车，对冷箱进行解冻处理 （2）使用热配氮，使系统减负荷，提高温度，严重时停车处理
3	微量CO超标	（1）洗涤剂氮用量不足 （2）系统冷量不足 （3）冷箱换热器泄漏	（1）$CO<80\times10^{-6}$时，减负荷进行调整 （2）$CO\geq80\times10^{-6}$时，停车处理 （3）停车检修

四、停车操作

1. 临时停车操作

（1）向液氮洗涤塔送入高压氮，利用液氮进行冷却；

（2）从液氮洗涤塔下部抽出多余的液氮，使系统保持冷却状态。

2. 正常停车时，可利用排放管线逐渐降低系统压力，同时，使系统逐渐复热，恢复到常温常压即可。

第四节　双甲精制法

一、双甲精制法

将甲醇化法与甲烷化法联合，脱除原料气中残余一氧化碳和二氧化碳的过程称为双甲精制。首先，在甲醇化催化剂作用下，使一氧化碳及二氧化碳分别与氢作用，生成甲醇，使CO含量降至0.03%～0.3%，二氧化碳降至0.01%～0.15%。再采用甲烷化法，使（$CO+CO_2$）降至10×10^{-6}以下，从而满足了氨合成对原料气的要求，同时副产甲醇。此法特点：

流程短，氢耗低，能耗低，操作平稳简便，可副产甲醇。

1. 甲醇化反应原理

在低温和高活性铜基催化剂作用下，一氧化碳、二氧化碳分别与氢反应生成甲醇。反应式：

$$CO + 2H_2 \rightleftharpoons CH_3OH + 102.5\ kJ \quad (7—22)$$

$$CO_2 + 3H_2 \rightleftharpoons CH_3OH + H_2O + 49.5\ kJ \quad (7—23)$$

2. 甲醇化催化剂

（1）催化剂的组成及性能。目前生产中，用于甲醇合成的催化剂有铜基催化剂和锌基催化剂两类。锌基催化剂适用于高温（380℃），高压（32 MPa）下合成甲醇，而铜基催化剂在低温（230℃），低压（5 MPa）下，对甲醇合成就有很高的催化活性。

铜基催化剂的主要成分是氧化铜，活性组分为金属铜，载体为氧化铝，氧化锌为助剂。国内常用的甲醇合成铜基催化剂主要性能见表 7—12

表 7—12　国内常用甲醇合成铜基催化剂的主要性能

型号	成分	C_{207}	C_{301}	C_{303}
组成/%	CuO ZnO Al_2O_3	48.0 39.1 3.6	58.01 31.07 3.06	36.3 37.1 20.3 石墨（6.3）
物理性质	外观 尺寸/mm 堆密度/（kg/L） 比表面积/（m^2/g）	棕黑色圆柱体 φ5×5 1.4～1.5 71.2	棕黑色圆柱体 φ5×5 1.6～1.7 45.66	棕黑色圆柱体 φ4.5×4.5 — —
使用温度/℃		235～325	230～285	227～232

（2）催化剂的使用条件

1）使用前需要还原。铜基催化剂中的主要成分氧化铜，对甲醇合成反应无催化活性，使用前，必须将其还原为具有催化活性金属铜。

$$CuO + H_2 = Cu + H_2O + 86.01\ kJ \quad (7—24)$$

还原反应是强放热反应，绝热下，每消耗 1% 的氢，则催化剂层温升约为 28℃，故必须严格控制还原气中氢的浓度，使还原过程温升缓慢平稳，出水均匀，防止温升过猛或出水过快。否则，将会影响催化剂活性及使用寿命，甚至超温把整炉催化剂烧坏。严重时损坏催化剂筐内件。

通常控制氢浓度在 1%～2%，低浓度氢还原的优点是：床层温度便于控制，稳妥可靠，还原后催化剂活性高。其缺点是：还原时间长，一般需要 80～100 h。而有些厂则采用高氢还原，以出水量为指标控制还原过程的进行。其优点是：还原时间短，一般约 40 h，缺点是还原温度难以控制，有时超温，一般会使还原后催化剂活性下降 10% 左右，使用寿命缩短。

2）防中毒。能使铜基催化剂中毒的毒物有硫、氯、磷、硅、铁、镍等。要求入甲醇合成炉的原料气中 H_2S 含量小于 0.1 mg · m^3，铜基催化剂吸硫量达 1.5% ~2% 时，即失去活性。生产中通常采取的措施，在甲醇合成塔前设置脱硫槽，对原料气进行精脱硫。

3. 双甲精制法氨合成主要过程方框图（见图 7—12）

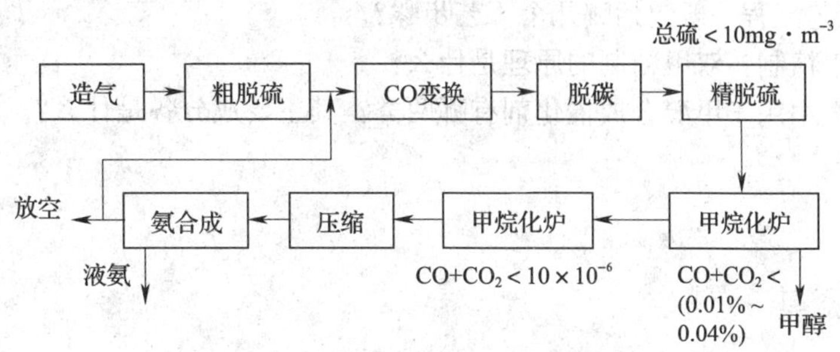

图 7—12　双甲精制氨合成主要过程方框图

二、醇烃化精制

双甲精制中的甲烷化法，是将甲醇化后的原料气中少量 CO 及 CO_2 与 H_2 反应，生成甲烷和水，造成氢大量消耗。生成的甲烷在氨合成工序为惰性气体。当甲烷含量高时，将影响氨的产量。在实际生产中，为降低甲烷含量，只有放空部分氨合成循环气，使氢耗进一步增加。

为了降低入合成系统原料气中甲烷含量，甲醇化后的原料气，再串联烃化法，即醇烃化精制。

醇烃化精制原理：甲醇化后的原料气，在 220 ~ 250℃ 和铁基催化剂作用下，使残余的 CO 及 CO_2 与氢反应生成甲醇、乙醇等多种醇和烷烃，使微量降至 10×10^{-6} 以下。反应式：

$$nCO + 2nH_2 \longrightarrow C_nH_{2+2}O + (n-1)H_2O \tag{7—25}$$

$$nCO + (2n+1)H_2 \longrightarrow C_nH_{2+2} + nH_2O \tag{7—26}$$

$$nCO_2 + (3n+1)H_2 \longrightarrow C_nH_{2+2} + 2nH_2O \tag{7—27}$$

若用醇烃化代替甲烷化，生成的多种醇及烷烃，在常温下能冷凝为液体，经分离后可作为产品来提纯。由于生成的甲烷量少，使得进入氨合成系统的甲烷大大减少，从而减少了氨合成系统的放空量，降低了吨氨原料气的消耗。

醇烃化工艺的特点是：流程短，净化度高，操作平稳可靠，节约能耗和原料气消耗，经济效益显著，适用性强，即可用轻油、天然气作原料，也可以煤为原料。产品结构改善，既生成氨，又生成甲醇。若更换催化剂，还可生产二甲醚。故是目前广泛推广的一种合成氨新技术。

思考练习题

1. 合成氨厂所指的微量是什么？大中型厂对微量指标的要求各是多少？
2. 目前合成氨原料气精制的主要方法有哪些？
3. 新配制铜氨液的主要成分有哪些？
4. 铜在铜氨液中有哪几种存在形态？氨在铜氨液中有哪几种存在形态？

5. 铜洗再生器由哪三部分组成？

6. 一氧化碳、二氧化碳甲烷化原理是什么？

7. 已还原的甲烷化镍催化剂，在180℃以下，为什么不能与CO接触？

8. 在液氮洗涤过程中，向系统提供冷量的方法有哪些？

9. 液氮洗工艺流程一般包括哪几个工艺步骤？

10. 何谓双甲精制？双甲精制的原理是什么？

11. 目前生产中用于甲醇合成催化剂有哪两类？其主要成分各是什么？

第三篇

氨的合成与生产综述

第八章　氨 的 合 成

学习目标

1. 掌握氨合成基本原理；氨合成催化剂的组成、作用及使用条件；氨合成工艺操作条件的选择；典型的氨合成工艺流程。

2. 熟悉氨合成主要设备结构及作用。

3. 熟悉氨合成工序的开停车规程，正常操作，常见故障原因及处理方法。

4. 了解氨冷冻分离基本原理与工艺流程。

第一节　氨合成基本原理

氨合成工序的任务是：在适当温度、压力，并有催化剂存在条件下，将精制的氢氮混合气直接合成为氨。因合成率较低，一般为13%～20%。需要将所生成的气氨从混合气中冷凝分离出来，得到产品液氨，分离氨后的氢氮混合气，再补加新鲜氢氮气后，循环合成。

因氨合成反应条件苛刻，故对氨合成设备、管道的材质和强度要求高，结构复杂，工艺操作难度大，耗能高。氨合成工艺的改进是合成氨生产技术的关键，采用低压、高活性催化剂将会大大降低氨合成生产成本。

一、氨合成原理

在一定温度、压力，并有催化剂存在条件下，氢气与氮气直接化合生成氨。反应式：

$$N_2 + 3H_2 \rightleftharpoons 2NH_3 + 92.44\ \mathrm{kJ} \qquad (8\text{—}1)$$

反应特点：可逆的、放热的、气体体积缩小的反应，反应速度相当慢，只有在催化剂作用下，反应才有较快速度。实践证明，当没有催化剂存在时，在300～500℃下，氨合成反应需要若干年才能达到平衡。

二、氨合成反应的化学平衡

1. 平衡常数

由于氨合成反应是可逆放热的、气体体积缩小的反应，故降低温度，提高压力，反应平衡向右移动，因此平衡常数增大。不同温度、压力下氨合成反应的平衡常数 K_p 值见表8—1。

表8—1 不同温度、压力下氨合成反应的平衡常数 *Kp* 值

压力 温度/℃	压力/MPa				
	10.33	15.20	20.27	30.39	40.53
350	2.98×10^{-1}	3.29×10^{-1}	3.53×10^{-1}	4.23×10^{-1}	5.14×10^{-1}
400	1.38×10^{-1}	1.47×10^{-1}	1.58×10^{-1}	1.81×10^{-1}	2.11×10^{-1}
450	7.13×10^{-2}	7.79×10^{-2}	7.90×10^{-2}	8.84×10^{-2}	9.96×10^{-2}
500	3.99×10^{-2}	4.16×10^{-2}	4.33×10^{-2}	4.75×10^{-2}	5.23×10^{-2}
550	2.39×10^{-2}	2.47×10^{-2}	2.56×10^{-2}	2.7618×10^{-2}	2.99×10^{-2}

2. 平衡氨含量

反应达到平衡时，氨在合成混合气中的百分含量称为平衡氨含量。它是在一定操作条件下，氨合成反应所达到的最大浓度。

3. 影响平衡氨含量的因素

(1) 温度和压力。根据化学平衡移动原理，降低温度、提高压力，平衡氨含量增加。实际生产中，氨合成反应是在加压下进行的。同时在所用催化剂活性温度范围内，适当降低温度从而提高平衡氨含量。当氢氮比为3时，不同温度、压力下的平衡氨含量见表8—2。

表8—2 不同温度、压力下，氢氮比 *r*=3 时的平衡氨含量（体积分数）/%

温度/℃	压力/MPa					
	0.101	10.13	15.20	20.27	30.40	40.53
360	0.72	35.10	43.35	49.62	56.91	66.72
380	0.54	29.95	37.89	44.08	53.50	60.59
400	0.41	25.37	32.83	38.82	48.18	55.39
420	0.31	21.36	28.25	33.93	43.04	50.25
440	0.24	17.92	24.17	29.46	38.18	45.26
460	0.19	15.00	20.60	25.45	33.66	40.49
480	0.15	12.55	17.51	21.91	29.52	36.03
500	0.12	10.51	14.87	18.81	25.80	31.90
520	0.10	8.82	12.62	16.13	22.48	28.14
550	0.07	6.82	9.90	12.82	18.23	23.20

(2) 氢氮比。氢氮比 r 对平衡氨含量有着显著影响。由氨合成反应原理可知，当 $r=3$ 时，平衡氨含量为最大。但由于气体组成对化学平衡常数 K_p 的影响，使得具有最大平衡氨含量的氢氮比略小于3，约在2.6～2.9之间，且平衡氨含量随压力的增加而增大，如图8—1所示。

(3) 惰性气体含量。氨合成系统的惰性气体是指氢氮混合气中不参加氨合成反应的甲烷及氩。惰性气体的存在，降低了氢氮气的有效分压，使平衡氨含量降低，如图8—2所示。由图可知，平衡氨含量随惰性气体含量的降低而增加。故生产中应尽量降低合成系统惰性气体含量。

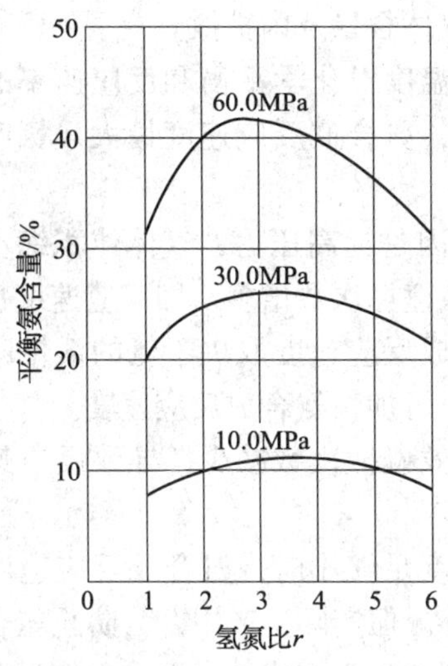

图 8—1　500℃时平衡氨含量与氢氮比及压力的关系

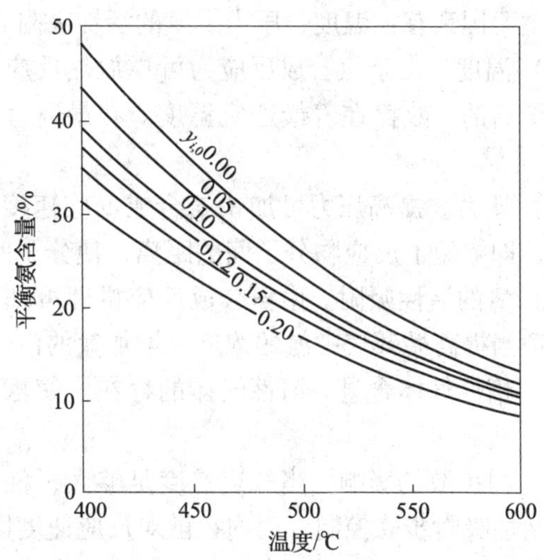

图 8—2　30.40 MPa，$r=3$，不同温度及惰性气体含量下的平衡氨含量

综上所述，提高平衡氨含量的措施为降低温度，提高压力，保持循环气氢氮比略小于3，降低惰性气体含量。

三、氨合成动力学

1．反应机理

在催化剂作用下，氢气与氮气生成氨的反应是一多相气体催化反应。对多相气体催化反应而言，其反应机理一般有以下步骤：

（1）气体反应物扩散到催化剂外表面；

（2）反应物自催化剂外表面向毛细孔内表面扩散；

（3）反应物被催化剂的活性表面吸附；

（4）吸附态的反应物，在催化剂表面上进行化学反应生成产物；

（5）产物自催化剂表面解吸；

（6）解吸后的产物自催化剂毛细孔向外扩散；

（7）产物由催化剂外表面扩散至气相空间。

以上七步中（1）、（7）为外扩散过程；（2）、（6）为内扩散过程；（3）、（4）及（5）为化学动力学过程。

氨合成反应机理：氮与氢自气相空间向催化剂表面接近，其绝大部分自外表面向毛细孔的内表面扩散，并在表面上进行活性吸附。吸附氮与吸附氢及气相氢进行化学反应，依次生成 NH、NH_2、NH_3，后者自表面脱吸后进入气相空间。

在上述反应过程中，当气流速度相当大，催化剂粒度足够小时，外扩散与内扩散因素对反应速率影响很小，而在氨合成铁催化剂上，氮的活性吸附速率在数值上接近于氨合成反应速率，即氮的活性吸附速度最慢，是决定氨合成反应速度的关键。故氨合成反应速度是由化学反应步骤——氮的活性吸附所控制的。

2．加快氨合成反应速度的措施

反应速度是单位时间内反应物浓度的减少量或生成物质浓度的增加量。影响氨合成反应速度的主要因素有：温度、压力、氮的活性吸附、惰性气体含量及内扩散。

（1）温度。由于氨合成反应为可逆放热反应，因而温度对化学平衡和反应速率的影响是相互矛盾的，故存在着最适宜温度。在最适宜温度下，氨合成反应速度最大，氨产率最高。

（2）压力。提高压力可加快氨合成反应速度。其原因是提高压力，气体体积缩小，密度增大，即缩短了反应物分子间的距离，使分子间的有效碰撞次数增多，即反应速度加快。

（3）氮的活性吸附。由氨合成反应机理可知，氨合成反应速度取决于氮的活性吸附速度。故适当提高循环气中氮的浓度，增加氮的活性吸附，可加快氨合成反应速度。

（4）惰性气体含量。惰性气体的存在，使氢氮的有效碰撞次数减少，导致反应速度减慢。

（5）内扩散的影响。当气流速度足够大，催化剂粒度足够小时，氨合成反应速度主要受氮的活性吸附步骤控制，而内扩散对反应速度影响较小。但实际生产中，为防止氨合成塔阻力过大，催化剂粒度不可能过小，同时氨合成铁催化剂的内表面比外表面大万倍以上。使得反应主要在内表面进行，故内扩散对氨合成反应的影响是不可忽视的。

因此，实际生产中，在合成塔结构和催化剂层阻力允许的情况下，应采用粒度较小的催化剂，减小内扩散影响，从而加快氨合成反应速度。

第二节　氨合成催化剂

可作氨合成催化剂的物质有铁、铂、钨、锰等多种。其中铁催化剂具有原料来源广，价格低廉，且活性较好，抗毒能力强，使用寿命长等特点。故目前国内外广泛采用铁催化剂。

一、氨合成铁催化剂的组成及各组分的作用

1. 组成

氨合成铁催化剂的主要成分是三氧化二铁（Fe_2O_3）和氧化亚铁（FeO）的混合物，载体为氧化铝，助催化剂为氧化钾、氧化钙、氧化镁、氧化硅等。

当催化剂中 Fe^{2+}/Fe^{3+} 的离子比 =0.5 时，即 FeO/Fe_2O_3 的摩尔比 =1，相当于四氧化三铁组成时，还原后活性最好。但加入助剂后，氧化亚铁的最佳含量不一定如此，可根据条件不同，在24% ~38%范围内变动，对催化剂活性影响不大，且催化剂的热稳定性和机械强度随低价铁离子含量的增加而增大。

2. 各组分的作用

主要成分氧化铁还原为 $\alpha-Fe$ 后，对氨合成反应起催化作用。三氧化二铝能与三氧化二铁形成固熔体。当铁的氧化物被还原时，三氧化二铝不被还原，起骨架作用，防止铁细晶长大，从而增大了催化剂的表面积，提高了活性。比如，含 $Al_2O_3$2% 的铁催化剂，比纯铁催化剂的表面积约大 10 倍。但加入氧化铝后，会减慢催化剂的还原速度，并使催化剂表面生成的产品氨不易解吸。

氧化钾有利于氮的活性吸附，从而提高催化剂活性。并减少氧化铝对氨的吸附作用。

一般铁催化剂用熔融法制造，但熔融态氧化铁黏度大，氧化铝不易分布进去。加入氧化钙后，可降低熔点和黏度，有利于氧化铝的均匀分布，使催化剂的活性、抗毒性及热稳定性

均有所提高。

3. 主要性能

氨合成铁催化剂是一种黑色、具有金属光泽、带磁性、外形不规则的固体颗粒。在空气中易受潮，从而引起可溶性钾盐的析出，使活性下降。催化剂还原后，氧化铁被还原成细小的铁晶体，疏松地附着在氧化铝骨架上，成为多孔的海绵状结构，孔隙率很大，其内表面约为 4 ~ 16 m^2/g。还原后的铁催化剂，若暴露在空气中将迅速氧化，立即失去活性。各类催化剂都有一定的起始活性温度、最佳反应温度和耐热温度。国内外几种氨合成铁催化剂的一般性能见表 8—3。

表 8—3　　氨合成铁催化剂的组成及一般性能

国别	型号	组成	外形	堆密度 /（kg/L）	使用温度/℃	主要性能
中国	A109	Fe_3O_4、Al_2O_3、K_2O、CaO、MgO、SiO_2	不规则颗粒	2.7 ~ 2.8	380 ~ 500	350℃ 时还原已明显
	A110	Fe_3O_4、Al_2O_3、K_2O、CaO、MgO、SiO_2	不规则颗粒	2.7 ~ 2.8	380 ~ 490	还原温度为 350℃
	A201	Fe_3O_4、Al_2O_3、K_2O、CaO、MgO、Co_3O_4	不规则颗粒	2.6 ~ 2.9	360 ~ 490	易还原，低温活性高
	A301	Fe_3O_4、Al_2O_3、K_2O、CaO	不规则颗粒	3.0 ~ 3.25	320 ~ 500	极易还原，低温、低压、活性高
丹麦	KMII	Fe_3O_4、Al_2O_3、K_2O、CaO、SiO_2	不规则颗粒	2.5 ~ 2.85	360 ~ 480	还原温度为 370℃，抗毒性强
英国	ICI35 - 4	Fe_3O_4、Al_2O_3、K_2O、CaO、MgO、SiO_2	不规则颗粒	2.65 ~ 2.85	350 ~ 530	530℃ 以下活性稳定
美国	C73 - 2 - 03	Fe_3O_4、Al_2O_3、K_2O、CaO、Co_3O_4	不规则颗粒	2.88	360 ~ 500	500℃ 以下活性稳定

二、使用条件

1. 使用前需要还原

（1）还原原理。主要成分氧化铁，不能加速氨合成反应速度，必须将其还原成 α - Fe 后才具有催化活性。其还原方法是将催化剂装入氨合成塔或预还原器内，通入氢氮混合气，在一定温度下，使氧化铁被氢气还原生成金属铁。主要反应式为：

$$FeO + H_2 \rightleftharpoons Fe + H_2O - Q \quad (8—2)$$

$$Fe_2O_3 + 3H_2 \rightleftharpoons 2Fe + 3H_2O - Q \quad (8—3)$$

还原过程生成的金属铁晶格越小、表面积越大，还原的越彻底，还原后的活性则越高。

（2）还原条件的控制。催化剂的活性，不仅与还原前的化学组成及制造方法有关，且与还原过程的操作条件有关。

1）还原温度。提高还原温度，能加快还原反应速度，缩短还原时间。但温度过高，生成的铁结晶粒大、表面积小、活性则低。故实际还原温度一般不超过正常使用温度。还原所需热量依靠塔内电加热炉或塔外加热炉提供。

2）氢的浓度。提高还原气中氢的浓度，降低蒸汽含量，对还原反应有利。蒸汽含量高，可把已还原的催化剂反复氧化，造成晶粒变粗，活性降低，为此应及时除去还原过程生成的水。

催化剂还原的程度可用还原度来表示。即还原前催化剂中铁的氧化物被还原的百分率称为还原度。一般用实际还原出水量与理论出水量的比值来衡量。

（3）催化剂的预还原。为使氨合成系统在短时间内投入生产，将催化剂在合成塔外预先进行还原的过程称为催化剂的预还原。因预还原是在专用设备内进行的，还原时可严格控制其各项指标，故还原后催化剂活性较好。经预还原后的催化剂，再经轻度表面氧化即可卸出待用。使用前只需短时间还原，即可投入生产，从而避免了在合成塔内不适宜还原条件对催化剂活性的损害，保证了催化剂的活性。故对催化剂进行预还原，是强化氨合成生产的一项有效措施。

2. 催化剂的钝化

已还原的催化剂与空气接触之前，要进行缓慢氧化，使催化剂表面形成一层氧化物保护膜的过程称为催化剂的钝化。因活性组分金属铁，遇空气后会发生强烈的氧化反应，放出的热量会使催化剂超温烧结而失去活性。而经钝化后的催化剂，再遇空气时就不易发生氧化燃烧反应了，当再次使用时，只需稍加还原即可投入生产。

钝化的方法如下：首先将系统压力降至 0.5 ~ 1 MPa，温度降至 50 ~ 90℃，用氮气置换系统合格后，再向氮气中逐渐加入空气，使氮气中氧含量由 0.2% 逐渐增加到 20%，当催化剂层温度不再上升，合成塔进出口气体中氧含量相等时，即钝化结束。在钝化过程中，应严格控制催化剂层温度，一般不超过 130℃。

3. 防中毒与防衰老

（1）防中毒。入合成塔的新鲜混合气，虽然经过了净化与精制，仍含微量有毒气体，导致催化剂缓慢中毒，活性降低。

能使氨合成铁催化剂永久性中毒的物质有：油雾、硫及硫化物、砷及砷化物、磷及磷化物等。它们使铁催化剂中毒后，不能再恢复其活性。

而使其暂时中毒的物质有水蒸气、一氧化碳、二氧化碳和氧等物质。原因：氧及氧化物能与金属铁生成氧化铁，使催化剂失去活性。当用较纯净的氢氮气通入催化剂层时，氢气又能将氧化铁还原成金属铁。

（2）防衰老。催化剂经长期使用后，活性逐渐下降，生产能力逐渐降低的现象称为催化剂的衰老。衰老的原因：

1）长期处在高温下，使催化剂的细小晶粒逐渐长大，表面积减小，活性下降。

2）在生产操作过程中，温度波动过大、甚至超温，使催化剂衰老；

3）进塔气中含少量暂时中毒的毒物，使催化剂表面反复进行氧化还原反应，导致催化剂衰老。

（3）防止催化剂中毒与衰老的措施。催化剂的中毒与衰老是不可避免的，但选用耐热性和抗毒性能较好的催化剂，改善气体质量，稳定操作条件，可大大延长催化剂的使用寿命。

第三节　氨合成工艺操作条件的选择

氨合成生产中，为了达到优质、高产、低消耗之目的，应合理选择工艺操作条件、影响氨合成生产的主要条件有压力、温度、空间速度、气体组成和催化剂。

一、压力

提高压力，对氨合成反应的平衡和反应速度均有利。在一定空速下，合成压力越高，出口氨浓度则越高，氨净值（合成塔出入口氨含量之差）越大，合成塔的生产能力也越大。

氨合成压力的高低，是影响氨合成生产能耗的主要因素。氨合成系统的能耗主要包括原料气压缩功、循环气压缩功和氨分离的冷冻功。提高操作压力，原料气压缩功耗增加。但提高压力，氨净值增加，使单位氨成品所需的循环气量减少，因而循环气压缩功耗减少。同时压力高有利于氨的分离，即在较高温度下，气氨即可冷凝为液氨，使得冷冻功耗减少。

氨合成压力高，设备紧凑，流程简单，但对设备的材质和制造要求高。同时，高压下催化剂使用寿命缩短，操作管理较困难，故压力不宜过高。实践证明，操作压力在 15 ~ 32 MPa时氨合成的总能耗较低。

二、温度

1. 氨合成反应温度必须维持在催化剂的活性温度范围内。铁催化剂的活性温度范围在 400 ~530℃之间。

2. 使反应过程尽可能在接近最适宜温度条件下进行。

因催化剂在使用初期活性较强，反应温度可低些；使用中期活性减弱，操作温度要比初期提高 8 ~10℃；使用后期活性衰退，操作温度要比中期更高一些。

由于反应初期，氨含量很低，合成反应速度很高，故不能按最适宜温度进行。如当合成塔入口气体中氨浓度为 4% 时，相应的最适宜温度为 653℃，超过了铁催化剂的耐热温度，如图 8—3 所示。

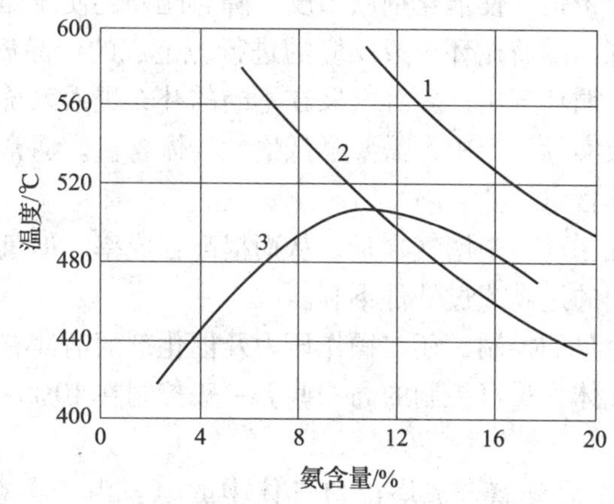

图 8—3　温度曲线

1—平衡曲线　2—最适宜温度曲线　3—三套管并流氨合成塔催化剂层温度分布曲线

为了保证入口温度，实际生产中，催化剂床层的前半段不可能按最适宜温度操作，而是在反应气体达到催化剂活性温度的前提下（一般为380～420℃）入催化剂层，进行绝热反应，依靠反应放热，使催化剂床层温度尽可能快地升高，以达到最适宜温度。在催化剂床层的后半段，按最适宜温度分布曲线相应地移出反应热，使氨合成反应在接近最适宜温度曲线的条件下进行。

综合几方面因素的影响，实际生产中，氨合成反应温度一般控制在470～520℃为宜。

三、空间速度

当操作压力、温度及入塔气组成一定时，对既定结构的氨合成塔，增加空速，气体通过催化剂床层的速度加快，气体与催化剂接触时间缩短，将使出塔气中氨含量降低，即氨净值降低。但由于氨净值降低的程度比空速增大的倍数少，因此当空速增大时，氨产量有所提高。但空速增加，使系统阻力增大，循环气的压缩功耗增加，氨分离的冷冻功耗也增大。同时，单位循环气的产氨量减少，反应热也相应减少。当单位循环气的反应热降到一定程度时，会使合成塔“自热”难以维持。

操作压力在30 MPa左右的中型氨厂，空速一般在20 000～40 000 h^{-1}之间。大型氨厂为充分利用反应热、降低功耗及延长催化剂使用寿命，通常采用较低的空速，一般为10 000～20 000 h^{-1}。

四、合成塔进口气体组成

合成塔进口气体组成包括氢氮比、惰性气体含量及入口氨含量。

1. 氢氮比

从氨合成反应机理可知，氮的活性吸附为氨合成反应过程的控制步骤，因此适当提高循环气中氮的浓度，可加快氨合成反应速度。故实际生产中，进塔循环气的氢氮比控制在2.5～2.9为宜。但由于氨合成时氢氮比是按3∶1消耗的，故合成系统补充新鲜气的氢氮比应控制为3，否则会造成循环系统氢氮比的失调。

2. 惰性气体含量

氨合成系统的惰性气体—甲烷和氩，既不参加反应，也不毒害催化剂，但它们的存在会降低氢氮气的分压，对化学平衡和反应速度不利，导致氨的合成率下降。同时，当它们通过合成塔时，会将塔内热量带走，使催化剂层温度下降。此外还使压缩机作虚功。

惰性气体来自新鲜气。随着循环合成反应的进行，生成的产品氨不断被分离送出系统。而惰性气体残留在系统的循环气中，新鲜气又在不断的补充进入系统，因而循环气中的惰性气体含量则越积越多，故实际生产中，需要降低惰性气体含量。通常采用不断排放少量循环气的办法来降低惰性气体含量。

增加放空量，可降低循环气中惰气含量，从而提高合成率。但氢氮气损失也增大。故循环气中惰性气体含量控制的过高或过低都不利。

循环气中惰性气体含量的控制，还与操作压力及催化剂的活性有关。当操作压力高，催化剂活性较好时，惰性气体含量可控制的高一些。一般控制在10%～18%为宜。

3. 入口氨含量

目前，一般采用冷凝法分离合成塔出口气体中的氨，由于存在气液相氨平衡，不可能把氨全部冷凝下来，因而返回合成塔的气体中，还含有一定量的氨。合成塔入口氨含量主要决定于氨分离的压力、冷凝温度和分离效率。当压力一定，冷凝温度越低，氨分离器的分离效果越好，入口氨含量就越低。降低入口氨含量，可加快氨合成反应速度，提高氨净值及催化剂的生产能力。但若将入口氨含量降得越低，所需氨冷温度就越低，冷冻功耗就越大。

当氨合成压力高，反应速度快时，入口氨含量可控制高一些；而氨合成压力低时，为保持一定的反应速度，进口氨含量应控制低一些。当操作压力在 30 MPa 左右时，入口氨含量一般控制在 3.2% ~3.8%；而当操作压力为 15 ~23 MPa 时，控制在 2% ~3% 为宜。

第四节　氨合成工艺流程

一、氨合成基本工艺步骤

工业上采用的氨合成工艺流程，设备结构及工艺操作条件各不相同，但实现氨合成过程的基本工艺步骤是相同的。

1. 气体的压缩和除油

由于氨合成为气体体积缩小的反应，分离氨后的循环气，压力有所降低，为了将循环气压缩到氨合成所要求的压力，需要在流程中设置压缩机。当使用往复式压缩机时，在压缩过程中，气化的润滑油呈细雾状悬浮在气流中。不仅使氨合成催化剂中毒，且附着在换热器壁上，降低传热效率，因此必须将其分离干净。除油的方法是在压缩机每段出口处设置滤油器，并在氨合成系统设置滤油器。若采用离心式压缩机或采用无油润滑的往复式压缩机时，可取消滤油设备。

2. 气体的预热与合成

压缩后的氢氮混合气需加热到催化剂的起始活性温度，才能送入催化剂层进行氨合成反应。正常情况下，加热热源主要是氨合成放出的反应热。即在换热器中，利用反应后的高温气体预热反应前的氢氮混合气。在系统开工或反应不能自热时，采用塔内电加热炉或塔外加热炉供给热量。达到催化剂的起始活性温度的氢氮混合气，入催化剂层，借助催化剂的作用进行氨的合成反应。

3. 氨的分离

进入氨合成塔催化剂层的氢氮气，只有少部分合成为氨，出塔口气体中氨含量一般为 10% ~20%，故需要把产品氨从平衡混合气中分离出来。

目前工业上分离循环气中的氨主要采用冷凝法。冷凝气体的过程是在水冷器和氨冷器中进行的。在水冷器和氨冷器之后设置氨分离器，分离出的氨液经减压后，送至液氨储槽。在冷凝过程中，部分氢氮气及惰性气体溶解在液氨中，当液氨在储槽内减压后，溶解的气体大部分释放出来，称为“储罐气”。

气体的压力愈高、温度愈低，氨从气体中的分离则越完全。当采用高压法合成时，只采用水冷将合成气冷却至 20℃，气体中氨含量可降至 4.5% 以下，可达到氨分离的目的。当采用中压 30 MPa 合成时，用水冷却至 20℃，再进一步用液氨作制冷剂，将气体温度冷却至 0℃以下，才能使气相中的氨含量降至 3% 以下。当采用低压法 15 ~20 MPa 合成时，需经过 2 ~3 级的氨冷，将气体温度降至 –20℃以下，才能达到氨分离的目的。

4. 气体的循环

因氢氮混合气经氨合成塔后，只有一小部分合成为氨。分离氨后剩余的氢氮气，除为降低惰性气体含量而少量放空外，大部分与新鲜原料气汇合后，重新返回合成塔，进行循环合成。由于气体在设备、管道内流动时，产生压力损失，为补偿此损失，流程中设置循环压缩机。其进出口压差为2～3 MPa。

5. 惰性气体的排除

进入合成系统的氢氮混合气中，含有少量惰性气体，它们既不参加氨合成反应，也不毒害氨合成催化剂，当在系统中的积累量达到一定浓度后，将会给氨合成反应速度及合成率造成影响，故氨合成循环气中的惰性气体达到一定浓度后，必须进行排除。通常生产中主要采用放空部分循环气的办法来排除惰性气体，此外，还有少部分溶解在液氨中被带出。

放空时部分氢氮气及氨被带出系统而造成损失，为减少因放空而造成的损失，故生产中放空的位置应选在氨已大部分分离之后，而又在新鲜气加入之前。放空气中的氨可加以回收，其余气体一般用做燃料。

6. 反应热的回收利用

因氨合成反应是放热的，必须回收利用其反应热。目前回收利用氨合成反应热的方法主要有：

（1）预热反应前的氢氮混合气。即在塔内设置换热器，用反应后的高温气体预热反应前的冷气体，使其达到催化剂的活性温度。此法简单，但热量回收不完全。目前小型氨厂及部分中型氨厂采用此法。

（2）预热反应前的氢氮混合气和副产蒸汽。即在塔内设置换热器预热反应前的氢氮混合气，再利用余热副产蒸气。按副产蒸气锅炉安装位置的不同，可分为内置式副产蒸汽合成塔和外置式副产蒸汽合成塔。目前多用外置式。

根据反应后气体排出塔外位置的不同，外置式副产蒸汽合成塔，又分为前置式、中置式和后置式三种。前置式：自催化剂床层出来的高温气体，先入塔外副产蒸汽锅炉，产生2.5～4.0 MPa蒸汽，再返回塔内换热器，预热反应前的冷气体。中置式：将塔内换热器分为两段，反应后的高温气体，经第一段换热器后，入塔外副产蒸汽锅炉，产生1.3～1.5 MPa蒸汽，然后再返回塔内第二段换热器内。后置式：反应后的高温气体，先入塔内换热器，再到塔外副产蒸汽锅炉，以产生0.4 MPa左右的低压蒸汽。

此法热量回收较完全，同时副产蒸汽，目前中型氨厂多采用。

（3）预热反应前的氢氮混合气和预热高压锅炉给水。反应后的高温气体，先经塔内换热器预热反应前的冷气体，再入塔外换热器预热高压锅炉给水。此法优点：减少了塔内换热器的面积，从而减小了塔的体积，热能回收完全。目前大型氨厂多采用。

二、氨合成工艺流程

各合成氨厂采用的操作压力、氨分离的冷凝级数及热能回收形式各不相同，故氨合成工艺流程也不同。氨合成操作压力可在很大范围内选择。当操作压力在60～100 MPa称为高压法，在20～40 MPa称为中压法，在15 MPa左右称为低压法。中压法氨合成工艺流程在技术及经济上均较优越，故目前国内外多采用中压法。

1. 中压氨合成工艺流程

中压氨合成工艺流程如图8—4和图8—5所示。由压缩工序来的30～50℃，压力

32 MPa左右的新鲜氢氮气，先入滤油器1与循环机7来的带有气氨的循环气汇合，在此除去气体中的油、水及碳酸氢铵等杂质后。自滤油器排出，入冷凝塔2上部换热器管内，被从冷凝塔下部氨分离器上升的冷气体冷却至10～20℃后，入氨冷器3的高压管内，液氨在管外吸热蒸发，使循环气体进一步被冷却至－8～0℃，气体中的气氨则冷凝为液氨。

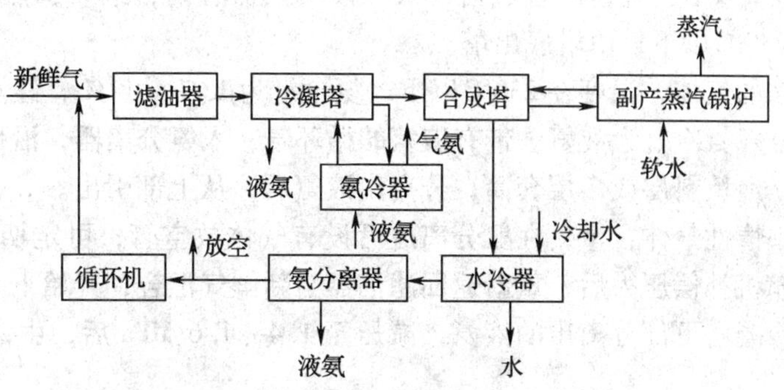

图8—4　中压氨合成工艺流程方框图

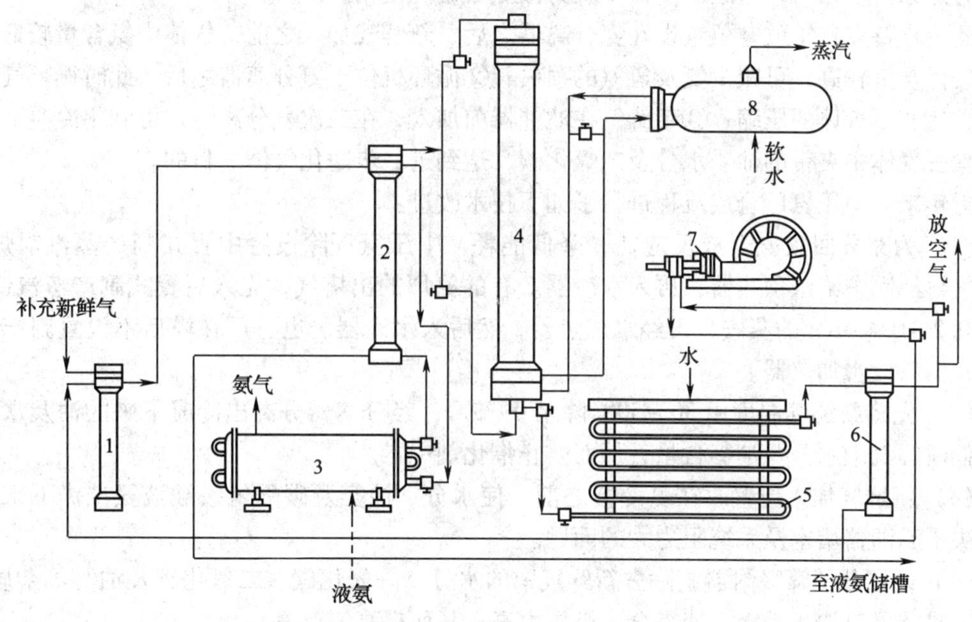

图8—5　中压氨合成工艺流程

1—滤油器　2—冷凝塔　3—氨冷器　4—氨合成塔　5—水冷器

6—氨分离器　7—循环机　8—副产蒸汽锅炉

从氨冷器出来的带有液氨的循环气，入冷凝塔下部氨分离器，分离出夹带的液氨。同时，气体中残余的微量水蒸气、油分及碳酸氢铵也被液氨洗涤除去。分离氨后的循环气，含氨量约为2.8%～3.8%。上升到冷凝塔上部换热器管间，被加热至20～40℃，由冷凝塔上部排出，分两路入氨合成塔4，大部分经主阀由塔顶入塔，少部分经副阀自塔底入塔，以调节催化剂层温度。

自塔顶部入塔的循环气，沿内件与外筒的环隙，自上而下流动，以降低合成塔外壁温度，延长其使用寿命，同时以减少热损失。气体至塔下部入换热器管间，被管内反应后的高温气体，预热至催化剂活性温度 380 ~ 420℃后，入催化剂层内进行放热的氨合成反应。

反应后 470 ~ 500℃的热气体，入塔下部一段换热器管内，加热管间的冷气体，温度降至 400℃以下排出塔外，入副产蒸汽锅炉管内，加热锅炉水，以产生 1.2 ~ 1.4 MPa 饱和蒸汽，气温降至 300℃以下，再返回合成塔，入二段换热器管内，继续加热反应前的冷气体，而本身温度降至 230℃以下，由塔底出塔。

自合成塔出来的气体，温度在 230℃以下，氨含量为 13% ~ 17%，经水冷器 5 被冷却至 25 ~ 50℃，使部分气氨冷凝为液氨。带有液氨的循环气，入氨分离器，沿环隙盘旋而下至器底，再折流而上，经填料层或多层套筒，分离出液氨后，从上部引出。

为降低系统中惰性气体含量，在氨分离之后设有气体放空管，可定期排放部分循环气。大部分经循环压缩机补偿压力后，重新返回滤油器与新鲜气汇合，开始下一个循环。

氨分离器及冷凝塔下部分离出的液氨，减压至 1.4 ~ 1.6 MPa 后，由液氨总管输送液氨储槽。

氨冷器所用液氨由液氨产品仓库供给。气化后的气氨，经分离器除去液氨雾滴后，由气氨总管送冰机压缩后，再经水冷器冷凝为液氨后循环使用。

此流程特点：①放空位置设在氨分离器之后、新鲜气加入之前，气体中氨含量较低，而惰性气体含量较高，可减少氨及氢氮的损失；②循环机位于氨分离器之后，此时循环气温度较低，有利于气体的压缩；③新鲜气在滤油器前加入，在二次氨分离时，可利用冷凝下来的液氨除去气体中夹带的油、水分及二氧化碳，达到进一步净化气体之目的。

近年来，中压氨厂合成流程进行了如下技术改进：

（1）为充分回收氨合成反应热，降低能耗，中压氨厂除设置中置式副产蒸汽锅炉外，出塔气再经锅炉给水预热器，再入水冷器。有的氨厂的出塔气，先入后置式副产蒸汽锅炉，产生 0.2 ~ 0.4 MPa 的蒸汽，再经水加热器，然后入水冷器。也有厂在塔后不设置副产蒸汽锅炉，而只设水加热器。

（2）先将新鲜气温度由 30 ~ 50℃降至 0 ~ 5℃，经分离器分离出冷凝下来的油及水，从而降低新鲜气中水分及油雾含量，从而防止催化剂中毒。

（3）新鲜气加入位置改在氨冷器之前，使水分、油雾及碳酸氢铵被液氨洗涤下来，从而解决了滤油器堵塞及系统阻力大的问题。

（4）设置分子筛吸附器，除去新鲜气中的水分、一氧化碳、二氧化碳及油雾等杂质后，由氨合成塔入口加入系统，使得合成塔压力高，从而提高氨产量。

（5）采用无油润滑的往复式压缩机，消除了气体带油现象，从而取消滤油器，并将循环压缩机设在合成塔之前，从而提高合成塔操作压力。

（6）有些厂采用二级氨冷，从而降低合成塔入口氨含量。

2. 大型氨厂合成系统工艺流程

（1）凯洛格氨合成工艺流程如图 8—6 所示，由甲烷化工序来的新鲜氢氮气（2.5 MPa，38℃左右）入离心式压缩机的低压缸，压力升至 6.5 MPa，温度升至 170℃左右。先后经甲烷化换热器、水冷器及氨冷器，逐步冷却至 8℃，经段间气水分离器分离出水分后，再入压缩机高压缸。高压缸内有 8 个叶轮，气体经 7 个叶轮压缩后，与含氨约 12% 的循环气在缸内混合，继续在最后一个叶轮压缩至 15.5 MPa，温度 69℃。

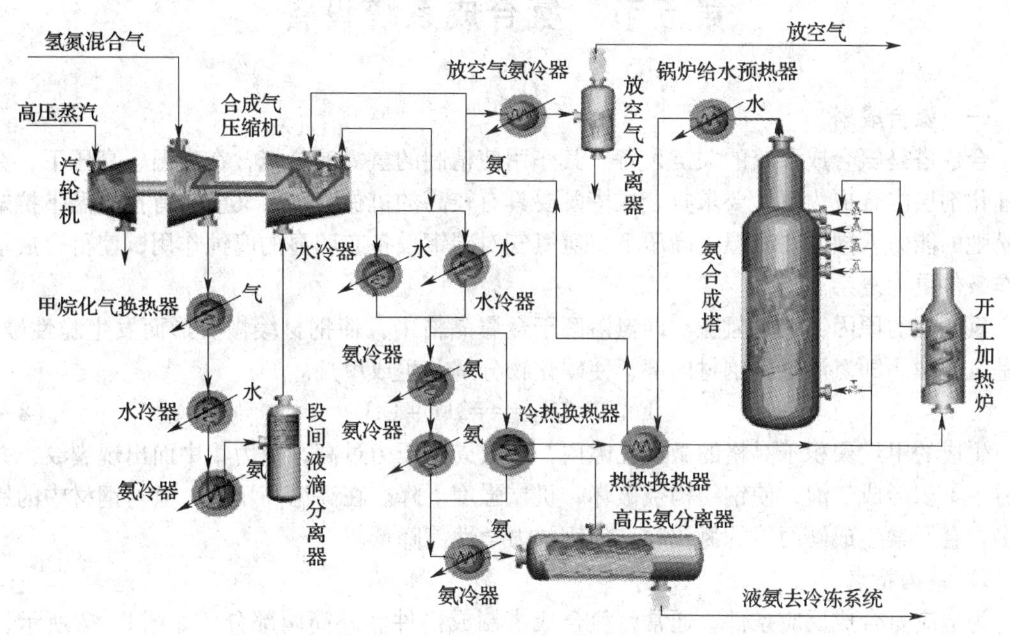

图 8—6　凯洛格氨合成工艺流程示意图

压缩机出口气体，先入两台并联的水冷器，冷却至 38℃左右，汇合后又分两路，一路经 13℃的一级氨冷器，使气体温度降至 22℃，再经 -7℃的二级氨冷器。使气体温度降至 1℃。另一路气体在冷热交换器中，与高压氨分离器来的 -23℃左右的气体换热，温度降至 -9℃。两路气体混合后温度为 -4℃，再经三级氨冷器与 -33℃的液氨换热，使气体温度降至 -23℃，大部分气氨冷凝为液氨，入高压氨分离器进行氨的分离。分离氨后的气体含氨 2%左右，温度约 -23℃，经冷热换热器和热热换热器，加热至 141℃，入轴向冷激式氨合成塔。

合成塔上部为换热器，内装四层催化剂，为控制各层温度，设有一条冷副线和三条冷激线，少部分未经预热的气体，直接入第一、二、三、四层催化剂入口。合成塔出口气体含氨 12%左右，温度约 284℃，经锅炉给水预热器，温度降至约 166℃，再经热热换热器降至约 43℃，入压缩机高压缸的最后一片叶轮，与补充的新鲜气混合，进行下一循环。

为控制循环气中惰性气体含量，在压缩机前放空部分循环气。放空气在氨冷器使大部分氨冷凝，经放空气分离器分离回收氨后，送燃料系统。

该流程特点如下：①采用汽轮机驱动离心式压缩机，气体中不含油雾，可将压缩机设在氨合成塔之前；②氨合成反应热除预热反应前冷气体外，还用于加热锅炉给水，热能回收较完全；③采用三级氨冷，逐级将气体温度降至 -23℃；④放空位置选在压缩机循环段之前，此时惰性气体含量最高，但氨含量也最高，因放空气回收氨、故氨损失不大；⑤在压缩机后进行氨的冷凝分离，可进一步清除气体中夹带的密封油、二氧化碳等杂质。其缺点是循环功耗较大。

第五节　氨合成系统设备

一、氨合成塔

合成塔是氨合成系统的关键设备。其作用使精制的氢氮混合气，在高温、高压下，在塔内催化剂层内合成为氨。要求氨合成塔既要具有较高的机械强度，又应具有在高温下抗蠕变和松弛的能力。同时在高温、高压下，氢氮气对碳钢设备有明显的腐蚀作用，使得合成塔的工作条件更为复杂。

氢腐蚀的原因：一是氢脆。即氢溶解于金属晶格中，使钢材缓慢变形而发生脆性破坏。二是氢腐蚀。即氢渗透到钢材内部，使碳化物分解并生成甲烷。

$$Fe_3C + 2H_2 = 3Fe + CH_4 \tag{8—4}$$

生成的甲烷聚积于晶格的微观孔隙内，形成局部压力过高，应力集中而出现裂纹，并在钢材中聚积形成鼓泡，使钢结构被破坏，机械强度下降。在高温高压下，氮与钢材中的铁及许多合金元素生成硬而脆的氮化物，使钢材力学性能降低。

1. 结构特点

为适应氨合成反应条件，通常将氨合成塔制成内件和外筒两部分，如图 8—7 所示，内件外侧设有保温层，以减少向外筒散热。入合成塔的冷气体，先流经内件与外筒间的环隙被预热。故外筒只承受高压，不承受高温，因而可用普通低合金钢或优质碳钢制作。正常情况下，使用寿命可达 50 年以上。内件在 500℃左右高温下工作，只承受高温，不承受高压。即只承受环隙气流与内件气流的压差，一般为 1 ~ 2 MPa。从而可降低对内件材料及强度的要求，一般选用合金钢制作。内件使用寿命比外筒短得多。内件一般由催化剂筐（触媒筐）、热交换器、电加热器三部分构成。大型氨合成塔的内件一般不设电加热器，而由塔外加热炉供热。

2. 分类

合成塔在结构上要求简单可靠，并能满足高温高压要求。在工艺方面必须使氨合成反应在接近最适宜温度条件下进行，以获得较大生产能力和较高氨合成率，同时塔的压力降要低，以减少循环气的动力消耗。

由于氨合成反应为可逆放热反应，随着反应的进行，需要移出反应热，降低反应温度。目前合成塔种类繁多，按照降温方法的不同，氨合成塔可分为冷管式、冷激式和间接换热式三类。

（1）冷管式合成塔。催化剂层内设置冷管，使反应前的冷气体在冷管内流动，借助管壁与催化剂层内的高温气体换热，移出反应热。同时将冷原料气预热到反应的起始温度后，入催化剂层，借助催化剂作用进行氨合成反应。

根据冷管结构的不同，冷管式合成塔又分为单管并流式、双套管并流式、三套管并流式。冷管式合成塔结构复杂，一般用于直径为 500 ~ 1 000 mm 的中小型氨合成塔。

（2）冷激式合成塔。是将催化剂分为几层（一般不超过 5 层），气体经每层催化剂进行绝热反应，气温升高后，在层间与冷的原料气汇合，降温后，再入下一层催化剂，继续进行绝热反应。冷激式合成塔结构简单，但加入冷的原料气后，使氨合成率降低，一般多用于大型合成塔，近年来有些中型合成塔也采用冷激式。

按气体在催化剂内流动方向的不同，冷激式合成塔又分为轴向塔和径向塔。即气体沿塔的轴向流动称为轴向塔；气体沿塔径方向流动称为径向塔。

（3）间接换热式。将催化剂分为几层，在层间设置换热器，经上一层反应后的高温气体，入换热器降温后，再入下一层催化剂继续进行反应。氨合成塔的分类及特点见表 8—4。

表 8—4　　氨合成塔的分类及特点

塔型		冷管形式或气体流向	特点	适用场合
冷管式	三套管并流式	内冷管为双层	催化剂层温度分布较合理，催化剂生产强度高，操作稳定，适应性强。其缺点是冷管结构复杂。冷管与分气盒占据空间较多，冷管传热能力强，在催化剂还原阶段下层温度不易升高，难还原彻底	适用小型塔，近年来逐渐被新型塔取代
	双套管并流式	内冷管为单管。即冷管有内、外两层	冷气体在内冷管上升时，已被逐渐加热，当进入外冷管环隙与催化剂层内的热气体换热时，自身温度较高，使得传热温差较小，催化剂层温度分布不合理，换热效果不好	双套管合成塔曾沿用了多年，目前使用较少
	单管并流式	冷管只有一层	冷管结构简单，无分气盒，内件紧凑，塔容积得到有效利用。操作稳定，温度便于调节，温度分布合理，因采用气体分流形式，塔阻力降小，氨产量较高。因温差应力大，结构不牢固，升气管与冷管间焊缝易裂开	近年来逐渐被新型塔取代
	ⅢJ 型内冷式合成塔	床层内设有冷管，催化剂分上绝热层、冷却层和下绝热层	塔容积利用率高，催化剂装填量多，塔温便于调节，温度分布合理，接近最适宜温度曲线，氨净值较高，反应热回收较好。缺点是仍然保留了部分冷管	近年来开发的新型塔
冷激式	轴径向合成塔	催化剂分几层，在床层内，气体既有轴向流动，又有径向流动	塔阻力大大降低，因而可选用小颗粒催化剂，提高了氨产量，因不用冷管，结构简单，避免了冷管的冷壁效应，又可多装催化剂，氨净值高	中型氨厂多采用
	轴向塔	气体沿塔轴向流动	操作方便、平稳，结构简单可靠，塔阻力较大，外筒与内件上开有人孔，催化剂装卸较容易。其内件封死在塔内，运输和安装较困难。内件损坏后检修困难。因加入冷激气，合成率低	大型氨厂多采用
	径向塔	气体沿塔径方向流动	内件结构简单，气体流径短，流通面积大，阻力降小，循环功耗低，可使用小颗粒催化剂，催化剂用量少，塔径小，造价低。可采用较高的空速，催化剂生产强度高。缺点是气体分布不易均匀，易偏流	大型氨厂多采用
间接换热式		催化剂分为几层，层间设换热器	氨净值高，能耗低，但结构复杂	近年来逐渐被推广应用

3. 中小型氨厂合成塔结构

（1）冷管式氨合成塔

1）三套管并流氨合成塔，如图 8—7 和图 8—8 所示。

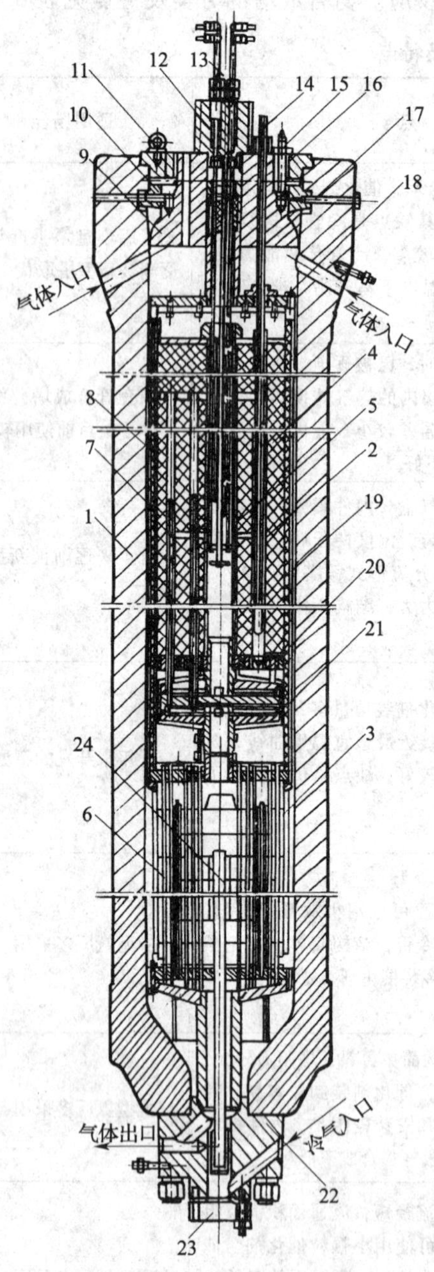

图 8—7 三套管并流氨合成塔剖视图

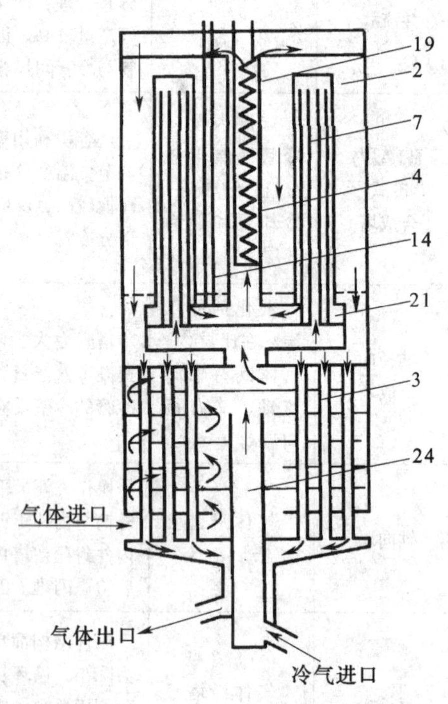

图 8—8 三套管并流内件示意图

1—外筒 2—催化剂筐 3—热交换器 4—电加热炉 5—催化剂 6—热交换管
7—冷管内管 8—冷管外管 9—上盖 10—压瓦 11—支持圈 12—电炉小盖 13—导电棒
14—温度计外套管 15—压盖 16—螺栓 18—催化剂筐盖 19—中心管 20—多孔板
21—分气盒 22—下盖 23—小盖 24—进气管

由外筒和内件两部分构成。外筒由多层钢板卷焊或锻造的高压圆筒体，承压强度32 MPa，内径800～1 000 mm，高约12～14 m。外筒顶部有上盖9及支持圈11，支持圈与上盖用螺栓16连接。上盖密封口处，用钢制的垫圈及压瓦10压紧，构成自紧密封。上盖上设有电加热炉安装孔和热电偶温度计插入孔。外筒下部有下盖，用螺栓连接在筒体上。下盖上开有气体出口及气体入口。内件上部为催化剂筐，筐中心管内悬挂着电加热炉，下部为热交换器，中间为分气盒。

催化剂筐由合金钢板焊制而成，外包石棉绒或玻璃纤维保温层，从而防止内件散热，可降低外筒的内壁温度，减缓氢腐蚀。催化剂筐盖18焊在催化剂筐上部，以防泄漏。催化剂筐下部有多孔板20，上面放有铁丝网，在铁丝网上装催化剂。催化剂床层中下部装有数十根冷管，顶部为不设冷管的绝热层。

冷管由内管与外管构成。内管为双管构成，中间形成滞气层，故传热能力小。内管焊在分气盒的隔板上，而外管焊在分气盒顶盖上，为单管。此外，筐内装有二根温度计外套管14。直径800～1 000 mm的合成塔，一般装填催化剂2～4.5 m^3。

热交换器内装有若干根列管。为了增加气流速度，提高传热效果，列管内插有麻花状的铁棒，管间装有若干块环形或圆形隔板。换热器外壁设有保温层，可防止散热。由副阀来的冷气体，经换热器的中央冷气管，直接入分气盒，以调节催化剂层温度。

电加热炉由镍铬合金制成的电炉丝和瓷绝缘子构成。电炉丝与电源的连接方式可以是单相，也可以是三相，其功率一般为150～200 kW/m^3。当开车升温、催化剂还原或操作不正常时，可用电加热炉加热入催化剂层的气体。塔外设有电压调节器，可根据不同需要，调节电加热炉的电压，以改变其加热能力。

气体流程如下：温度为20～40℃的循环气由塔顶入塔，沿外筒与内件间环隙顺流而下，至底部入换热器管间，被管内反应后的高温气体加热到300℃左右。另一部分气体由副阀入塔，经冷气管直接入分气盒下室，与换热器管间来的热气体汇合后，入各冷管内管。上升至内管顶部，沿内外管环隙折流而下，与管外催化剂层气体并流换热，被预热到400℃左右。经分气盒及中心管入催化剂层，借助催化剂作用进行氨合成反应。反应后的气体温度为480～500℃，入热交换器管内，将热量传给刚入塔的冷气体，自身温度降至230℃以下，由塔底引出。

内冷管为双层，中间的滞气层起了隔热作用，因而气体在内冷管中温升很小，出内冷管后折入内外冷管环隙时，气体温度较低，与催化剂床层的温差较大，换热效果较好。

2）单管并流式合成塔。单管并流式合成塔的催化剂筐结构如图8—9所示。

冷气体经合成塔下部热交换器预热后，经2～3根升气管送至催化剂床层上部分气环内，分配至各冷管内自上向下流动，与催化剂层中热气体并流换热后，汇合至下集气管，经中心管入催化剂层进行氨合成反应。反应后的热气体经换热器降温后从塔底引出。

3）ⅢJ型内冷式氨合成塔，结构如图8—10所示。

催化剂层中部设有冷管，将催化剂层分为上绝热层、冷却层和下绝热层。塔下部为换热器。30～40℃的循环气分两路入塔，占总气量35%～45%的气体，由顶部两根导气管入催化剂层中的单冷管内，与催化剂层的高温气体换热后，沿导管由下而上到达催化剂层顶部。约占总气量55%～65%的另一路气体，由塔上侧入塔（一进），沿外筒与内件的环隙流至塔

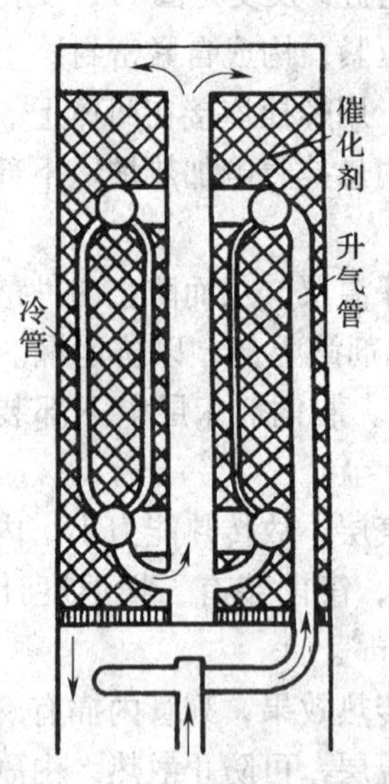

图 8—9　单管催化剂筐示意图

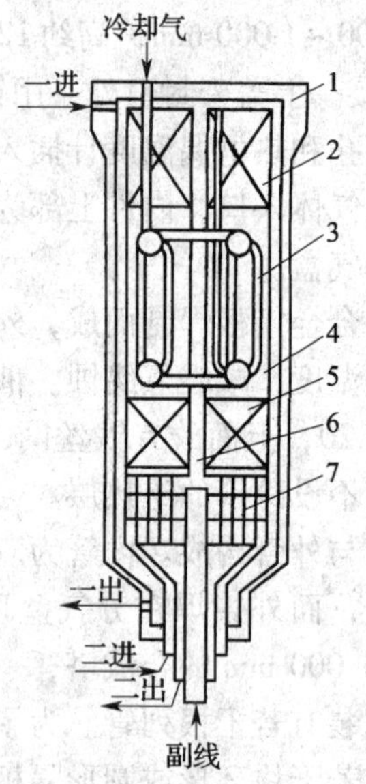

图 8—10　ⅢJ 型单管内冷氨合成塔

1—外筒　2—上绝热层　3—冷管　4—冷管层　5—下绝热层　6—中心管　7—换热器

底，由塔下部出来（一出），入塔外换热器管内被加热至 170～180℃后，再入塔（二进）下部换热器的管间，被反应后的热气体加热到反应温度，经中心管上升到催化剂层顶部。两路气体在催化剂顶部汇合后，入催化剂层，由上而下经上绝热层、冷管层、下绝热层进行氨合成反应后，入塔下部换热器管内，预热反应前的冷气体后，由塔底引出（二出）。

（2）轴径向合成塔。轴径向塔的结构有多种，如一轴一径式、二轴一径式和一轴二径式等。二轴一径式氨合成塔其结构，如图 8—11 所示。

催化剂分三层装填，一、二层气体沿轴向流动，则为轴向层，第三层气体沿径向流动，为径向层。

其气体流程如下：原料气由塔顶部入塔，沿外筒与内件间环隙自上而下流动，以冷却塔壁，至塔底出口 8 出塔，去塔外换热器，换热后气体再从塔底进口 9 返回塔内，入下部换热器管间加热至反应温度，经中心管上升至塔顶，入第一轴向层，进行氨合成反应，气体温度升高后，在一、二层间的菱形分布器内，被冷的原料气冷激，使气体温度降低后，再入第二轴向催化剂层继续进行反应。出第二层的气体，入第二、三层间换热器的管内被冷却后，入径向层，气体自内向外沿径向流动，继续反应后，入塔下部换热器管内，与管间冷原料气换热后由出口 10 出塔。

菱形分布器和层间换热器的冷原料气，均由塔顶引入。进入层间换热器的冷原料气被加热后，沿中心管的外套管，自下而上流至中心管上部，与主气流汇合后，入第一催化剂层。

4. 大型氨厂合成塔

（1）轴向冷激式氨合成塔，如图 8—12 所示。

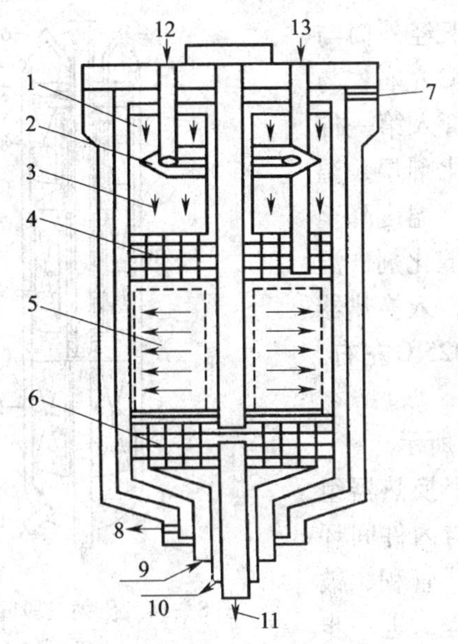

图 8—11　二轴一径式氨合成塔

1—第一轴向层　2—菱形分布器　3—第二轴向层
4—层间换热器　5—径向层　6—下部换热器　7——次入塔气
8——次出塔气　9—二次入塔气　10—二次出塔气
11—塔底冷副线　12—层间冷激气　13—层间冷却气

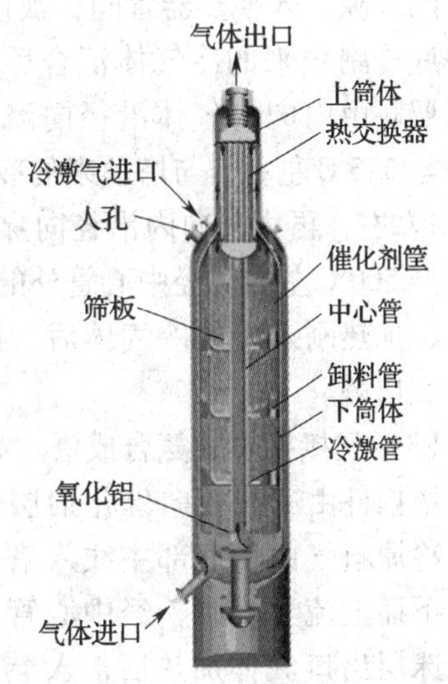

图 8—12　凯洛格轴向冷激式氨合成塔示意图

塔外筒形状为上小下大的瓶式结构，在缩口部位密封，克服了大塔径不易密封的困难。缩口部分的筒体内径为 1. 118 m，主体内径 3. 188 m，总高约 27 m。上段较细部分为列管式换热器，下面是催化剂筐。催化剂分四层装填，每层催化剂上面均设有冷激气管。

气体由塔底入塔，经内件与外筒间环隙，自下而上流动，以冷却外筒，入上部换热器管间，被预热至 400℃左右，入第一催化剂层进行绝热反应后，气体温度升至 500℃左右，在第一、二层间与冷激气汇合降温，再入第二催化剂层。依此类推，最后气体由第四催化剂层底部排出，折流向上经中心管，入换热器管内加热反应前的冷气体，然后由塔顶排出。

（2）径向冷激式氨合成塔如图 8—13 所示。

平顶盖，球形封底，外筒高约 17. 6 m，内径 2. 035 m。内件下部为换热器，上部为催化剂筐。催化剂分两层装填，中间用隔板隔开。催化剂筐由三个同心圆筒组成。

内件外层是密封的外筒，中间有一个喷嘴，内层为多孔板筒体。二者焊在一起，构成双层的催化剂内筒。在多孔板内壁设有金属丝网，防止催化剂漏出。

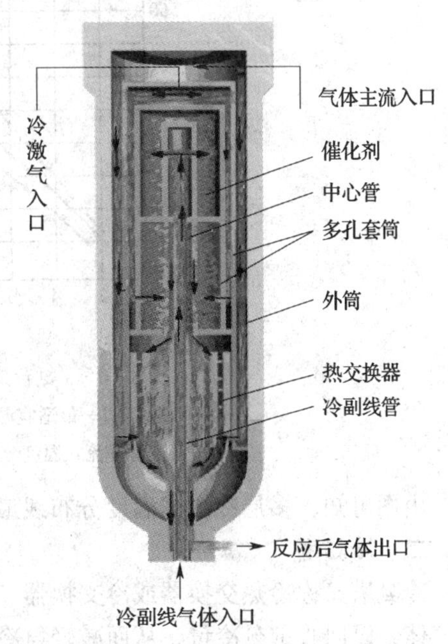

图 8—13　托普索径向冷激式氨合成塔

冷原料气大部分自塔顶入塔，由上而下经外筒与内件间环隙，入换热器管间，被预热至400℃左右，与由塔底冷副线来的冷气体汇合后，沿中心管入第一催化剂层。由内向外气体沿径向流过第一催化剂层，温度升至525℃左右，与塔顶来的冷激气汇合，温度降至425℃左右，再由外向内沿径向穿过第二层催化剂，温度升至500℃左右。经中心管外的环形通道，入换热器管内，加热刚入塔的冷气体后，温度降至325℃左右。自塔底出塔。

（3）间接换热式氨合成塔　如图8—14所示。

塔内件由三段径向催化剂层和上下两个换热器组成。冷原料气由塔底部主线入塔，沿外筒与内件间环隙自下而上流至塔顶，经中心管入下换热器管程，被第二床层出口气体加热后，入上换热器管程，进一步被第一床层出口气体加热至反应温度，入第一床层进行氨合成反应，气体自外向内流动，反应后经上换热器壳程冷却，再入第二催化剂层反应后，经下换热器壳程冷却，入第三催化剂层反应后，自塔底出气管出塔。

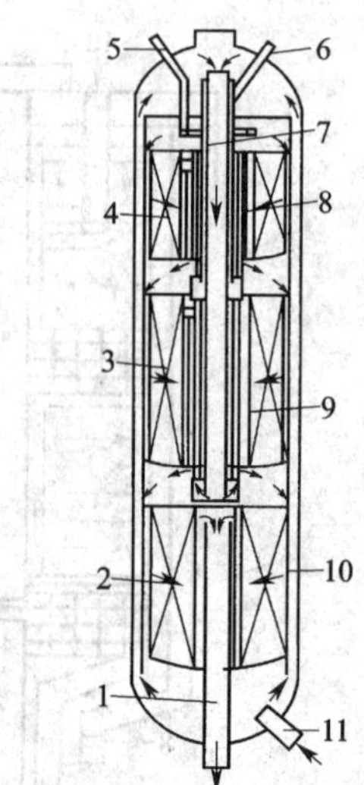

图8—14　伍德三段间接换热式径向氨合成塔

1—出气管　2—第三床层　3—第二床层　4—第一床层　5—上换热器冷副线　6—下换热器冷副线　7—中心管　8—上换热器　9—下换热器　10—塔体　11—主进气口

图8—15所示为几种常用氨合成塔催化剂层温度分布曲线。

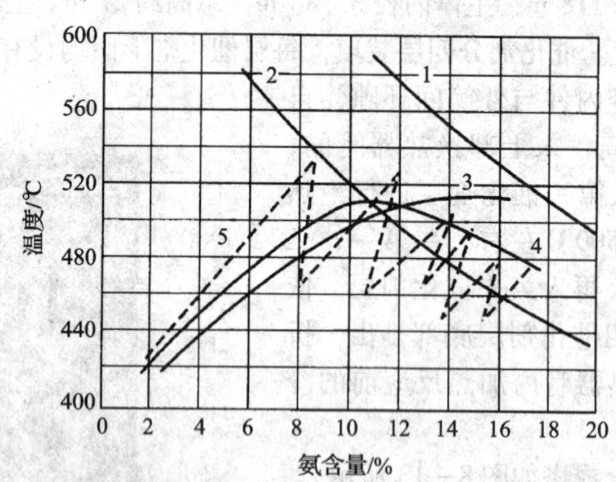

图8—15　氨合成塔催化剂床层温度分布曲线

1—平衡曲线　2—最适宜温度曲线　3—双套管并流式温度分布曲线　4—三套管并流式温度分布曲线　5—多层冷激式温度分布曲线

由图可知，多层冷激式温度分布线最接近最适宜温度曲线。

二、冷凝塔

冷凝塔又称冷热交换器或冷交换器。作用：①用氨冷器出口冷气体冷却将要入氨冷器的热气体，以回收部分冷量，从而减轻氨冷器负荷，同时，提高入合成塔的气体温度。②分离氨冷器出口气体中所夹带的液氨。结构如图8—16所示。

由外筒和内件两部分构成。内件的上部是列管式换热器，下部为氨分离器。

自滤油器来的循环气，自塔顶入换热管内，将热量传给管间冷气体，而自身温度降至10～20℃。在分气盒汇合，经中心管上升至塔上部出塔至氨冷器。气体在氨冷器中进一步冷却后，再返回冷凝塔底部，入塔下部氨分离器的套筒中心管。气体由中心管和各套筒的矩形小孔曲折向外流动，分离出液氨，气体入上部换热器管间，被加热至25～30℃后，由塔上部出口至合成塔。被分离下来的液氨，自塔下部排出。

三、氨冷器

氨冷器的作用是利用液氨蒸发吸热，将水冷后的循环气进一步冷却，使气体中残留气氨冷凝下来。氨冷器有立式和卧式两种。立式氨冷器如图 8—17 所示。

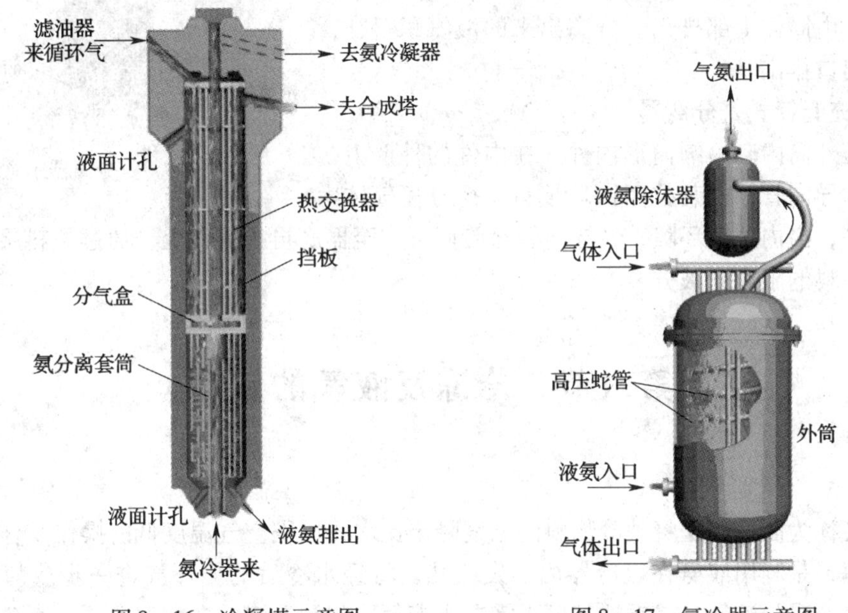

图 8—16　冷凝塔示意图　　　　图 8—17　氨冷器示意图

外筒为钢制的中压（小于 1.6 MPa）圆筒，器内有数根具有同心圆的高压蛇管，其入出口都汇集于总管上。氨冷器之上设有液氨除沫器，用以除去出气氨中所夹带的液氨雾滴。

循环气由上部进气总管分配至各蛇管中，盘旋向下流动，液氨在管外吸热蒸发，以冷却管内气体，使气体中的气氨冷凝为液氨后，汇合于下集气总管后，送往氨分离器。制冷剂液氨进入器内后，因减压和吸热而蒸发，其温度与器内蒸发压力有关。蒸发后的气氨沿上部出口管，以切线方向入除沫器，气氨中带出的液滴借离心力作用而被分离下来，自除沫器底部返回氨冷器内。气氨送冰机或氨加工车间。

卧式氨冷器如图 8—5 设备 3 所示。外壳为卧式钢制中压圆筒，内装高压无缝钢管制成的排管。液氨在管外蒸发，冷却管内的高压气体，使循环气中的氨冷凝下来。卧式氨冷器的缺点是占地面积大。

四、氨分离器

作用是把合成气中呈雾状的液氨分离下来。目前工业上氨分离器的形式有多层同心圆筒式和填充套筒式等多种。

1. 同心圆筒式氨分离器

同心圆筒式氨分离器结构如图 8—18 所示。

同心圆筒式氨分离器由高压外筒和内件两部分构成。内件由外套筒和四层同心圆筒组成，圆筒壁上开有若干长方形小孔，相邻每层孔的位置相互错开，使气体穿过各层圆筒时改变方向。带有液氨的循环气，由筒体上部进入，沿外筒与内件环隙向下流动。气体从内件最外层圆筒的长方孔入内件，依次曲折流经第二、三、四层套筒。由于气体不断改变方向，与圆筒壁产生撞击，液滴因重力作用而下降，同时，较小的液滴也会凝聚长大，均沿圆筒流下。最后气体从中心圆筒上升，由筒体上部排出。分离出来的液氨积存在底部，经出口排出。

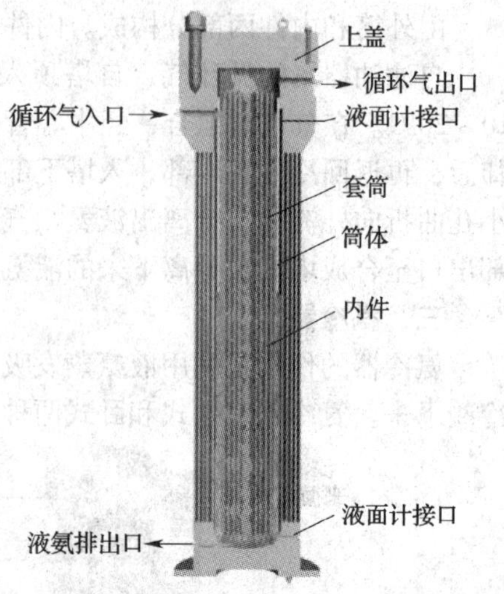

图 8—18　氨分离器示意图

2. 填充套筒式氨分离器

在高压外筒内套一圆筒形内件，在内件的外壁上绕有螺旋式导向管，内装拉西铁环填料，待分离气体由顶部入塔，沿内外筒环隙，经导向管盘旋而下，至器底再折流而上，通过填料层时，液氨因重力及填料的阻力而被分离下来。

第六节　冷冻及液氨的储存

一、冷冻

冷冻又称为制冷，是将被冷物料的温度降至比水或周围空气温度低的操作。合成氨厂设置冷冻工序，是利用液氨在氨冷器内蒸发吸热，将经水冷后的循环气进一步冷却至常温以下，使气氨冷凝为液氨。在铜洗工序也需要用液氨冷却铜氨液。在大型氨厂，用液氨冷却弛放气及其他工艺气。蒸发后的气氨再经压缩、冷凝，重新转变为液氨循环使用。

1. 冷冻基本原理

（1）液氨的蒸发及气氨的液化。液氨的蒸发温度与压力有关。压力越低，其蒸发温度也越低。液氨的蒸发温度与饱和蒸汽压及气化热的关系见表 8—5。

表 8—5　　**液氨的蒸发温度与饱和蒸气压及气化热的关系**

温度/℃	饱和蒸气压/kPa	气化热/kJ · kg^{-1}	温度/℃	饱和蒸气压/kPa	气化热/kJ · kg^{-1}
-40	71.8	1 388.1	5	515.7	1 244.5
-35	93.2	1 372.6	10	615.0	1 225.7
-30	119.5	1 358.4	15	728.3	1 206.8
-25	151.6	1 343.7	20	857.2	1 186.7
-20	190.3	1 327.0	25	1 002.7	1 166.6
-15	236.3	1 312.3	30	1 166.5	1 145.5
-10	290.9	1 296.4	35	1 349.9	1 123.1
-5	354.9	1 279.2	40	1 554.4	1 100.5
0	429.4	1 262.1	45	1 781.4	1 076.6

由表 8—5 可知，液氨的蒸发温度越低，其饱和蒸汽压则越小，气化热越大。故实际生产中，可根据所需要的冷冻温度，确定液氨的蒸发压力。因而在氨冷器中，可通过控制液氨的蒸发压力，达到所需要的制冷温度。

液氨的气化热是指单位质量的液氨气化时所吸收的热量。

液氨蒸发为气氨后，必须使之重新液化，循环使用。由表 8—5 可知，气氨的冷凝温度随压力的增加而升高。当将气氨压缩到一定压力后，采用水冷就可使之液化了。故气氨的液化主要是气氨压缩和冷凝过程。

（2）冷冻循环。合成氨生产中的冷冻系统是由氨压缩机（冰机）、水冷器、减压阀和氨冷器等组成，并构成一个冷冻循环，其冰机一般为往复式，如图 8—19 所示。

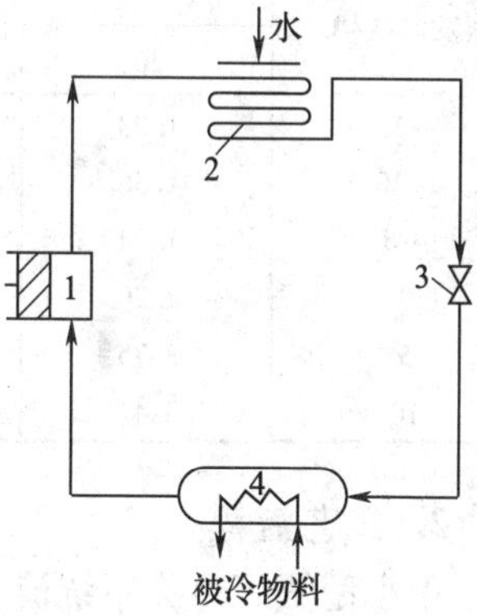

图 8—19　冷冻循环示意图
1—氨压缩机　2—水冷器
3—减压阀　4—氨冷器

气氨被压缩至 1.57 MPa 左右，经水冷器冷却至 25 ~ 35℃，则气氨冷凝为液氨。液氨再经减压阀节流膨胀，温度与压力同时降低。膨胀前后压差越大，膨胀后氨的温度则越低。液氨在氨冷器内与被冷物料间接换热，液氨吸热蒸发，而将被冷物料温度降至常温以下。蒸发后的气氨又送入冰机重新压缩，构成了一个冷冻循环。

在此过程中，液氨作制冷剂，自被冷物料吸热，而在温度较高的冷却水处放热。为使这一过程能够进行，必须由氨压缩机输出机械功。

在冷冻循环中，蒸发温度越低，气氨的压力也越低，经氨压缩机压缩时的压缩比就越大，压缩机的功耗就越大。故为了节省压缩功耗，可根据冷冻温度的需要，采用不同的蒸发压力，进行多级氨冷。实际生产中，一般采用 2 ~ 3 级氨冷。

（3）冷冻系数。在冷冻过程中，冰机作了机械功。制冷剂自被冷物料取出的热量与所消耗的机械功之比称为冷冻系数。用 ε 表示。冷冻系数 ε 越大，表示消耗单位机械功所获得的冷冻量越大，则越经济。

在理想状况下，冷冻系数可由下式计算：

$$\varepsilon = \frac{Q_1}{A} = \frac{Q_1}{Q_2 - Q_1} = \frac{T_1}{T_2 - T_1} \tag{8—5}$$

式中　Q_1——制冷剂从被冷物料取出的热量，kJ

Q_2——制冷剂冷凝时传给冷却水的热量，kJ

A——冰机消耗的机械功，kJ

T_1——氨冷器的蒸发温度，K

T_2——水冷器的冷凝温度，K

由上式知：提高氨冷器的蒸发温度 T_1，或降低水冷器的冷凝温度 T_2，冷冻系数 ε 增大，则提高了机械功的利用率。故在生产中，为了降低冷冻功耗，提高冷冻效率，一方面要降低冷却水温度，另一方面在满足被冷物料冷却温度前提下，尽量提高液氨的蒸发温度。

（4）冷冻能力。制冷剂每小时从被冷物料吸收的热量称为冰机的冷冻能力。冷冻能力不仅与冰机的大小及转数有关，还与冷冻循环操作条件有关。如制冷剂的蒸发温度越高，冷却水的温度越低，制冷量则越大。故为了便于比较各种冰机的冷冻能力，国际上规定了标准操作条件：

即冰机吸入的气体为干基；蒸发温度 $t_1=-15$℃；冷凝温度 $t_2=30$℃；过冷温度 $t_\tau=25$℃。

冰机铭牌上标的冷冻能力均为标准冷冻能力。实际冷冻能力 Q 与标准冷冻能力 Q_1 的换算关系为：$Q=KQ_1$，K 为换算系数（见表8—6）。

表8—6　　冰机冷冻能力换算系数

蒸发温度/℃	冷凝温度/℃					
	26	28	30	32	34	36
-15	1.03	1.03	1.00	0.98	0.95	0.93
-10	1.36	1.33	1.30	1.27	1.24	1.20
-5	1.74	1.70	1.66	1.62	1.58	1.54
0	2.20	2.15	2.10	2.05	2.00	1.95
5	2.75	2.69	2.63	2.57	2.51	2.45
10	3.41	3.34	3.26	3.19	3.12	3.04

2. 工艺流程

中小型氨厂冷冻系统流程，如图8—20所示。

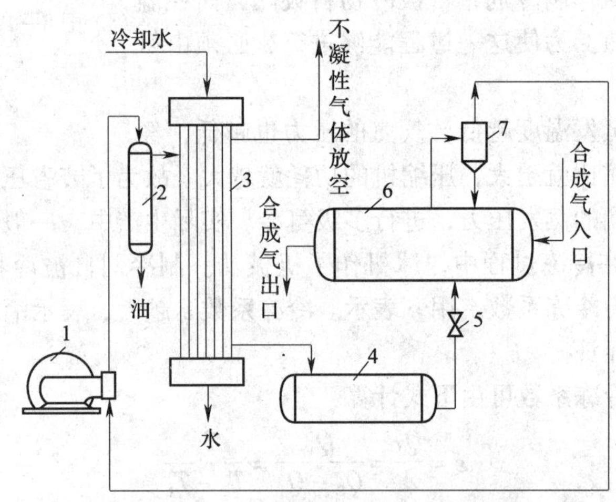

图8—20　中小型氨厂冷冻系统流程

1—冰机　2—滤油器　3—冷凝器　4—液氨储槽　5—减压阀　6—氨冷器　7—气液分离器

由氨冷器出来的气氨，经气液分离器分离出所夹带的液氨雾滴后，入冰机压缩至1.0～1.6 MPa，温度低于145℃，入滤油器除去油雾后，经水冷器冷却至40℃，使气氨冷凝为液氨，入液氨储槽。再经减压阀减压后，其温度和压力同时降低后，供氨冷器使用。

中小型氨厂的冷冻系统，一般采用往复式冰机。在生产中，当氨冷器液位过高或分离器的分离效果不好时，进入冰机的气氨中则带有液氨，会出现液击现象，而损坏冰机。当发生带液事故时，应降低氨冷器液位，关小冰机进口阀，提高气氨进口温度，使液氨气化。

当氨冷器液位过低，或冰机入口管道保温不良时，则会使气氨在过热状态下进入冰机，其体积增大，吸入量减少，冷冻能力降低。此时，可增加氨冷器液位，或在冰机进口管道内加入少量液氨，使其蒸发吸热，以降低入口温度。

3. 大型氨厂凯洛格冷冻系统流程

大型氨厂的冷冻系统，一般采用2～3级氨冷，凯洛格冷冻系统流程如图8—21所示。

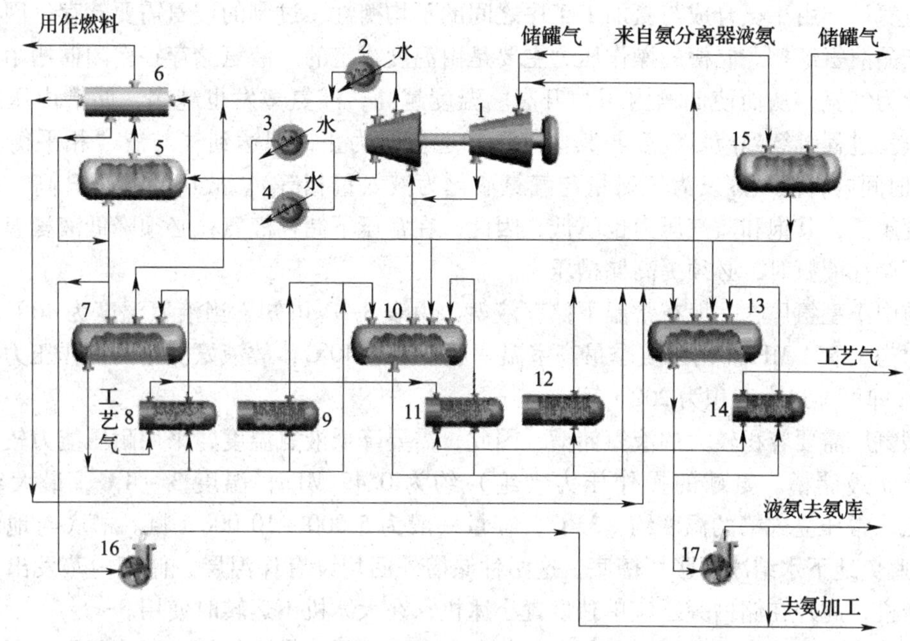

图8—21　凯洛格冷冻系统流程

1—冰机　2、3、4—水冷器　5—冰机液氨储槽　6—液氨储槽闪蒸气氨冷器

8、11、14—分别是一级氨冷器、二级氨冷器、三级氮冷器

7、10、13—分别是一级闪蒸槽、二级闪蒸槽、三级闪蒸槽　9—循环压缩机段间氨冷器　12—弛放气氨冷器

15—液氨中间储槽　16—热氨泵　17—冷氨泵

中间液氨储槽15来的液氨，一部分送二级闪蒸槽10和三级闪蒸槽13，一部分送往液氨储槽闪蒸气氨冷器6。

一、二、三级闪蒸槽7、10、13，为一、二、三级氨冷器8、11、14的储槽，液氨由此送入相应的氨冷器。各氨冷器蒸发出来的气氨，均进入压力相应的闪蒸槽，统一送往冰机。

一级闪蒸槽（689 kPa、13.3℃），其液氨除送一级氨冷器8外，还送往循环压缩机的段间氨冷器9。而9蒸发的气氨入二级闪蒸槽10。一级闪蒸槽的液氨减压后送二级闪蒸槽10。二级闪蒸槽（301 kPa、－7.2℃），其液氨除送二级氨冷器11外，还送往弛放气氨冷器12。而12蒸发出来的气氨，送往三级闪蒸槽13。二级闪蒸槽10的液氨，减压后入三级闪蒸槽13。三级闪蒸槽（104 kPa，－33℃），除送三级氨冷器14外，另一部分作为液氨产品送往氨库。

冰机为离心式压缩机，由蒸汽机驱动。压缩机有两个气缸，分三段压缩。由三级闪蒸槽出来的气氨，送入冰机的一段压缩，一段出口气体与二级闪蒸槽来的气氨汇合，入二段压缩，二段出口气经水冷器冷却后，再与一级闪蒸槽来的气氨汇合，入三段压缩。

三段出口的气氨压力（绝）为1.81 MPa，经两台并联水冷器冷却冷凝后，得到42℃的液氨，入冰机液氨储槽5。冰机液氨储槽的闪蒸气去闪蒸器氨冷器6，使气氨冷凝，分离出液氨后送一级闪蒸槽，分离氨后的闪蒸气作燃料用。冰机液氨储槽的液氨一部分送往一级闪蒸槽，另一部分与从三级闪蒸槽来的液氨配成40℃产品送往氨加工，系统多余的液氨送往氨库。

二、液氨的储存

合成氨厂，由于氨合成与氨加工工序之间的不均衡性，过剩的液氨需要储存，因此，需要设置产品液氨储槽。储槽的操作压力主要是由温度决定的。液氨储存在密闭储槽中，部分则会转化为气氨，从而使储槽内压力升高。温度越高，液氨蒸发也越多，储槽内压力则越大。当蒸发过程继续到液氨温度与其蒸气压相适应时为止，即达到气与液“相平衡”状态（在单位时间内，液氨蒸发为气氨量与气氨液化为液氨量相等）。故压力不再升高。由于液氨的温度越低，其饱和蒸汽压力也越低，因此，在常压下储存液氨，必须降低液氨温度；而在常温下储存液氨时，必须提高储槽压力。

目前中小型氨厂，一般在常温下储存液氨。由表8—7可知，当液氨温度为40℃时，储槽的压力为1.554 MPa。由于夏季最高室温一般不超过40℃，故液氨储槽的操作压力一般为1.57 MPa即可。最大容积为200 t氨。

大型氨厂需要容积较大的液氨储槽，因此，需要降低液氨温度，采用耐压能力较低的氨球或常压立式储槽。氨球的操作压力（绝）约为0.49 MPa，温度3～4℃，最大容积为3 000 t氨。常压立式槽的温度约－33℃，容量一般为5 000～10 000 t氮。槽底与地面相隔1.5 m，避免地下水结冰而胀坏槽底。这两种储槽外面均设有保温层。储槽内蒸发出来的气氨送往冰机，此外在储槽旁还应单独设置小冰机，在大冰机不运转时使用。

液氨储槽内不能充满液氨，必须在上部留有一定空间，作为气氨容积，否则，当温度升高，液氨膨胀后，会使储槽压力升高引起爆炸事故。故规定液氨储槽内储存液氨量，不允许超过其容积的80%。

【知识链接】

一、合成氨厂的储罐气概述

在气氨的冷凝过程中，一定量的氢气、氮气、甲烷及氩等气体，在高压下溶解于液氨内，当液氨在储槽内减压后，溶解的气体大部分从液氨中解吸出来，同时，部分液氨也随之气化，通常称为储罐气或池放气。储罐气约含氢32%、氮12%、甲烷6.5%、氩4.5%和45%氨。此气体在储槽内的积累逐渐增多，则使储槽内压力升高，故需要不断排出罐外。

二、氨合成排放气体的回收

氨合成排放气是指氨合成系统的放空气和液氨储槽的储罐气，其排放量和组成与生产工艺过程及操作条件有关。排放量一般为150～240 $m^3/t_{氨}$，含氢气55%～65%、氮气18%～22%、甲烷9%～15%、氨4%～6%、氩3%～5%。若采用水吸收其中的氨制成氨水，剩余则用做燃料烧掉，十分浪费。而将排放气回收利用，可节能约58 000 kJ/t。将排放气中的氢回收，可增产合成氨3%～5%，年产30万吨氨厂，可增产0.9～1.5万吨氨/年。故回收利用排放气，是合成氨厂节能降耗的重要措施之一。目前，大型氨厂及部分中、小型厂均设置了回收装置。

排放气的回收通常分为两步。第一步回收排放气中的氨；第二步回收氢。

1. 排放气中氨的回收方法

目前回收排放气中氨的方法有：冷冻法和水吸收法两种。①所谓冷冻法是将排放气在氨冷器中冷却至一定低温后，使气氨冷凝为液氨，经氨分离将氨回收。由于受到冷冻温度和气液相平衡的限制，此法只能回收部分氨，回收氨后的气体中，仍含有2% ~3% 的氨。②水吸收法是用水吸收排放气中的氨制成氨水，排放气中的氨可降到0.3%以下，经分子筛或硅胶吸附器除去水分及残余的氨。生成的氨水有两种处理方法：一是作为农用氨水直接出售；二是将氨水蒸馏得到气氨，再经冷凝后得到液氨。氨水蒸馏虽然投资较大，但氨回收率高。

2. 排放气中氢的回收

从排放气中回收氢的方法有多种，常用的有以下几种：

（1）深冷法。排放气中氢的沸点最低，且与其他组分相差较大，因此采用深冷法将排放气温度降低后，甲烷、氩及氮气大部分被液化，从而与未液化的氢气分离。

其工艺过程如下：排放气先经水吸收塔除去其中的氨，生成的氨水经蒸馏得到纯氨。再经分子筛吸附器，除去水分及残余的氨，避免在深冷设备中冻结而堵塞设备。干燥的排放气经氨冷器后，使甲烷、氩及大部分氮液化，分离后得到纯度86% ~94%的氢气，经换热器回收冷量后，用做合成氨原料气，返回压缩机。含甲烷、氩及氮的液体混合物，经节流膨胀回收冷量后，用做燃料。

深冷法的特点如下：利用排放气的节流膨胀产生冷量，能量利用率高，氢回收率高达90% ~94%，且回收的氢气纯度高。

（2）变压吸附法。其原理是依据排放气中甲烷、氮气和氩，在分子筛吸附剂上吸附能力较强，且随着压力的增高而显著增大，而氢的吸附能力则最弱，压力增高对其吸附能力几乎没有影响。故在加压下使排放气通过分子筛吸附器，甲烷、氮气、氩等被吸附，从而得到纯度较高的氢气。当吸附剂吸附达到一定程度后，停止吸附操作，降低吸附器压力，解吸出被吸附的气体，得到含甲烷等的解吸气，用做燃料，吸附剂重新使用。

变压吸附装置通常由若干个吸附器组成，操作压力为0.7 ~5.6 MPa，可得到纯度为98%的氢气，但氢回收率较低，约为75% ~80%。

（3）薄膜渗透法。此法是选用具有渗透特性的聚砜纤维薄膜，制成空心管束，将其安装在受压外壳内而成为分离器。当排放气入分离器后，由于氢渗透能力强，氢气通过空心管薄膜时，由管外渗透到管内，而甲烷、氩和氮气渗透能力弱，则在空心管外，从而将氢分离出来。提高空心管内外的压差，可提高氢的渗透能力，但压差不宜过大，否则将损坏纤维管。排放气进入空心管前，用水洗法除去所含的氨。薄膜渗透法氢气回收率为85% ~95%，氢气纯度约90%。

实训十二　氨合成生产操作

以传统中压氨合成工艺流程为例。

一、冷态开车操作

1. 检查

（1）检查设备、管道安装是否达到要求的技术条件与技术规程。

（2）按照流程图，仔细核对设备、管道、阀门、仪表与信号是否齐全，位置是否正确，检查其质量与技术文件记载是否相符；

（3）检查与外工序联接的管道是否已接通，电源是否已接好，开车的技术文件（方案、图表、操作法等）是否齐全，发现问题认真消除。

2. 系统吹净

在安装和检修过程中，设备及管道内残留有灰尘、油泥、棉纱或木屑等杂物，必须吹除干净。新建系统，每台设备、每根管道都要吹净，对大修后系统，只对检修部分用氮气进行吹净，若没有氮气也可用空气，气体压力约为 3 ~5 MPa。按照吹净流程图，分段进行吹净。

（1）把设备入口处、阀门前及流量计孔板处法兰拆开，安上挡板，以防杂质吹入阀体及设备内；

（2）吹净后，连接法兰，吹下一段；

（3）塔内装填催化剂后，用干净氮气吹除催化剂粉末；

吹除干净的标志是气流畅通，并用缠有白纱布的木棒在排气口试探，白纱布上没有粉尘出现为合格；

（4）若大修后，合成塔内已装填催化剂，吹净时应将塔与系统隔开，塔后吹净可由系统副线将气体导入。

3. 单机运转

有循环压缩机及电加热炉的试运转，副产蒸汽系统包括高压水泵的试运转。一般单机试车是安装好一台，试运转一台。

（1）循环机单机试车。包括电动机空转、无负荷试车及有负荷试车，润滑系统是否正常及设备振动情况等

1）电动机空转试车 1 ~2 h，以检查电气及机械部分安装是否合格；

2）循环机无负荷试车 6 ~8 h，全负荷运转 6 ~8 h。在运转中，经常检查各传动摩擦部分温度、进出口压差等，注意进出口阀是否有泄漏，润滑情况是否良好，前后填料是否有发热及漏气现象，若发现问题，停车处理，然后再重复试车至合格。

（2）电加热炉的试运转

1）将电炉线吊在塔外特制钢架内；

2）测量其绝缘电阻和冷却电阻；

3）进行通电耐压试验；

4）通过调压器输入电流，使电炉丝逐渐升温，测定不同电压、电流下电炉丝温度，核算在不同温度下电炉丝的电阻系数，作为以后的使用依据。

4. 第一次气密试验

气密试验是指在规定的最高操作压力下，以静压试验系统中设备、管道的连接处有无泄漏。新建系统的气密试验可分第一次试验和第二次试验两步进行。对大修后的开车，只需进行第二次气密试验。

（1）合成塔的内件吊装好后，但不装催化剂。将 20 MPa 的空气送入系统缓缓升压。压力分 5、10、15、20 MPa 四个阶段进行，每阶段都要仔细检查，若发现高压容器顶盖、管道法兰、高压阀等处漏气时，应标下记号，停止送气，降压处理，然后再加压试验。

（2）查漏的方法。可用耳听手摸进行判断。因系统内压力很高，漏气时气体摩擦声较大。对细微的漏气，可用肥皂水涂在设备或接管法兰处，以观察是否有气泡出现来判定。

（3）当系统压力升至 20 MPa 时，若全面检查不漏，且压力表的读数不下降，即气密试验合格；

（4）试压后压力不必卸掉，直接进行系统的联动试车。

5. 联动试车

（1）检查循环机输入气量及在负荷下的工作情况；

（2）检查各设备、管道及阀门安装质量，检查各处阻力降及振动情况；

（3）检查各仪表是否正确灵敏；

（4）检查与外工段联系的水、电、气等管路是否接好畅通；

（5）检查锅炉系统水泵的输送能力等。

6. 装填催化剂

催化剂装填的好坏，直接影响到催化剂层阻力和温度分布，对合成塔的生产能力有直接关系，故认真做好此项工作。

（1）打开合成塔大盖和催化剂筐盖；

（2）把外筒和内件间的环隙及热电偶套管，用白布堵塞起来；

（3）清除中心管内的水分及油污；

（4）用带丝扣的盲盖将中心管堵死；

（5）装至催化剂筐上部多孔板处为止；

（6）去掉白布及中心管盲盖；

（7）装好并焊死催化剂筐盖；

（8）清理一切杂物及灰尘；

（9）上好大盖，压好中心管和大盖间隙处的石棉填料，并上好小盖；

（10）拆掉合成塔出口管道，用1～2 MPa的氮气或空气进行吹净，以除去催化剂层中的粉尘；

（11）装好出口管和电加热炉及小盖。

【注意】

1. 催化剂装填前要过筛，除去粉末。为了降低催化剂层阻力，催化剂的外形应尽量减少棱角，必要时可进行球化处理；

2. 装填过程中，催化剂应均匀地从漏斗中撒下，并经常测量催化剂层四周高度，保持催化剂层按同一水平面增高，各处松紧要相等；

3. 催化剂不宜长时间暴露于空气中，过筛和装填不宜在潮湿阴雨天，因催化剂有吸湿性，吸水后催化活性下降；

4. 装填时要保持催化剂清洁，严防油污和掉进异物；

5. 严防催化剂及异物掉入中心管和热电偶套筒及内件与外筒的环隙内。

6. 在催化剂层上部放些大颗粒催化剂；

7. 下部的催化剂较难还原，则采用小颗粒催化剂；

8. 在下层装一层大颗粒催化剂，可防止催化剂随气体进入热交换器。

9. 对直径较大的合成塔，催化剂层较高，阻力较大，故只能采用颗粒较大的催化剂（4.7～6.7 mm或6.7～9.4 mm）。对此类合成塔，由于在催化剂中上部希望有较大的反应速度，故催化剂粒度应小些；而在下层，气相中氨含量已较高，反应速度减慢，故装填粒度较大的催化剂。对径向塔，因催化剂层阻力很小，故采用小颗粒催化剂，以提高催化剂活性。

7. 置换

（1）将压缩机送来的 2～3 MPa 的氮气导入系统，在塔后放空，反复充压，卸压几次，当系统内氧含量降至小于2%时，初步合格；

（2）用新鲜氢氮气置换，直至系统内气体中氧含量小于0.2%时，置换合格。在排放气体时切不可猛开阀门，以免产生静电火花而发生爆炸。

8. 气密试验

合成塔装填好催化剂后，且系统用新鲜氢氮气置换已合格。压力依次分 10、15、20、25、30 MPa 五个阶段进行提升。每次加压后应切断气源稍停一会，待各处压力均衡后进行检查。其检查方法与处理方法同第一次气密试验。待试验合格后，即可进行催化剂的还原。

9. 催化剂的升温还原

（1）还原条件的选择

1）温度的选择。升温速度必须慢和稳，以防止出水速度过快，气体中蒸汽浓度过大，使已还原的催化剂反复进行氧化，而降低催化剂活性，故还原温度的控制主要是参照出水速度。在还原过程中，不仅使整个催化剂层均达到所需的还原温度，且尽量缩小催化剂层上、下温差及同一平面的温差，以缩短还原时间，使催化剂还原彻底，以提高其活性。

2）压力的选择。还原过程应在 5～12 MPa 压力下进行。还原后期，当电炉能力不足时，可适当提高压力，利用反应热提高催化剂下层温度。

3）空间速度及电炉安全输气量的选择。实际操作中，空间速度应根据加热炉的能力，氨反应热的多少及循环机的能力，按照热量平衡情况加以确定。在还原主期，一般空速可维持在 10 000～20 000 h^{-1}。

在升温还原过程中，空速不可过小，否则进塔气量小，气体温度和电炉丝温度过高，使电炉丝有被烧断的危险。使电炉安全运转，不致被烧毁所必须保证的进塔气量，称为电炉安全输气量。在操作中，实际进塔气量必须大于电炉丝在一定功率下的安全输气量，以保证对电炉丝的冷却。

4）蒸汽浓度及氨冷温度的选择。若还原反应速度快，会造成出塔气体中水蒸气浓度过高，使催化剂反复氧化机会增多，则生成的晶粒大，而降低了催化剂活性。但水蒸气浓度过低，还原反应速度慢，还原时间过长，对催化剂活性不利。一般蒸汽浓度控制在 0.7～1.0 g/m^3为宜。

出塔气中的水分，采用冷凝分离法除去，然后给气体中补充适量新鲜氢氮气，循环使用。故氨冷器后气体温度越低，蒸汽分离效率则越高，入塔气体蒸汽含量则越低，对催化剂还原越有利。一般氨冷器后气体温度控制在 －20～－10℃为宜。

还原过程生成的氨，在氨冷器中与蒸汽一同被冷凝下来生成氨水，由氨分离器排出。氨水浓度越大，其冰点越低。

为防止分离出的水在氨冷器中产生冻结现象，氨水浓度应保持在15%以上。在催化剂还原初期。生成的氨少，为防止分离出来的氨水浓度过低而发生冻结事故，应向循环气中补加氨，使氨含量维持在0.5%～1%。此时所得氨水浓度在25%以上。

5）气体成分的选择。增加还原气中氢的含量，可加快还原速度，缩短还原时间。故氢含量的选择应适当，一般在升温时氢气＞68%，还原时氢气＞72%。

还原循环气中惰性气体含量应尽可能低，为降低放空量，一般维持在12%左右。其他有毒气体CO、CO_2等含量，越少越好。

（2）催化剂还原操作过程，分为升温阶段、还原初期、还原主期、还原末期及轻负荷五个进行阶段。

1）升温阶段。逐步开大加热炉，控制适当循环量，将热量带入催化剂层。温升速度为30～40℃/h，系统压力控制在4～6 MPa。尽量减少催化剂床层中的温差，要求同平面温差不超过10℃，顶、底温差不超过60℃。当升温至100℃左右时，将氨冷器温度逐渐降至－5～0℃；

2）还原初期。当温度升至350～480℃时，开始出水，并有微量氨生成。控制升温速度在5～10℃/h，压力维持在5～8 MPa，氨冷器温度控制在低于－10℃，循环气中氢含量大于70%，催化剂同平面温差小于10℃，氨水浓度保持在大于15%。

3）还原主期。当温度升至480～515℃左右，在水蒸气浓度低于1 g/m^3条件下，控制升温速度为1～2℃/h，将压力逐渐提升至8～12 MPa。在保持温度不变的前提下，尽量加大空间速度，密切关注出水情况，并尽量降低氨冷器温度。

4）还原末期。把温度升至催化剂的最终还原温度，维持4～6 h。

5）轻负荷阶段。当出水量达95%以上，还原过程基本结束。此时逐步降至正常操作温度480℃左右，在轻负荷下运转1～2天，使少量未还原催化剂继续还原。在此阶段将各项指标逐渐控制在正常操作范围，转入正常生产。

二、正常操作管理

1. 温度的控制

因氨合成反应是放热反应，必须维持塔内自热平衡，并使温度控制在催化剂活性温度范围内，且温度分布合理。

（1）热点温度的控制。催化剂层温度的调节主要是指热点温度。

1）催化剂使用初期，活性较强，热点温度可控制低些，且热点位置在催化剂上部；

2）使用后期，活性降低，热点位置下移，热点温度应提高，以加快反应速度。

3）在操作中，热点温度应尽量控制低些，既可延长催化剂的使用寿命，又可减少氢氮气在高温下对设备的腐蚀。此外，热点温度应尽量保持平稳，波动幅度小于10℃，波动速度要求小于5℃/15 min。

（2）催化剂层入口温度的控制。催化剂层入口温度高，反应速度快，放出热量多，热点及整个催化剂层温度则升高。但入口温度过高，则反应剧烈，易使催化剂超温。若入口温度过低，则达不到催化剂的活性温度，生产无法进行。

故当催化剂活性好、气体成分正常及压力高情况下，入口温度可维持低些，而催化剂活性差、内件损坏、压力低及空速大的情况下，应持较高的入口温度。

（3）在调节合成塔温度时，要注意进出口气体的温差，获得最大温差的操作温度，则是最有利的操作温度。

（4）催化剂层温度的调节方法。催化剂层温度应尽量保持稳定，减少温度波动幅度。一般要求正常时，温度波动幅度不超过10℃，波动速度小于2℃/15 min。

1）塔副阀的调节。开大塔副阀，不经下热交换器预热的气量增加，因而进入催化剂层的气体温度低，反应速度减慢，催化剂层温度则会下降。塔副阀调节不可幅度过大。

2）循环量的调节。当温度波动幅度较大时，应以循环量调节为主，用塔副阀配合调节。关小循环机副阀，增加循环量，即增加空速，催化剂层温度则下降。

3）冷激气量的调节。冷激气的直接加入，使催化剂床层的调节十分迅速和方便。

4）其他方法的调节。通过降低入塔循环气中的氨含量、惰性气体含量，适用电加热炉等方法，均能提高催化剂床层温度。

不论采用哪种方法调节，必须缓慢进行，否则将会导致催化剂床层温度大幅度波动，造成过冷或超温的急剧变化而损坏合成塔内件。

2. 压力的控制

(1) 系统压力不能超过设备所允许的操作压力，当合成操作条件恶化，系统超压时，应迅速减少新鲜气量，必要时开放空阀，卸掉部分压力。

(2) 正常操作条件下，尽量降低系统压力，从而提高循环机的输气量，使合成塔操作压力稳定。在夏天，若冷冻能力不足，而合成塔能力又有潜力情况下，可维持合成塔在较高压力下操作，以节省冷冻量，降低冷冻功耗。

(3) 在合成塔能力不足的情况下，应将系统压力维持在指标的高限进行生产，以获得高的氨产量。但此时操作不易控制，应特别注意其他操作条件的变化，及时配合减少新鲜气量，控制压力不超指标。

(4) 有时新鲜气的供给量大幅度减少，系统压力降得很低，合成塔反应差，催化剂层温度难以维持，此时可减少循环量，适当提高氨冷器温度，从而使合成塔温度得到维持。

【注意】

调节压力时，必须缓慢进行，以保护合成塔内件。若系统压力急剧变化，会使设备及管道法兰接头和循环机填料密封遭破坏。一般规定，在高温下压力升降速度为0.2～0.3 MPa/min。

3. 循环量的控制

循环量的大小，标志着合成塔负荷的大小和生产能力的高低。增大循环量，可提高氨产量。但循环量的增加存在以下不利：

(1) 气体与催化剂接触时间短，反应不完全，带出热量多，会造成温度下降，热点位置下移；

(2) 气体流速加快，系统阻力增大，相应增加了压缩机的功耗；

(3) 气体流量增大，使冷冻系统负荷增加，从而增加了冰机的功耗。

故生产中，应在催化剂层温度稳定、冷冻量有余和循环机合理使用情况下，增加循环量至接近规定系统压力差，充分发挥设备生产能力，提高氨产量。

可通过调节循环机的副阀或系统副阀来调节循环量。对离心式循环机，则可调出口阀。

4. 入塔气体成分的控制

(1) 入塔氢氮比的控制。氢氮比控制在2.5～2.9为宜。过高或过低，均使氨合成反应速度减慢，使系统压力升高。调节方法如下：

1）关小塔副阀或减少循环量，保持温度不下降；

2）联系压缩工序减少送气量或适当加大放空量，防止压力过高，与有关工序联系，调节好氢氮比。

(2) 入塔气体中氨含量控制。入塔气体氨含量越低，对氨合成反应越有利。入塔气氨含量主要决定于氨冷器温度，影响氨冷器温度的主要因素是液氨的液位和气氨的蒸发压力。

1）气氨蒸发压力低则液氨蒸发温度低，则冷却效率高。但蒸发压力过低，不但冷冻功耗增加，且影响氨加工系统正常操作，故一般控制在0.1～0.2 MPa为宜。

2）氨冷器液位高，则冷却效率高。但液位过高，蒸发空间小，反而降低冷却效率。

（3）入塔气中惰性气体含量控制。应根据催化剂活性和操作条件，即温度、压力及气体成分来决定。若催化剂活性高，惰性气体含量可控制高些，一般为16%～23%。当催化剂活性差或操作条件恶化时，则控制低些，一般为10%～14%。

（4）有毒气体的控制。有毒气体随氢氮气带入合成塔，使催化剂中毒。活性下降，使催化剂层温度、出塔气中氨含量下降，系统压力则增高。故操作中应防止有毒气体进入合成塔。

5. 氨合成系统正常工艺操作指标（以中型厂为例，见表8—7）

表8—7　　氨合成系统正常工艺操作指标

项目	显示变量	正常指标
温度	（1）催化剂层热点温度	475～525℃
	（2）合成塔出口温度	<230℃
	（3）催化剂层温度波动范围	< ±5℃
	（4）合成塔塔壁温度	120℃
	（5）催化剂层同一平面温差	<10℃
	（6）水冷器入口气体温度	<40℃
	（7）合成塔入口温度	5～45℃
	（8）氨冷器出口气体温度	0～10℃
气体成分	（1）入塔气体氢氮比	2.5～2.9
	（2）新鲜气中惰性气体含量	<1.5%
	（3）入塔气体氢含量	60%～64%
	（4）循环气中惰性气体含量	16%～18%
压力	（1）系统压力	<31.5 MPa
	（2）液氨总管压力	<1.6 MPa
	（3）合成塔入、出口压差	轴向塔<2 MPa；径向塔<1.2 MPa
	（4）压缩机进、出口压差	往复式<4 MPa；离心式<2.8 MPa
	（5）气氨蒸发压力	0.3 MPa

三、不正常现象及处理（见表8—8）

表8—8　　不正常现象及处理

序号	现象	主要原因	处理方法
1	催化剂层温度升高过快	（1）新鲜气量增加，而循环气量过小 （2）冷副阀开得太小	（1）适当加大循环气量 （2）适当开大冷副阀

续表

序号	现象	主要原因	处理方法
2	催化剂层温度突然下降，系统压力突然升高	（1）入塔气带液氨 （2）入塔气带铜液 （3）入塔气中（$CO+CO_2$）含量高 （4）内件损坏 （5）循环气量过大 （6）氢氮比过高或过低	（1）降低液氨分位，减少循环气量和关闭副阀 （2）减少或切断气源，将氨分离器排污，联系铜洗，避免铜洗气带铜液，减少循环量，关闭副阀 （3）减量或切断气源，减少循环量，关闭副阀，并与前工段联系，降低（$CO+CO_2$）含量 （4）停车检修内件 （5）适当减少循环气量 （6）调节氢氮比
3	系统压差过大	（1）管道或设备被结晶堵塞 （2）塔内换热器有堵塞 （3）循环气量过大 （4）催化剂层有烧结或粉化	（1）停车用蒸汽吹洗 （2）停车处理 （3）适当减少循环气量 （4）减量生产或停车更换催化剂
4	入塔气中氨含量高	（1）氨冷器温度高 （2）氨冷器内漏	（1）降低氨冷器温度 （2）停车检修
5	催化剂层同一平面温差过大	（1）催化剂装填松紧不均匀，气体偏流 （2）热电偶插入深度不准 （3）冷管漏气 （4）热电偶外套管漏气	（1）降温、降压、再升温，缩小同平面温差 （2）较正热电偶插入深度 （3）停车检修 （4）停车检修
6	电加热器系统烧坏	（1）绝缘不良，电流短路 （2）循环气量过小，电炉丝过载； （3）电炉安装质量不好	（1）停车检修并更换电炉丝 （2）停车更换电炉丝 （3）停车检修
7	循环机打气量不足	（1）活门损坏 （2）活塞环损坏 （3）气缸余隙过大 （4）填料严重漏气	（1）停车更换活门 （2）停车更换活塞环 （3）停车调余隙 （4）停车检修填料

短期停车后的开车操作：

（1）通知压缩工序送气，开新鲜气导入阀，以0.4 MPa/min左右的升压速度，缓慢使系统压力升至6 MPa。

（2）启动循环机，开启系统近路阀及循环机回路阀，气体打循环。

（3）开电加热炉或开工加热炉，以每小时 30 ~ 40℃的升温速率，将催化剂层温度升至 350℃，同时逐渐将系统压力升至操作压力。

（4）当催化剂层温度大于 200℃，开水冷却器；300℃时，开氨冷器；400℃时，氨分离和冷凝塔底开始排液氨。

（5）当温度升至催化剂活性温度后，将升温速度减缓至 5℃/h，逐步加大新鲜气补充量及循环气量，缩小催化剂层轴向温差。

（6）当催化剂层温度升至正常操作温度时，切断电加热炉或开工加热炉，转入正常生产。

四、停车操作

1. 正常停车

（1）停车前两小时逐渐关小氨冷器加氨阀，直至关闭，且应将氨冷器内液氨用完；

（2）关闭新鲜气阀；

（3）排放氨分离器内的液氨后，关闭放氨阀；

（4）以 40℃/h 的降温速度，逐渐降低催化剂层温度，当温度降至 300℃时，使其自然降温，停循环机；

（5）开合成塔后放空阀，系统逐渐卸压；

（6）若停车后，检修合成塔，对催化剂进行钝化处理。钝化方法如下：

1）当温度降至 50 ~ 60℃，压力降至 0.5 ~ 0.6 MPa 时，用惰性气体或氮气置换系统；

2）向系统加入少量空气进行钝化。钝化初期，控制氧含量 0.05% ~ 0.1%，在催化剂层温度低于 100℃条件下，逐渐增加氧含量至 0.3% ~ 0.5%。

3）钝化后期，增加氧含量至 20%，待塔温不再上升，合成塔进出口气体中氧含量相等时，钝化结束。

若停车后不检修合成塔，催化剂不需要钝化，只关闭合成塔进出口阀，并在塔进、出口处安装挡板。由塔进口取样管处加入氮气，使塔内保持正压。

（7）关闭液氨储槽进出阀，弛放气放空阀，并注意其压力变化；

（8）拆开有关法兰，用惰性气体或蒸汽对系统进行置换，直至合格，方可检修。

2. 临时停车操作

临时停车操作是指停车后短期内又可恢复生产，系统保压、保温的停车。

（1）关闭新鲜气阀、各放空阀、取样阀，通知压缩工段停止送新鲜气；

（2）启用电加热炉或开工加热炉，维持小流量循环，尽量使催化剂层温度缓慢下降；

（3）关闭氨分离器和冷凝塔放氨阀及氨冷器加氨阀；

（4）当系统压力降至 5 MPa 时，停电加热炉，停循环机，关闭合成塔进气阀。

思考练习题

1. 氨合成反应原理是什么？反应特点有哪些？
2. 实际生产中，提高平衡氨含量的措施有哪些？
3. 氨合成反应的机理是什么？
4. 影响氨合成反应速度的因素有哪些？工业上加快氨合成反应速度的措施有哪些？

5. 氨合成铁催化剂还原前的主要成分及各组分的作用是什么？
6. 氨合成铁催化剂使用前为什么要进行还原？原理是什么？
7. 决定合成氨生产条件最主要的因素有哪些？
8. 氨合成系统的能量消耗主要包括哪几项？
9. 为什么氨合成的空速增加，氨净值下降，而氨产量反而增加？
10. 氨合成的基本工艺步骤有哪些？
11. 生产中如何回收利用氨合成反应热？
12. 工业生产中如何采用冷凝法分离循环气中的氨？
13. 画出中型氨厂氨合成工艺流程方框图和工艺流程图。
14. 氨合成塔结构特点有哪些？生产中常用氨合成塔主要有哪几种？
15. 轴向冷激式氨合成塔的特点有哪些？
16. 径向冷激式氨合成塔的特点有哪些？
17. 何谓冷冻？合成氨厂为什么要设置冷冻系统？
18. 在冷冻系统中，为什么要尽量降低冷凝温度和适当提高蒸发温度？
19. 中小型氨厂液氨储槽的承压强度为什么要求在 1.58 MPa 即可？
20. 为什么规定储槽内液氨存量不允许超过容积的 80%？

第九章　合成氨生产综述

学习目标

1. 掌握不同原料生产合成氨的典型工艺流程，通过对不同流程工艺特点分析对比，从而将所学知识融会贯通。

2. 了解合成氨生产新工艺、新技术。

3. 熟悉大型氨厂水处理。

第一节　合成氨生产总流程

本章讲述合成氨生产总流程，是将前面各章所述各工序工艺方法加以串联、衔接成一个完整的从原料到产品的全过程。事实上，不同的原料，不同的造气方法，不同的生产规模及不同的氨加工后续产品，都会影响到合成氨工艺路线的组成，而氨合成工序则多数不受原料气制备及气体净化方法的影响。

一、以煤为原料生产合成氨总流程

按煤所含挥发分的高低可分为：含较高挥发分固体燃料制氨和含低挥发分固体燃料制氨两大类。

1. 以含较高挥发分固体燃料生产合成氨总流程方框图（见图9—1）

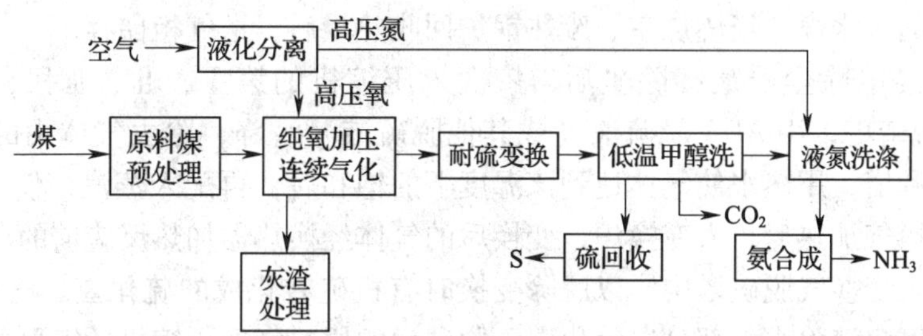

图9—1　以含较高挥发分固体燃料为原料生产合成氨总流程方框图

含较高挥发分固体燃料主要包括烟煤及褐煤。其特点是：流程中设置空气分离装置，用纯氧为气化剂，采用连续气化法制气，（如气流层气化法、水煤浆加压气化法）以提高气化温度，从而将挥发分分解为氢和一氧化碳；采用耐硫高温变换、低温甲醇法脱碳和液氮洗涤法精制的净化工序。因低温甲醇脱碳不仅净化度高，且可同时达到脱除硫化氢之目的，故可采用先变换，后脱硫工艺，以进一步缩短流程，并使粗煤气的热能得到较好的利用；运转设备选用电动与汽动相结合。一般大型设备采用汽动，中小型设备采用电动。

2. 以含低挥发分固体燃料为原料生产合成氨总流程

含低挥发分的固体燃料主要指无烟煤和焦炭，焦炭使用较少。

该流程特点：无空气分离装置，投资少，但气化过程为间歇操作，且煤气炉生产能力小，劳动强度大。一般中小型氨厂采用。近年来除造气工艺外，变换及脱碳工艺均作了相应改进，且合成及变换废热均以不同形式回收利用，使得吨氨消耗有所降低。图 9—2 所示为以无烟煤为原料的生产合成氨总流程之一。

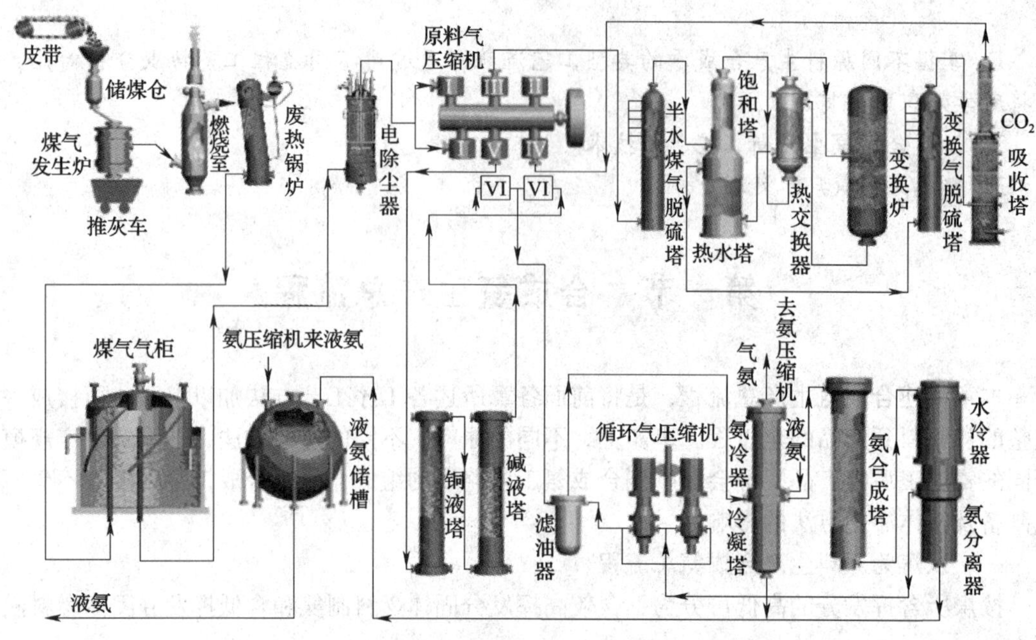

图 9—2　以无烟煤为原料的生产合成氨总流程之一

将粒度为 25 ~ 75 mm 的无烟煤加入煤气发生炉内，交替地向炉内通入空气和蒸汽，使燃料气化制得的半水煤气经燃烧室、废热锅炉回收热量后，送气柜储存。

半水煤气经电除尘器最终除尘后，依次入压缩机的第Ⅰ、Ⅱ、Ⅲ段，加压至 1.9 ~ 2 MPa，送入脱硫塔，用 ADA 脱硫液（或其他脱硫液）洗涤，除去气体中的硫化氢后，入变换工序的饱和塔，用热水使气体达到该温度下的饱和后，再配入蒸汽，使汽气比达 3 ~ 5，经换热器被变换气加热后，入变换炉，变换后的气体经换热器加热反应前的冷气体，再经热水塔冷却后，入变换气脱硫塔中，以脱除变换时有机硫转化成的硫化氢。气体再入脱碳塔，用有机胺热钾碱溶液除去大部分二氧化碳。脱碳后的原料气经压缩机的第Ⅳ、Ⅴ段，加压到 12 ~ 13 MPa，入铜洗塔，使气体中一氧化碳和二氧化碳含量降至 20×10^{-6}以下。

净化后的氢氮混合气入压缩机的第Ⅳ段，加压至 30 ~ 32 MPa，入合成工序的滤油器，在此与循环气汇合并除去其中的油分后，入冷凝塔及氨冷器的管内，再入冷凝塔下部分离出液氨。分离液氨后的气体入冷凝塔上部管间，与管内的气体换热后，入氨合成塔，在高温、高压和催化剂存在条件下合成为氨。出塔气中含氨 10% ~ 16%，经水冷器冷却，部分气氨冷凝为液氨，经氨分离器分离出液氨后，入循环气压缩机循环合成。分离出的液氨入液氨储槽。

二、以气态烃为原料生产合成氨总流程

气态烃制氨具有能耗低、投资省等优点，故为制氨的首选原料。生产方法有多种，目前普遍采用加压蒸汽转化法。

天然气加压蒸汽转化制氨典型流程如图 9—3 所示。

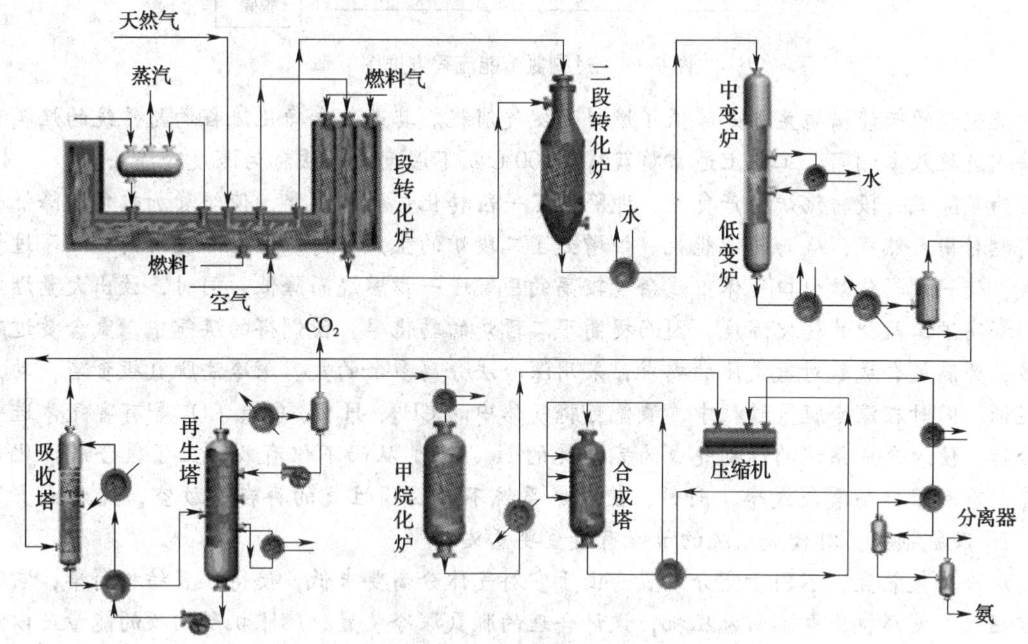

图 9—3　气态烃制氨传统工艺总流程图

经脱硫后的天然气，与蒸汽混合，水碳比一般为 3.5～4.0，在一段转化炉管内进行吸热的转化反应，反应所需热量，由管外燃料天然气燃烧供给。将气体中甲烷含量降至 10%以下。一段转化气入二段转化炉，在炉顶部燃烧区通入空气，燃烧掉部分氢及其他可燃性气体，放出的热，使气体温度升高至 1 200℃，入催化剂层使残余气态烃进一步转化完全，同时配入了氮气，得到合格的半水煤气。

半水煤气依次入中温变换炉和低温变换炉，在不同温度下使一氧化碳与水蒸气反应，除去大部分一氧化碳，同时进一步得到氢。变换后的原料气入脱碳工序，用含有机铵的热钾碱溶液脱除大部分二氧化碳，再经甲烷化工序除去气体中残余的少量一氧化碳和二氧化碳，从而得到精制的氢氮混合气。

精制后的氢氮混合气，经压缩机加压到氨合成所需要的压力后，入合成塔，借助催化剂的作用进行氨合成反应。合成率一般为 10%～20%，出塔气体经水冷器和氨冷器冷却后，使气氨冷凝为液氨，分离氨后的氢氮混合气，配入新鲜气后重新返回合成塔，循环合成。生产中，反应余热回收利用，构成了全厂的蒸汽动力系统，穿插于各工序使用，故热能利用充分合理，能耗低。

【知识链接】

一、过剩氮节能流程

该流程开发于 20 世纪 80 年代，其流程方框图如图 9—4 所示。

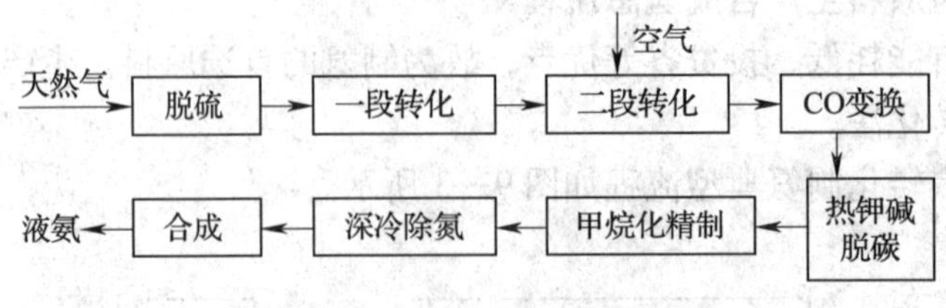

图 9—4　过剩氮节能流程方框图

此流程的节能措施主要是降低了燃料天然气消耗。其造气和净化流程均与传统的烃类蒸汽转化流程基本相同，工业上通常将获得－100℃以下温度的方法称为深度冷冻法。

为了降低一段转化炉生产负荷，即降低了一段转化炉的转化率，使炉管加热负荷降低而节省燃料用天然气，从而降低能耗。但增大了二段炉的生产负荷。即在二段炉内加入了过量空气，使一段转化炉出口气体中残余量较高的甲烷进一步燃烧而降低，同时，放出大量燃烧热，提高了二段炉的转化温度，因而提高了二段炉的转化率，使制得的煤气中，氮含量过剩很多，为满足合成氨对氢氮比的要求，采用深冷法分离多余的氮。深冷法脱氮投资省，动力消耗低，同时在深冷脱氮过程中，液氮可将气体中的 CH_4、H_2O、CO、CO_2 等有害气体进一步除掉，使入合成系统的精制气成为完全纯的 H_2、N_2。从而不仅有效防止了氨合成催化剂中毒，有利于提高氨合成率，同时，使合成系统不必因惰性气的存在而放空，大大减少了 H_2、N_2 及氨损失，对合成系统的节能有着重要意义。

深冷脱氮装置，不同于空分装置，由于它对气体分离要求低，使得装置结构简单，它既无空压机、氧压机，也不需氮压机，设计合理的脱氮深冷装置，膨胀机所回收的能量足以满足自身的动力需要，因此生产中也无须外供动力。由于结构简单，故装置可靠性高，投资费用低，开车容易。

二、气体换热式节能流程

1. 流程

英国 ICI 公司于 1988 年，开发了气体换热式节能流程，其流程方框图如图 9—5 所示。

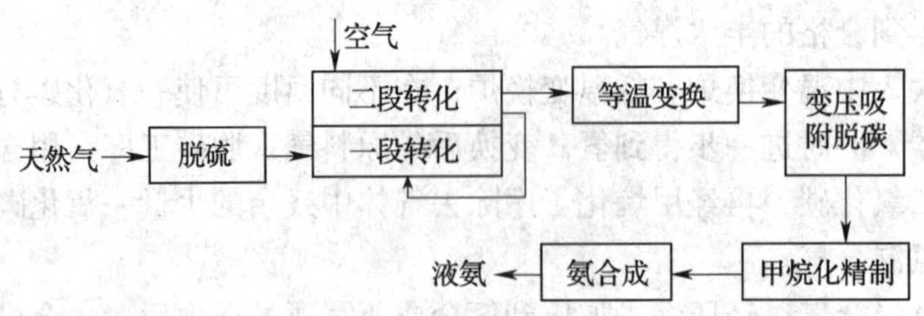

图 9—5　气体换热式节能流程方框图

其流程与传统的烃类蒸汽转化流程基本相同，在此不再赘述。此流程的主要特点：

（1）为了达到节能降耗和简化流程之目的，将一段炉的吸热反应与二段炉的燃烧反应相结合。即一段炉采用“气体加热式转化炉”，简称 GHR 炉。革除了一段炉的燃料天然气燃烧加热与热量回收系统，并取消了二段转化炉的废热锅炉。在流程中用二段炉出口气体的显热（约 970℃），为一段炉的蒸汽转化提供所需热量。这样一段炉管内外气体压力差较小，使得炉管的管壁应力大为改善；

（2）一氧化碳变换采用等温变换（约 265℃）；

(3) 采用变压吸附法脱碳，从而使甲烷化精制生产负荷降低，减少了甲烷的生成量，故氨合成储罐气可直接回收利用，而不必再进行甲烷分离处理。

2. 变压吸附法脱碳

所谓变压吸附是根据混合气体中杂质组分在高压下具有较大的被吸附能力，而在低压下又具有较小的被吸附能力，而理想的组分氢气则无论是高压或低压都具有较小的吸附能力的原理，对气体混合物进行提纯的工艺过程。简称 PSA。

变压吸附脱碳原理　变压吸附是利用吸附剂对二氧化碳等杂质吸附能力很强，而对氢、氮及一氧化碳的吸附能力较弱的特性进行脱碳的。即在压力 0.7～1.5 MPa 下利用吸附能力很强的吸附剂对二氧化碳等杂质进行吸附，使原料气中的二氧化碳含量降至 0.2% 以下，而在真空状态下脱附再生。

3. 等温变换

所谓等温变换就是将换热器置于变换炉内，颗粒状的催化剂与换热器内的冷却水经管壁换热，及时移出反应热。保持催化剂床层在最佳活性温度范围内的基本恒温过程。等温变换有效地克服了绝热床操作中存在的汽气比较大，能耗高的缺点。

大型化、连续化、自动化是 20 世纪合成氨技术进步的重要特征之一，特别是 20 世纪 60 年代后，开发了多种高活性的新型催化剂，能量的回收与利用更趋合理。展望 21 世纪，合成氨生产装置将继续朝着大型化、自动化、集成化、低能化与环保型方向发展。

第二节　合成氨厂水处理

合成氨生产中，水的作用主要有：①作为冷却介质，用于冷却降温；②产生蒸汽，蒸汽可作为热源加热反应物，作为动力驱动汽轮机，作为原料用于造气和变换；③配制生产所需的溶液，如脱硫溶液、脱碳溶液及铜氨液等。水的来源为江、河、湖泊等地面水及地下井水。

一、水中杂质的存在形式、危害性及清除方法

水中杂质的存在形式、危害性及清除方法见表 9—1。

表 9—1　　水中杂质的存在形式、危害性及清除方法

存在形式	种类及形态	危害性	清除方法
悬浮物	泥土、沙、原生动物、藻类和细菌等微生物	微生物使水产生色度和臭味；冷却水中的微生物使水变质，附着在设备上降低传热效率，腐蚀设备	(1) 颗粒较大的泥沙等悬浮物靠自然沉降而除去 (2) 细菌及藻类用向水中加入氯气的方法除去
胶体物质	硅、铁、铝的化合物及有机物，呈较小微粒状悬浮于水中	使水浑浊，沉积在设备上，降低传热效率。有机物使水起泡	颗粒较小的悬浮物及胶体颗粒采用混凝沉淀法除去
溶解在水中的气体	主要是 O_2、CO_2 和 N_2 等	O_2 和 CO_2 腐蚀设备。CO_2 溶于水生成碳酸，使钢材受到 H^+ 腐蚀	采用热力除氧或化学法除去

续表

存在形式	种类及形态	危害性	清除方法
溶解在水中的盐类	氯化物、硫酸盐、碳酸盐等。主要以离子形式存在。水中含量较大的六种离子是：Ca^{2+}、Mg^{2+}、Na^{+}三种阳离子，HCO_3^{-}、SO_4^{2-}、Cl^{-}三种阴离子	含盐的水作冷却水时，会产生污垢，降低传热效率，严重时造成堵塞，并腐蚀设备，引起穿漏事故；用于产生蒸汽时，盐会在锅炉内壁形成水垢，降低传热效率，使蒸汽产量下降，水垢过厚时会使锅炉管壁局部过热而变形，严重时引起爆炸事故；当蒸汽作汽轮机动力时，盐及 SiO_2 等随蒸汽带入汽轮机内，沉积在叶片上，使叶轮失衡而发生震动	采用软化法或除盐的方法除去

1. 氧对钢材腐蚀原理

当水中含氧时与钢材接触能发生下列反应：

$$2Fe+O_2+2H_2O=\!=\!=2Fe(OH)_2 \quad (9—1)$$

$$4Fe(OH)_2+O_2+2H_2O=\!=\!=4Fe(OH)_3 \quad (9—2)$$

结果使铁形成疏松多孔的氢氧化铁沉淀，使钢材腐蚀。温度越高，水中溶解的氧量越大，对钢材的腐蚀也越严重，因此高压锅炉给水中要求不含氧。

2. 水的硬度

工业用水中，通常把水中钙镁离子的浓度称为硬度。把含 Ca^{2+}、Mg^{2+} 较多的水称为硬水，把不含 Ca^{2+}、Mg^{2+} 或含量较少的水称为软水。因水中的 $Ca(HCO_3)_2$ 和 $Mg(HCO_3)_2$ 在加热至沸腾条件下，能分解生成 $CaCO_3$ 和 $Mg(OH)_2$ 沉淀而除去，故由 $Ca(HCO_3)_2$ 和 $Mg(HCO_3)_2$ 存在而引起的硬度称为暂时硬度。反应式为：

$$Ca(HCO_3)_2=\!=\!=CaCO_3\downarrow+CO_2\uparrow+H_2O \quad (9—3)$$

$$Mg(HCO_3)_2=\!=\!=MgCO_3+CO_2\uparrow+H_2O \quad (9—4)$$

$$MgCO_3+H_2O=\!=\!=Mg(OH)_2\downarrow+CO_2\uparrow \quad (9—5)$$

而由硫酸盐、氯化物、碳酸盐、硅酸盐等存在所引起的硬度称为永久硬度。水中 Ca^{2+}、Mg^{2+} 含量总和称为水的总硬度。总硬度等于暂时硬度与永久硬度之和。

3. 水中离子含量的表示方法

水中所含离子通常用体积含量或德国度来表示。

（1）体积含量。1 L 水中所含溶解离子的毫克数，即 mg/L。

（2）德国度。1 L 水中所含硬度离子的量，相当于 10 mg/L CaO 的当量值时称为 1 度。因 7. 19 mg MgO 与 10 mg CaO 的当量数相同，故每升水中含有 10 mg CaO 或 7. 19 mg MgO 时均称为 1 度。

4. 电导率

电导率是表示水的电导能力的指标。测定水的电导率可简便迅速地评价水中含盐量。当水中杂质组成较稳定时，离子总含量越大，其电导率则越大，故生产上可用电导率表征水中含盐量。纯水的电导率很小。电导率单位为 $\Omega^{-1}\cdot cm^{-1}$

电阻率是电导率的倒数，工厂通常也用电阻率表示水的纯度，单位为 $\Omega\cdot cm$ 或 $\mu\Omega\cdot cm$。

工业生产中，应根据水的不同用途，对水进行净化处理，以便满足生产对水质的要求。

二、水处理原理

工业上的水处理一般是指经过自然沉降后的水处理。

1. 混凝沉淀法

胶体粒子一般带有电荷。由于带同种电荷的胶体离子互相排斥，且胶体粒子不断运动（布朗运动），使得胶体粒子能长期悬浮在水中。

除去水中胶体粒子及其微小悬浮物质的方法是在水中加入混凝剂，使胶体及微粒互相吸附结成较大颗粒，从水中沉淀出来。故称为混凝沉淀。混凝沉淀法一般可把水的浊度降至20度以下。常用的混凝剂有硫酸铝、聚合氯化铝、硫酸亚铁、三氯化铁等。混凝剂的用量一般为6～100 mg/L。例如，在水中加入硫酸铝后，则生成絮状氢氧化铝沉淀。

$$Al_2(SO_3)_3 + 3Ca(HCO_3)_2 = 3CaSO_3 + 2Al(OH)_3\downarrow + 6CO_2\uparrow \quad (9—6)$$

硫酸铝在水中电离产生的离子与胶体粒子所带异性电荷中和，使胶体粒子相互凝聚，与氢氧化铝一同沉淀。

为了加大絮凝粒度和重度，在混凝过程中需要加入助凝剂。常用的助凝剂有黏土、钒土、水玻璃、石灰等。

上述混凝沉淀处理后的水，再经石英砂或无烟煤过滤后，则可把水的浊度降至5 mg/L以下。

浊度表示水的浑浊程度，是水的一种光学效应。单位是NTU。浊度是光线透过水层时受到阻碍的程度，表征了水层对光线散射和吸收的能力。它不仅与悬浮物的含量有关，且与水中杂质成分、颗粒大小、形状及表面反射性能有关。控制浊度是工业水处理的重要内容，也是一项重要的水质指标。根据水的不同用途，对浊度有不同的要求，生活饮水的浊度不得超过5度；要求循环冷却水处理的补充水浊度在2～5度；除盐水处理的进水（原水）浊度小于3度。由于构成浊度的悬浮物及胶体微粒一般是稳定的，并大都带有负电荷，故不进行化学处理是不会沉降的。

2. 杀菌除藻

目前杀菌除藻的方法主要是向水中加入氯气，生成次氯酸。由于次氯酸不稳定，易分解放出原子氧，

$$Cl_2 + H_2O = HCl + HClO \quad (9—7)$$

$$HClO = HCl + [O] \quad (9—8)$$

原子氧通过细菌的细胞壁进入体内，发生氧化作用，使细菌死亡，同时能防止藻类生长。氯气的杀菌能力强，作用快，一般水中残余氯含量保持在0.2～1 mg/L为宜。

当水的pH值大于7时，次氯酸则离解为无杀菌能力的次氯酸根（ClO^-），故在加氯时应将水的pH值控制在5.5～6.5为宜。

3. 水的软化

减少或完全除去水中钙、镁离子的过程称为水的软化。软化方法有加热法、石灰纯碱法、阳离子交换法。

（1）加热法。将水加热至100～105℃，使$Ca(HCO_3)_2$和$Mg(HCO_3)_2$分解为$CaCO_3$和$Mg(OH)_2$沉淀，从而除去水中部分钙、镁离子，使水得到一定程度的软化。此加热过程缓

慢，且仅能除去水的暂时硬度，故此法较少采用。

（2）石灰纯碱法。用石灰乳与纯碱的混合液作软化剂。石灰乳和纯碱加入水后，能使水中可溶性的钙盐、镁盐及二氧化碳等，转变为难溶的碳酸钙和氢氧化镁从水中析出，从而达到除去水中钙、镁离子的目的，使水得到软化。

1）操作过程。将石灰乳和纯碱混合液加入水中，再加入混凝剂，反应后在澄清池中除去所产生的大颗粒沉淀，再经过滤除去小颗粒沉淀，即得到软化水。

2）软化反应原理。石灰乳能除去水的暂时硬度、镁盐及二氧化碳。反应式为：

$$Ca(OH)_2 + CO_2 = CaCO_3\downarrow + H_2O \tag{9—9}$$

$$Ca(OH)_2 + Ca(HCO_3)_2 = 2CaCO_3\downarrow + 2H_2O \tag{9—10}$$

$$2Ca(OH)_2 + Mg(HCO_3)_2 = Mg(OH)_2\downarrow + 2CaCO_3\downarrow + 2H_2O \tag{9—11}$$

$$Ca(OH)_2 + MgSO_4 = Mg(OH)_2\downarrow + CaSO_4 \tag{9—12}$$

$$Ca(OH)_2 + MgCl_2 = Mg(OH)_2\downarrow + CaCl_2 \tag{9—13}$$

纯碱能除去水的永久硬度及暂时硬度。反应式为：

$$Na_2CO_3 + CaSO_4 = CaCO_3\downarrow + Na_2SO_4 \tag{9—14}$$

$$Na_2CO_3 + CaCl_2 = CaCO_3\downarrow + 2NaCl \tag{9—15}$$

$$Na_2CO_3 + MgSO_4 = MgCO_3 + Na_2SO_4 \tag{9—16}$$

$$Na_2CO_3 + MgCl_2 = MgCO_3 + 2NaCl \tag{9—17}$$

$$Na_2CO_3 + Mg(HCO_3)_2 = MgCO_3 + 2NaHCO_3 \tag{9—18}$$

$$Na_2CO_3 + Ca(HCO_3)_2 = CaCO_3\downarrow + 2NaHCO_3 \tag{9—19}$$

$$MgCO_3 + H_2O = Mg(OH)_2\downarrow + CO_2 \tag{9—20}$$

水中胶体对 $CaCO_3$、$Mg(OH)_2$ 的结晶过程有阻碍作用，故在软化的同时需要加入混凝剂，以除去胶体物质。

由于 $CaCO_3$ 和 $Mg(OH)_2$ 在水中具有一定溶解度，因此经石灰纯碱软化后的水，仍含有少量 Ca^{2+} 和 Mg^{2+}，且软化后的水中增加了 Na^+ 离子。

（3）阳离子交换法。离子交换法是用离子交换剂除去水中可溶性的盐。离子交换剂分为阳离子交换剂和阴离子交换剂。阳离子交换剂只能除去水中的阳离子；而阴离子交换剂只能除去水中的阴离子。

常用的阳离子交换剂是阳离子交换树脂。其活性基团为磺酸基（$—SO_3H$）或羧基（—COOH）。活性基团为磺酸基的为强酸性阳离子交换树脂，活性基团为羧基的为弱酸性阳离子交换树脂。它们均可电离出 H^+ 与水中阳离子进行交换，称为氢型，用 RH 表示。若把氢型阳离子交换树脂中的氢离子换成钠离子，则为钠型阳离子交换树脂，用 RNa 表示。水的软化用氢型或钠型均可，目前生产中常用的为钠型。

钠型阳离子交换树脂除去钙硬度的软化原理如下：

$$2RNa + Ca(HCO_3)_2 = R_2Ca + 2NaHCO_3 \tag{9—21}$$

$$2RNa + CaSO_4 = R_2Ca + Na_2SO_4 \tag{9—22}$$

$$2RNa + CaCl_2 = R_2Ca + 2NaCl \tag{9—23}$$

除去镁硬度的软化原理与之类同。

由上述原理可知，用钠型阳离子交换树脂软化后的水中，每个 Ca^{2+} 和 Mg^{2+} 都换成了两个 Na^+，而阴离子成分不变，故软化后水的碱度不变。

当钠型树脂 RNa 中的 Na^+ 全部换成 Ca^{2+} 和 Mg^{2+} 后，则失去了软化能力，需要用5% ~ 10%的氯化钠水溶液进行再生，将其换成钠型后，循环使用。

离子交换法软化水的过程，是在离子交换器内进行。离子交换器为圆柱形钢制容器，内装离子交换树脂。水从上部进入，自上而下通过树脂后，由底部排出。再生时再生剂由顶部加入，底部排出。在交换器内水或再生剂不断流动，而离子交换树脂处于静止状态，故称为固定床。

水经过软化减少了钙、镁离子，但软化不能减少水的含盐量。工业生产中，有些工序需要使用不含盐的纯净水。

4. 除盐

除盐是除去水中所有阳离子和阴离子的过程，从而得到高纯度水。目前除盐的方法主要有离子交换法和电渗析法。

（1）离子交换法除盐。先用氢型 RH 阳离子交换树脂除去水中所有阳离子，再用羟型 ROH 阴离子交换树脂除去所有阴离子。其反应原理如下：

$$2RH + Ca(HCO_3)_2 \longrightarrow R_2Ca + 2CO_2\uparrow + 2H_2O \qquad (9—24)$$

$$2RH + CaSO_4 \longrightarrow R_2Ca + H_2SO_4 \qquad (9—25)$$

$$2RH + CaCl_2 \longrightarrow R_2Ca + 2HCl \qquad (9—26)$$

$$RH + NaCl \longrightarrow RNa + HCl \qquad (9—27)$$

由原理可知，在软化过程中，H^+ 与水中原有的阴离子结合生成各种酸，故软化后的水呈酸性。为了降低羟型 ROH 阴离子交换树脂的负荷，降低净化成本，因此，除酸时首先在脱气塔内，碳酸被分解为水和二氧化碳而除掉，然后再送入羟型 ROH 阴离子交换器，使水中的阴离子与羟型 ROH 树脂进行交换反应，以除去水中所有阴离子，从而将水中溶解的盐类全部清除，制得含杂质极微的纯净水。反应原理为：

$$2ROH + H_2SO_4 \longrightarrow R_2SO_4 + 2H_2O \qquad (9—28)$$

$$ROH + HCl \longrightarrow RCl + H_2O \qquad (9—29)$$

$$ROH + H_2CO_3 \longrightarrow RHCO_3 + H_2O \qquad (9—30)$$

通常装填阳离子树脂的交换器称为阳床；装填阴离子树脂的交换器称为阴床；若将阴离子交换树脂和阳离子交换树脂混合，装填在一个交换器内称为混合床。生产中为了得到高纯度净化水，经氢型阳树脂和羧型阴树脂处理后的水，再经混合床除去其中残余的微量盐，从而得到不含盐的高纯度净化水。此过程通常称为净化水的精制。

（2）电渗析法。电渗析法是利用离子交换膜除盐的。离子交换膜是用离子交换树脂制成的。用阳离子交换树脂制成的膜称为阳膜，而用阴离子交换树脂制成的膜称为阴膜。将离子交换膜放在含盐水中，在直流电场作用下，阳离子只能通过阳膜，而阴离子只能通过阴膜。

1）电渗析工作原理。电渗析器结构如图9—6所示。

阳膜2和阴膜3交替排列在正和负之间，相邻两膜用隔板隔开，水在隔板间的隔离室中流动。当盐水进入隔离室后。在直流电场作用下，阳离子移向阴极，阴离子移向阳极，由于离子交换膜具有选择性，使得阳离子只能透过阴膜，阴离子只能透过阳膜。淡水室9中阳离子和阴离子分别顺利地透过上侧阳膜和下侧阴膜，进入两边浓盐水室10中，而浓水室中的离子迁移则相反，阳离子和阴离子分别受到上侧阴膜和下侧阳膜的阻挡，不能进入两边的淡

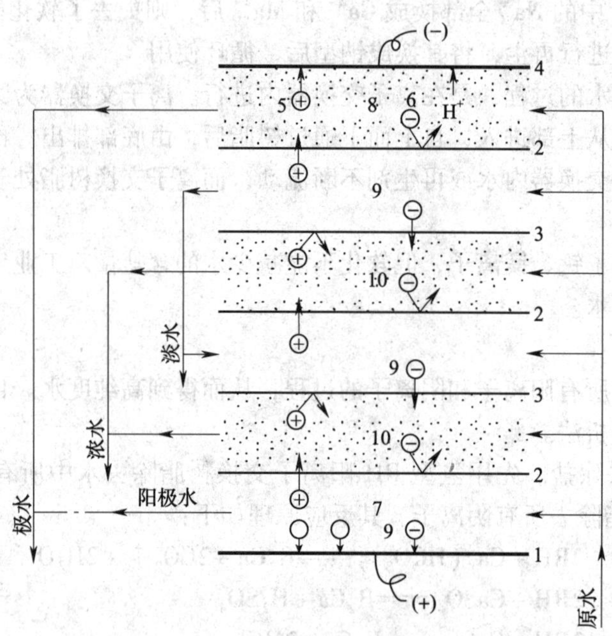

图9—6　电渗析器结构示意图

1—正极　2—阳膜　3—阴膜　4—负极　5—阳离子　6—阴离子　7—阳极室　8—阴极室　9—淡水室　10—浓盐水室

水室9中，随着此过程的进行，淡水室中盐离子浓度降低，而浓盐水室中盐离子浓度增加。从两个极室得到的是含有杂质的极水。故含盐水通过电渗析法处理后，可得到部分除盐水。

5. 除氧

(1) 热力除氧。热力除氧是依据氧气在水中的溶解度随温度的升高而减小进行除氧的。即将水加热至沸，氧则不断从水中逸出，从而达到除氧的目的。

热力除氧是在除氧器内进行。将水从除氧器上部喷入器内，形成细雾或水滴，再由除氧器下部通入加热蒸汽，逸出的氧气及残余的蒸汽一起由除氧器顶部排空。除氧器的操作压力（绝对）一般为0.09～0.17 MPa，温度为105～115℃。可将水中氧含量降至0.007 mg/kg。

(2) 化学除氧。化学除氧是在水中加入化学除氧剂，与氧反应而除去水中的氧。常用的化学除氧剂有亚硫酸钠、联氨（N_2H_4）等。它们与水中溶解的氧反应如下：

$$2Na_2SO_3 + O_2 = 2Na_2SO_4 \quad (9—31)$$

$$N_2H_4 + O_2 = 2H_2O + N_2\uparrow \quad (9—32)$$

亚硫酸钠与氧反应生成硫酸钠，增加了水的含盐量，同时亚硫酸钠在高温下易分解为SO_2被蒸汽带走，使蒸汽冷凝液呈酸性，易腐蚀设备。而联氨与氧反应生成易挥发的氮气，同时联氨在高温下分解，产物为易挥发气体。

$$2N_2H_4 = H_2 + N_2 + 2NH_3 \quad (9—33)$$

因此，用联氨除氧时，既不会增加水的含盐量，蒸汽冷凝液也无腐蚀性。故大型合成氨厂一般多采用联氨除氧。

在生产中，可将热力除氧与化学除氧联合使用。即先用热力除氧法除去水中大部分溶解氧，然后在除氧器降液管中和除氧器出水槽中加入化学除氧剂，除去残余氧，可把水中溶解氧彻底除去。

三、合成氨厂水处理流程

合成氨厂的水处理主要包括水预处理、锅炉给水处理和循环冷却水处理。

1. 水预处理

水预处理是除去水中悬浮物及胶体物质，以满足锅炉给水处理过程和循环冷却水处理过程要求。

首先向原水中加入混凝剂，与水中胶体及悬浮物凝聚成较大颗粒，在澄清池中沉淀至池底。然后从澄清池上部得到清水流入清水池，水浊度小于 10 mg/L。为进一步除去清水中残留的颗粒较小悬浮物，清水再经无烟煤过滤器，得到浊度小于 2 mg/L 的过滤水，储存于过滤水池内，送至锅炉给水处理系统和循环冷却水处理系统。其流程方框图如图9—7所示。

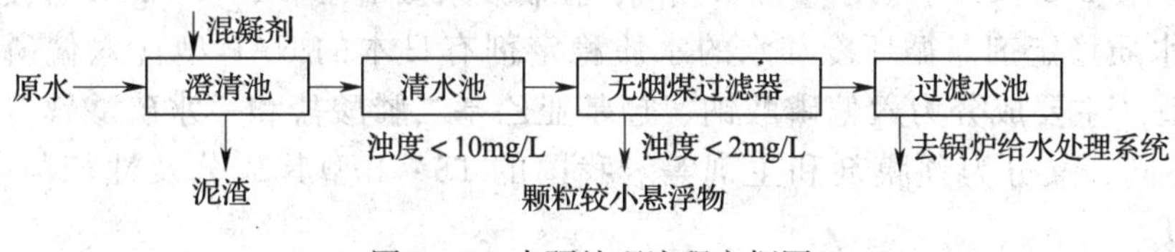

图 9—7 水预处理流程方框图

2. 锅炉给水处理

大型合成氨厂使用9.8 MPa 压力以上的高压锅炉，要求其锅炉给水为不含盐的纯净水。其水处理系统的工艺流程如图 9—8 所示。

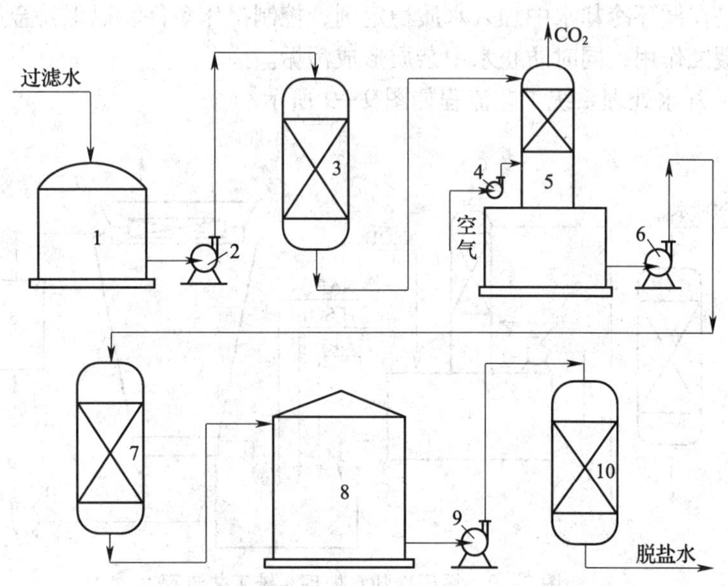

图 9—8 锅炉给水处理系统工艺流程

1—过滤水池 2、6、9—水泵 3—阳床 4—鼓风机 5—脱气塔

7—阴床 8—净化水槽 10—混合床

由水预处理系统来的过滤水，经氢型阳离子交换树脂的阳床3除去水中阳离子，在交换过程中使水中生成了无机酸。含无机酸的水入脱气塔5，由塔下部鼓入空气，以脱除水中 CO_2，再经泵6送至羧型阴离子交换树脂的阴床7，以除去水中阴离子。经阳床和阴床处理后的水称为净化水，净化水再经混合床，除去残余阴阳离子，从而得到电导率（25℃）小于0.5 μS/cm，SiO_2 含量小于0.02 mg/kg的脱盐水。脱盐水再经除氧后送往高压锅炉。

3. 循环冷却水的处理

循环水中所含的盐及细菌等杂质，易在设备上形成污垢，降低传热效率，堵塞管道，腐蚀设备。故对循环冷却水的要求是不含细菌等微生物，不结垢，不腐蚀设备。

（1）水质稳定处理。水质稳定处理是向冷却水中添加杀菌剂和稳定剂，控制合理的工艺条件，防止循环水结垢而腐蚀设备。

1）加氯气杀菌除藻。在水循环过程中，由于水部分蒸发，水中营养物质被浓缩了，细菌等微生物大量繁殖，易在设备上形成软垢，故通常加入氯气杀菌除藻。其方法是将循环水的pH值控制在5.5~6.5。向水中加入氯气，控制残余氯量在0.2~1 mg/L为宜。

2）加水质稳定剂。循环冷却水的水质稳定剂有日本的NAP型（六偏磷酸钠）、美国的Betz型（主要成分为六偏磷酸钠、羟基亚乙基二膦酸盐和一水硫酸锌等）。根据所含成分的不同，又分为预膜剂和主剂等。我国的TS-1型其成分及性能与美国的Betz型基本相似。

循环水的水质稳定操作分预处理和正常处理两步。预处理是循环水系统开始正常运转前，先进行清洗，除去油脂、杂物等，然后进行钝化。其钝化方法是用含水质稳定剂的水在循环水系统内循环，或用含有水质稳定剂的水浸泡设备内表面，在其金属表面形成一层保护膜，然后转入正常处理。

正常处理是在循环冷却水中加入水质稳定剂，控制操作条件，以保持金属表面的保护膜完整无缺，起缓蚀作用，同时防止水中杂质形成污垢。

（2）循环冷却水处理系统工艺流程如图9—9所示。

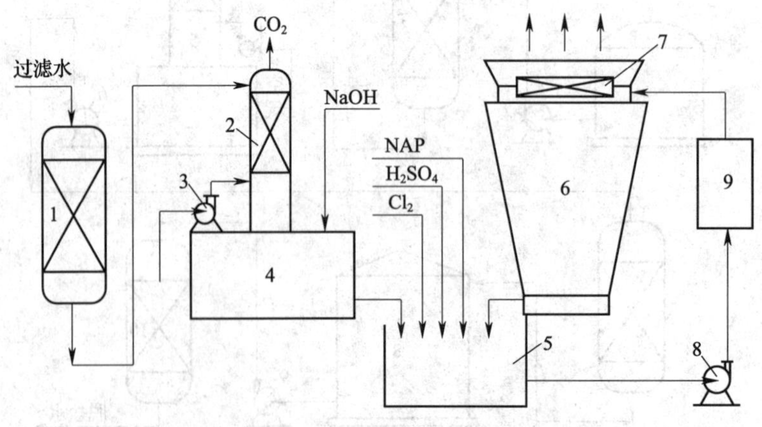

图9—9　循环冷却水处理系统工艺流程

1—软化器　2—脱气塔　3—鼓风机　4—低位水池　5—循环水池　6—凉水塔

7—风扇　8—水泵　9—生产车间换热器

由水预处理过程来的过滤水，浊度小于2 mg/L，经软化器用阳离子交换树脂除去水中大部分Ca^{2+}和Mg^{2+}离子，将硬度降至35 mg/kg（以$CaCO_3$计）以下，送入脱气塔以除去二氧化碳。在低位水池中加入NaOH，将pH值调至6.5~7.5，加入循环水池。向循环水池内加入硫酸，将pH值调至6.3~7.0，加入氯气杀菌除藻，并加入水质稳定剂六偏磷酸钠。循环冷却水由冷却水泵送往生产车间各换热器内，经换热后的循环水进入凉水塔顶部，经筛板洒下，经风扇吹风降温后入循环水池。

思考练习题

1. 何谓变压吸附法脱碳？何谓等温变换？
2. 画出以无烟煤为原料生产合成氨总流程图，并会熟练叙述工艺流程。
3. 画出气态烃制氨传统总流程图，并能够熟练叙述工艺流程。
4. 水中杂质的存在形式有哪些？工业生产中分别采用哪些方法加以清除？
5. 水中杂质对工业生产各有什么危害？
6. 工业生产中软化水的方法有哪些？除盐的方法有哪些？

参 考 文 献

[1] 林玉波. 高级技工学校教材：合成氨生产工艺. 北京：化学工业出版社，2006.
[2] 程桂花. 中等专业学校教材：合成氨. 北京：化学工业出版社，1998.
[3] 吴玉萍. 中等职业学校教材：合成氨工艺. 北京：化学工业出版社，2008.
[4] 赵玉祥. 化工技工学校教材：合成氨生产工艺. 北京：化学工业出版社，1998.
[5] 张子锋. 合成氨生产技术. 北京：化学工业出版社，2006.
[6] 王树仁. 化工工人岗位培训读本：合成氨生产工. 北京：化学工业出版社，2005.
[7] 王小宝. 化肥生产工艺. 北京：化学工业出版社，2009.
[8] 曾之平等. 化工工艺学. 北京：化学工业出版社，2001.